U0189332

撒哈拉海计划

技术、殖民与气候危机

Desert
Edens

[美] 菲利普·莱曼（Philipp Lehmann）– 著

赵昱辉 – 译

中国科学技术出版社

·北　京·

Desert Edens: Colonial Climate Engineering in the Age of Anxiety by Philipp Lehmann,
ISBN: 9780691168869

北京市版权局著作权合同登记 图字：01-2024-0646

图书在版编目（CIP）数据

撒哈拉海计划：技术、殖民与气候危机 /（美）菲
利普·莱曼（Philipp Lehmann）著；赵昱辉译 . —北
京：中国科学技术出版社，2024.8
书名原文：Desert Edens：Colonial Climate
Engineering in the Age of Anxiety
ISBN 978-7-5236-0770-1

Ⅰ．①撒… Ⅱ．①菲… ②赵… Ⅲ．①环境—历史—
研究—世界—近现代 Ⅳ．① X-091

中国国家版本馆 CIP 数据核字（2024）第 103780 号

策划编辑	刘　畅　宋竹青	**责任编辑**	刘　畅
封面设计	今亮新声	**版式设计**	蚂蚁设计
责任校对	张晓莉	**责任印制**	李晓霖

出　　版	中国科学技术出版社
发　　行	中国科学技术出版社有限公司
地　　址	北京市海淀区中关村南大街 16 号
邮　　编	100081
发行电话	010-62173865
传　　真	010-62173081
网　　址	http://www.cspbooks.com.cn

开　　本	880mm×1230mm　1/32
字　　数	284 千字
印　　张	11.875
版　　次	2024 年 8 月第 1 版
印　　次	2024 年 8 月第 1 次印刷
印　　刷	北京盛通印刷股份有限公司
书　　号	ISBN 978-7-5236-0770-1 / X·158
定　　价	79.00 元

他说，然而，往往是我们最宏大的
项目，最能暴露我们的不安全程度。

——W. G. 塞巴尔德（W. G. Sebald），
《奥斯特利茨》（*Austerlitz*）

目　录　| CONTENTS

绪论
气候变化与变化中的气候

1850 年 7 月初，德国的撒哈拉探险家海因里希·巴尔特（Heinrich Barth）承担了征服利比亚沙漠南部高原的艰巨任务。探险队在一个极其干燥而贫瘠的营地搭好了帐篷，这时，他们的北非向导将一些岩石雕刻指给这些来自欧洲的队员们看。巴尔特兴奋不已，他当即绘制了这些雕刻着奶牛、瞪羚和狩猎场景的图案，并询问向导是否还有更多这样的历史文物。巴尔特还在他的旅行日志中详细描述了这些雕刻，谈到了它们可能的来源及其在人种和历史层面的重要意义。[1]

干旱、贫瘠的沙漠带给巴尔特的感受，与过去曾有人类在此居住的实证之间出现了脱节，这也促使巴尔特在图案旁写下了几行字，称这些岩刻是"证明过去人们的生活条件的证据，其与我们目前在这些土地上观察到的情况完全不同"。巴尔特暗示该地的环境和气候发生过剧烈的变化，但在这几行文字中，我们看不出他有丝毫的惊讶。毕竟，这种观点并不新鲜。从古至今，北非和地中海地区都是最易获得环境研究原始资料的地方，长期以来一直是欧洲人探究潜在的气候变化的首选地点之一。如果巴尔特能活到 19 世纪的最后 30 年，他可能会惊讶于自己在这个问题上的简短看法带来的深远影响：他画下的那些在利比亚发现的岩刻，以及对北非过去"不同生活条件"的粗略记录，成为气候学家在大规模干旱问题上争执不休的重要资料。如果巴尔特注意到，人们感兴趣的对象不再局限于整个大陆，甚至不再对全球的气候变化抱有热情，而是扩展到了大型项目——那些要么能够改变气候，要么能让沙漠重新焕发光彩（用项目工程师的话来说）的伟大工程，他肯定会更加惊讶。[2]

我重述了这段历史，追溯了法国和德国殖民者是如何对气候变化越发感到焦虑的；随后，我研究了部分城市规划者如何通过提议建设大型工程项目来应对这些焦虑，他们希望以此种方式打消人们心中关于环境恶化的顾虑。思考气候对人类及其周围环境造成的影响，在这方面，欧洲人早已形成了悠久的传统。然而，从 19 世纪末开始，他们在两个方面极大地提高了人们对气候的认知：其一，当时的殖民者考量的气候变化的范围更大了——气候变化不仅会影响特定的地域和地区，还会影响整个大陆甚至整个地球；其二，工程师和城市规划者希望设计大型项目，即便最终无法实现，也可以验证其合理性，而这些项目将利用工业技术的全部力量来阻止甚至扭转气候恶化，进而阻止社会和文明的衰退。不过，究竟是什么促使欧洲人开始思考大范围的气候变化问题？换言之，他们为何会担心大范围的气候变化会将郁郁葱葱的森林变成无边无际的沙漠？工程师是如何以及何时何地从理论中找到灵感，设计出这些试图将沙漠变回森林的工程项目？关于气候变化和变化中的气候理论又是如何融入 20 世纪上半叶的政治地理学和文化悲观主义哲学中的？

本书旨在对这些问题作出解答，因而涵盖的范围非常广泛，不仅论及 19 世纪中叶人们对大规模气候变化的兴趣萌芽，还牵涉纳粹计划改变东部战争占领区的气候和环境。而将这些时间、空间都相去甚远的地方连接到一起的，正是海因里希·巴尔特在19世纪50年代穿越的那片沙漠。无论是被定位为殖民地的数据储存库，还是被当作雄心勃勃的水电工程师手中的空白画布，抑或是环境衰退和凄凉荒芜的象征，撒哈拉沙漠一直是欧洲，特别是法国和德国气候学关注的中心。先是探险家，然后是气候学家，无数人对撒哈拉沙漠的过去进行了理论建构，并将大范围的环境和气候变化纳入了考量，而这些变化塑造了自然景观和人类生活的历史。沙漠及其多变的生态环境也激发了殖民地官员和工程师的灵感，他们希望在该地区，乃至在整个非洲大陆开展包罗万象的环境和气候改造项目。与此同时，撒哈拉沙漠既彰显了自然在人类面前的压倒性力量，也为人们提供了一个进行项目设计的平台，以展现工业技术时代人类获得的全新能力。[3]

变化中的气候

19世纪下半叶，科普出版物和各类杂志不断向读者传递欧洲探险者的消息。虽然它们主要讲述的是白人勇于冒险的英雄故事，但通常也会提供一些关于遥远地区的居民及其生活环境的信息。至于在撒哈拉沙漠的旅行，相关文章习惯性地这样结尾：这里曾经是一片郁郁葱葱的土地，由于沙漠化，这里变成了一片荒漠，而沙漠化仍在继续。肥沃或可居住的土地可能变成沙漠，这种隐含的担忧不仅是欧洲探险故事的"标配"，而且与当时气候学的学术研究息息相关。作为一门独立的学科，气候学仍然是一个有待开发的领域，不过其已经受到了相当多的关注，并打下了坚实的学术基础。气候学不但吸引了来自各个相关领域形形色色的人才参与，还借鉴了地质学、物理学和化学，同时采用了一套不同的研究路径和方法论。然而，19世纪的气候研究人员往往依赖历史数据和地理数据来推断气候现象。虽然他们使用的方法与如今由模型驱动以及基于计算机的气候科学明显不同，但一些最重要的研究对象（尽管一直发生着变化）是完全一致的。

西方19世纪关于气候变化的观点源于一些新兴理论的融合，其中包括地球的地质史、帝国主义在全球的扩张、北非的沙漠探索，以及作为新兴学科蓬勃发展的地理学和地质学。这些成果共同为活跃的学术讨论奠定了基础，使人们可以探讨过去和现在大规模的，有时甚至是全世界范围内的气候变化及其背后的原因。这些理论和支持它们的证据一样种类繁多，从逐渐变暖到逐渐降温，从稳定的气候状态到短期的气候振荡。19世纪末，著名的气候学家之一爱德华·布吕克纳（Eduard Brückner）在描述这些相互矛盾的理论时，将其比作"在没有阿里阿德涅线团的帮助下走出一个名副其实的迷宫"①。20世纪初，人们仍然很难走出这个迷宫，因为这个领域没有一个能够使大多数人信服的、自洽而稳定的理论框架，因而也无法在众多相互矛盾的假设中作出选择。然而，这并不意味着大规模的气候变化在那些几乎没有人看的期刊

---

① 阿里阿德涅是希腊神话中克里特岛国王米诺斯的女儿，她曾将一个线团交给忒休斯，助其在米诺斯命人建造的迷宫中斩杀每年吃7对童男童女的怪物米诺陶诺斯，并成功走出了迷宫。——译者注

上销声匿迹了。这场争论让一些已经淡出学术界的想法和术语被重新提及，同时也引发了公众对环境恶化甚至未来的气候灾难的担忧，人们担心这些灾难可能破坏殖民地乃至大都市的经济和政治稳定。各类杂志对即将到来的气候灾难发出了夸张的警告，科幻小说作家将气候变化作为背景进行创作，哲学家开始思考环境恶化与文明衰落之间的联系，而规划者则通过制订植树造林计划来应对迫在眉睫的环境灾难。[4]

　　为了对抗干旱化和荒漠化，目标宏大的工程计划应运而生，无论将其视为人为制造还是"自然"发生，这些工程计划都是人们日益严重的气候焦虑最显著的表现之一。从 19 世纪中叶开始，世界多个干旱地区的部分探险家、工程师和殖民官员开发了一些项目，希望利用工业技术的力量，将沙漠转变为肥沃的土壤，使气候适合欧洲人居住和进行农业生产。在接下来的几章中，我研究了 3 个人提出的项目设计及其影响：第一位是法国殖民工程师弗朗索瓦·鲁代雷（François Roudaire），他在 19 世纪 70 年代制订了一项计划，即在撒哈拉沙漠创造大型水域来改变当地气候；第二位是泛欧主义建筑师赫尔曼·索尔格尔（Herman Sörgel），他在 20 世纪 20 年代提议彻底改造地中海地区，将欧洲的气候、定居点和文化扩展到北非；第三位是德国景观建筑师海因里希·维普金–于尔根斯曼（Heinrich Wiepking–Jürgensmann），他希望通过大规模项目规划来对抗荒漠化，并在第二次世界大战期间，极力将这一想法纳入纳粹推动东方占领区日耳曼化的官方计划中。

　　气候工程设计反映了广泛的关于气候变化的讨论，表现出深刻的环境悲观主义和文化悲观主义，同时也展现出同样强大的技术乐观主义，其中既有危机叙事，也有救赎叙事。沙漠不但是一个需要遏制的巨大威胁，也是一片满足现代工程师雄心壮志的诱人天地，它为气候改造项目提供了梦寐以求的实施环境。尽管这些项目及其背景有所不同，但是在 19 世纪末的气候变化讨论中，它们的创造者形成了一套通用词汇，旨在将撒哈拉沙漠描述为符合欧洲人想象的典型沙漠。这些项目都深受技术殖民的推动，希望通过使用现代工业机械和工具来创造丰饶的景观，从而造福外来居民，无论他们是法国人、英国人、德国人还是其他欧洲国家的人。在不同程度上，改造沙漠环境的计划成了社会项目。对于规划者及其支持者来说，沙漠慢慢侵蚀土地引发的焦虑总是充斥着文化层面的意义：环境和气候的衰退意味着社会的衰退，反之亦然。一方面，这使得阻止沙漠侵蚀变得更加紧迫，另一方面，这也意味着，改造自然可能会推动文化或文明的进步——至少在规划者看来，那是一种进步。[5]

殖民科学，全球科学，沙漠科学

气候工程及其背后的气候理论都深深根植于殖民主义：探险家在殖民地办公室在编人员名单上，科学家利用殖民地的基础设施进行研究，而大型项目的工程师和规划者要么直接为殖民地政府工作，要么在寻求殖民地政府的帮助和支持。19 世纪末的最后 30 多年是一个高度帝国主义化的时代，欧洲人占领了异国土地，殖民地官员因此更加关注气候条件，尤其是非欧洲环境中潜在的气候变化。气候的不稳定性给那些鲜为人知、环境陌生的海外风光增添了一种"难以捉摸"之感。殖民规划者还借由气候不稳定，使其殖民占领和殖民管控合法化，不仅在殖民地设置代理人，还进行科学技术殖民。[6]

在很多方面，这一模式延续了早期的殖民话语和殖民措施，使殖民地的气候对白人定居者和管理者来说更宜人、更健康。与此同时，19 世纪的全球科学研究欣欣向荣，尤其是地理学和地质学，二者的建立以 19 世纪及 20 世纪初世界各个殖民地数据的收集和交换为基础。气候工程和气候学也不例外。事实上，殖民主义和全球气候研究的发展是齐头并进的。在 20 世纪下半叶，殖民地政府和代理人几十年来收集的数据为现代气候科学家提供了材料，可供其开发复杂精细的全球天气和气候预测数字模型。如今，气候学已经成为最具全球性的科学（或者至少是全球性科学中最引人注目的分支），它在理论上能够处理最深远的问题：人为导致的全球变暖。但早在 20 世纪末的最后 30 多年之前，气候学和气候焦虑就已经在全球蔓延，一些欧洲气候学专家开始思考并担心影响整个地球的环境污染状况。[7]

早在 19 世纪末，关于大规模的气候变化的假说就已经成为公共话语中的一部分，其中包括孔德·德·布丰（Comte de Buffon）改善北美气候的畅想，还有亚历山大·冯·洪堡（Alexander von Humboldt）关于南美洲大规模干旱化的想法。不过，19 世纪初的科学家却在很大程度上将"气候"定义为一种基本稳定的环境特征，他们认为人类的行动只能在一定程度上改变这种特征。然而，这种看法并没有一直延续。19 世纪中叶左右，冰河时代理论逐渐为人所接受，这为重新定义"气候"开辟了道路——人们将其定义为一种强大的动态力量，不但能积极地塑造从赤道到两极的环境，反过来也会受环境的影响。如果像冰河时代理论的支持者所说的那样，世界在过去经历过多次冰川作用，那么地球在不远的过去、现在和未来会发生什么样的大规模气候变化？一些气候学家，其中包括那些研究欧洲以外殖民环境的气候学家，开始认为他们所描述的当地或一定区域内的气候变化可以被视为更大范围内全球气候变化的一部分。19 世纪下半叶，通过国际会议和国际期刊进行的气候数据交换使这些关于大规模气候变化的理论得到了发展。[8]

在对大规模气候变化现象进行思考的基础上，气候学家开始提出类似于全球环境观的概念，或者如玛丽·路易斯·普拉特（Mary Louise Pratt）所说的"行星意识"。关于气候变化的理论（无论是人类学的还是自然科学的）在这一过程中发挥了关键作用，与此同时，科学界人士越发倾向于认为环境具有相互联系性、内在不稳定性以及潜在可塑性。达尔文的进化论，加之各类关于气候变化的猜想和假设，使 19 世纪的世界及其环境变得越来越难以预测，甚至动荡不安。在最近的一项研究中，黛博拉·科恩（Deborah Coen）将视野投向 19 世纪的最后几十年，追溯了中欧地区动态化、多指标的气候科学发展过程，其中，哈布斯堡王朝多样化的环境成了科学研究、数据收集和方法创新的主要来源。[9]

奥匈帝国各行省当然不是唯一可供研究气候学发展的殖民地区。一些对气候变化问题感兴趣的欧洲专业人士将目光投向了自己所在的大陆之外，并选择沙漠作为他们的主要研究领域。洞穴的壁画、干涸的河床、废弃的城市以及裸露的地质特征，都为长期气候变化提供了丰富的证据来源。作为危险、冒险和荒凉的代名词，沙漠在传播和普及有关环境变化和环境灾难的思想方面也发挥了重要的作用。19 世纪末，气候学家研究了从中亚到非洲以及南美洲的诸多沙漠，它们要么位于殖民地，要么勉强算是后殖民地，通常是位于干旱程度较低的地区的中央政府声称拥有，但尚未完全控制的领土。[10]

殖民地与沙漠之间的影响从来都不是单向的：随着欧洲人对沙漠环境的殖民，沙漠也开始对欧洲人的思想进行殖民。这不仅体现在欧洲人对沙漠扩张的认识和恐惧中，也体现在早期气候工程师的工作中，他们希望在世界上的干旱地区创建新的伊甸园。他们并没有像今天的一些地球工程师所设想的那样，试图直接改造大气层。尽管如此，一些早期的气候工程师仍致力于改变超出局部地区的环境和气候，他们在殖民地设计了鲜为人知也未曾实现，但毫无疑问值得关注的项目，希望以此种方式阻止令人担忧的沙漠扩张。这些改变环境和气候的技术性尝试是一个典型范例，证明了早期气候科学和殖民政治之间的纠葛，也代表了气候变化思想在技术政治层面的体现。虽然欧洲的专业人士经常将沙漠定义为"大片的空地"，但气候理论从未脱离其产生时所具有的殖民背景。相反，气候科学家参与了政治性讨论，并为寻找殖民地气候和环境问题的解决方案做出了贡献。无论是气候工程的支持者还是反对者，人们都会考虑人类干预可能会对整个大陆甚至全球气候造成何种影响。无论是自然发生还是人为造成的气候变化，都对殖民者和被殖民者的社会、经济和文化方面造成了影响，而气候科学家（以及气候工程师）对其中的发展轨迹进行了理论分析。[11]

厘正自然与社会

　　19世纪时，"气候工程"并不是一个新概念，在当时的很多观察家看来，这个概念似乎并没有什么新奇之处，毕竟，关于气候不稳定的想法已经在殖民地规划者和科学家之间广为流传。并且，如果气候确实具有内在的不稳定性，那么试图改变气候的想法在思想层面的飞跃就显得没有那么惊人了，尤其是在殖民地工程师能够使用工业技术工具以及将殖民地沙漠作为试验场的情况下。规划者们在19世纪提出了雄心勃勃的气候工程项目，希望以这种方式回应人们因日益衰退的环境和气候而产生的焦虑，与此同时，他们对通过现代技术重新塑造环境和社会表现出了越发坚定的信念。19世纪末，技术应用的范围以及与其相关的工程项目的规模达到了新的高度，新领域也有所扩展。德国地理学家埃米尔·德克特（Emil Deckert）在评论法国在撒哈拉沙漠的一个气候工程项目时，字里行间都是对那个时代的自信："人类不受约束的行动（将会）厘正大自然中的一些关键性错误。"他反问道："如果这种想法真的可行的话，难道会有人觉得它不美好、不诱人吗？"[12]

　　德克特在1884年的话似乎预示了一种被普遍认为是最近才出现的现象：气候变化与宏观技术之间存在着密切联系，而当前旨在阻止和扭转人为全球变暖的地球工程项目就是例证。正如德克特所言，气候和宏观技术的联系由来已久，可以追溯到 19 世纪（我将在后续章节详细阐述这一点）。事实上，气候工程在 18 世纪就已经引起人们的关注了，当时孔德·德·布丰宣布，人类能够"改变地球气候，从而设定最适合自己的温度"。19 世纪，这个梦想似乎有实现的可能：蒸汽机以及大都市和殖民地的劳动力储备为大型项目提供了新的潜在动力，而环境间相互联系的全球视角更加坚定了西方世界利用工程学的雄心壮志。[13]

　　德克特的观点受到人们关注还有另一个原因，那就是其对于环境改造的描述。德克特与很多同时代的人没有提出改造工程与自然之间的争议性关系，而是强调使用技术来"厘正"或重新调整自然。[14] 以工程学作为恢复大自然的完美与和谐的手段同样不是一个新的想法，早期的殖民地气候改善项目往往遵循类似的逻辑，试图将当地气候恢复到从前那种据说更完美的状态。而且，需要注意的是，在 19 世纪末和 20 世纪初的规划者和评论家看来，这些旨在创造新气候、改变地形和连接大陆的革命性项目甚至是传统且"自然"（他们找不到更好的词来形容）的。工程师们计划对环境和气候进行长久的干预，他们倾向于将自己形容为修复人员，专门处理因地质、宇宙或人为过程而造成的自然缺陷。在早期的"地球工程师"看来，自然和技术不但不对立，甚至属于同一概念框架。从 19 世纪末到 20 世纪上半叶，气候工程师经常将技术的大规模使用视为一种维护自然的工具，能够反映潮汐、溪流、风、侵蚀和气候变化等物理作用力的影响。[15]

　　对于自己所处时代的工业技术，早期的气候工程师虽然提出了一些极端的使用方式，但他们也倾向于不对"自然"和"社会"领域加以区分。20世纪时，这种将"自然"和"社会"完全割裂开来的思想曾深深影响了一些流传已久的现代性概念以及人们在技术方面的想象。不过，这种割裂从未真正实现，而且社会学家和历史学家一直都对这种划分方式持怀疑态度。从另一方面看，19世纪关于气候变化和气候工程的设想代表了一种强有力的经验主义观点，它反对将静态的"自然"领域和动态的"社会"领域之间的差别进行过度夸大。事实上，在本书中，我认为自然有时会因由技术越来越多地融入社会领域，毕竟，气候工程本就是通过某些机制来引导和控制气候，类似于控制经济、政治和文化领域。撒哈拉海项目（Sahara Sea project）背后的工程师弗朗索瓦·鲁代雷便是一个典型的例子，他代表了人们的一种希冀，即将恢复和控制自然作为法国在北非殖民项目中的一部分。[16]

气候工程师也表达了他们的希望，只不过他们希望变化中的气候能够带来社会和文化方面的变革。这一点在20世纪上半叶尤为明显，当时，新马尔萨斯主义者①对粮食生产的内在限制以及广为流传的文明衰落的观念十分忧虑，同时，他们还担忧气候变化和荒漠化。赫尔曼·索尔格尔的泛欧洲亚特兰特罗帕项目（Atlantropa）旨在改变欧洲文明以及北非气候，这可能是最为

---

① 马尔萨斯主义产生于18世纪，是以英国经济学家马尔萨斯为代表的学派，其代表理论包括：人类必须控制人口的增长，否则，贫穷是人类不可改变的命运等。新马尔萨斯主义是以马尔萨斯人口学说为理论基础，主张实行避孕以节制生育来限制人口增长的人口理论。——译者注

宏大的气候改造动因，而狂妄自大的纳粹规划者企图全面改变东方景观的环境和种族特征，其因此实施的项目也让他们变得声名狼藉。

从北非的撒哈拉海计划到德国的东方总计划（Generalplan Ost），我所研究的工程项目无论是投入的人力还是物力，都比之前的任何项目都要大，同时也是各自时代中规模最大的项目之一。最终的结果证明，这些项目的野心及规模实在是太大了，以至于它们都未能实现，只能在殖民地行政部门的抽屉里自生自灭，或者登上政府办公室和科学期刊却根本无人问津。我没有把工程学项目的实际后果视为物质层面和技术层面的既有体系产生的结果，而是关注其知识根源、预期效果以及设想的改变气候的措施所带来的影响。虽然采取这种方法迫使我停留在概念层面，无法审视项目本身在当地造成的后果或者人们对此的反应，但它让我对人们在技术方面的想象力有了最深入的洞察，而这种想象力来源于19世纪末至20世纪中叶人们对殖民地和环境产生的焦虑。如果如威廉·克罗农（William Cronon）所言，"我们头脑中的自然与我们身边的自然一样重要"，那么，殖民地的人们对改造环境和社会的想象就与其每日与非欧洲环境及居民的接触同样重要。当时计划的项目通常以无任何原住民居住或活动的空地为前提，从而强化了一种虚静的殖民地叙事，为欧洲人的生产和定居做好了准备。大卫·埃杰顿（David Edgerton）近来指出，尽管大多数革新都以"失败"告终，而且从未投入应用，但这并不意味着它们的重要性会因此降低。事实的确如此。人们对革新的渴望及其失败的记忆继续影响着新技术的发展和历史的进程。对于那些未实现的（尤其是那些试图改变地球大片地区的）设计方案来说，由于人们在其文化层面植入了乌托邦或反乌托邦色彩，因此，这些项目设计基本触及了技术想象的边界。这其中自然包括大规模的气候工程。[17]

章节设置

在第一章中，我探讨了冰河时代的发现，以及之后的欧洲气候学家逐渐认识到了古气候的不稳定性，并探究二者是如何为围绕大规模气候变化的讨论奠定基础的。19 世纪下半叶，殖民地旅行者在北非旅行时收集到了有关环境和气候的信息，这进一步推动了这场讨论的进程。在研究撒哈拉沙漠的历史时，环境方面的知识既可以作为科学理论的依据，也可以作为希望实施帝国项目的殖民政府的重要信息。在日益增多的关于气候波动和气候变化的讨论中，这一点表现得尤为突出——一些欧洲专业人士逐渐意识到，气候波动和气候变化在过去已经改变了沙漠的边界，并且现在仍在产生着影响。参与讨论的地理学家和地质学家提出了各种各样的理论和观点，但他们很大程度上是在两个极端之间游移：一部分人认为气候变化是由当地的人为原因造成的，另一部分人——特别是德语区的地质学家和地理学家——则认为"自然"过程一直在影响全球的气候条件。到了 20 世纪初，这场争论仍没有结果。然而，这并不意味着关于气候变化和荒漠化的话题就此销声匿迹，相反，在整个 20 世纪上半叶，它们时常出现在科学期刊上。关于正在蔓延的沙漠的讨论已经在一些地方留下了痕迹：通过普及地理和气候方面的知识，大规模甚至全球气候变化和气候灾难已经烙在公众的想象之中，而足智多谋的工程师则开始寻找通过技术干预来有效改变气候的方法。

在第二章和第三章中，我将视线转回了 19 世纪的撒哈拉沙漠，探索殖民地气候工程项目的出现。第二章中，我主要考察了法国工程师弗朗索瓦·鲁代雷的一个项目，他制订了一项计划，即通过淹没阿尔及利亚和突尼斯境内的大部分沙漠，来方便法国人进入内陆，更重要的一点是，这样能为欧洲人获取新的定居地。实施该计划的前提是将北非内陆的水体表面作为蒸发面，以此产生更多的降水，从而逐渐改变该地区的气候。甚至在 19 世纪末关于气候变异的学术讨论开始之前，鲁代雷就将这一想法向前推进了一步：他探索了改造气候的方法，以将环境恢复到其设想的过去的条件。

在第三章中，我更深入地研究了殖民地气候工程的大背景，探讨了鲁代雷项目一直众说纷纭的原因。尽管人们对大型气候项目的特殊设计提出了一些质疑，但鲁代雷声称他能够带来相当规模的人为气候变化的说法，却甚少受到质疑。与当时类似的其他项目一样，撒哈拉海项目受益于西方普遍存在的一种信念，那就是现代技术有能力克服所有潜在的环境和技术障碍。此外，该项目还利用了殖民规划者对环境恶化的关注，以及人们对法国在北非的殖民项目不够安全稳定的普遍担忧。这种技术乐观主义和文明悲观主义的合流成了 20 世纪上半叶气候工程项目的共同特征。

第四章介绍了德国建筑师赫尔曼·索尔格尔在 20 世纪 20 年代设计的一个十分大胆的项目，该项目是鲁代雷撒哈拉海项目的后续。从这个项目入手，我探讨了项目背后这种丰饶性衰败论动因的发展过程。亚特兰特罗帕项目规模庞大，其中包括建造地中海大坝，以及通过地质改造实现非洲和欧洲大陆的新联结。尽管索尔格尔的项目在规模方面与鲁代雷大不相同，但他们二人的想法惊人的相似。事实上，索尔格尔曾公开表示，鲁代雷的项目是他的灵感来源。索尔格尔给亚特兰特罗帕项目设定的最终目标是使撒哈拉沙漠变成肥沃的土地和殖民地，方法则是通过向撒哈拉沙漠输送大量的水，以改变当地气候，从而满足欧洲定居者的需求，与此同时，还要将非洲人口强行迁移到非洲南部。索尔格尔相信，亚特兰特罗帕项目将为欧洲人带来一个进步、合作、和平的新时代，并为即将到来的后民族主义欧洲社会奠定基础，与此同时，还可保证一个经过改造、遭受殖民和种族清洗的非洲大陆有扩张的空间。

在第五章，我探讨了索尔格尔项目背后的变革目标，该项目将改变气候以及地质的理念提升到了前所未有的水平。索尔格尔不仅广泛了解气候学和世界末日哲学，还查阅了当时的地理学理论，他开发了一种通过改变基础的物质条件（所谓的"积极地缘政治"）来遏止文化和环境衰退的模型。虽然地缘政治理论的这种转变与当时德国法西斯政府的一些想法相一致，但索尔格尔最终还是被纳粹领导人抛弃了。索尔格尔将所有精力集中在南部可殖民的土地上，而纳粹规划者则将目光投向了东方，因为他们在东部大草原发现了欧洲自己的"撒哈拉沙漠"，并且认为这片土地正在扩张，就像非洲的那片沙漠一样。

长期以来，欧洲、亚洲以及非洲的气候相继变得越发干燥，这一观点一直是气候学家争论的主题，尤其是在俄罗斯。20 世纪 30 年代，所谓的"Versteppeng"，也就是"草原化"，成为纳粹规划者关注的焦点。海因里希·维普金成了纳粹官僚机构中"草原化"观点的主要支持者，在第六章中，我追溯了其工作内容的思想起源。在各类文章和书籍中，维普金详细阐述了这样一种观点，即由于斯拉夫人的定居以及更大规模的气候过程，东方曾经肥沃的土地已经变成了干旱的草原。这些观点后来成为"东方总计划"文件起草时的关键性内容，而这也是我在第七章叙述的重点。"东方总计划"试图将种族清洗与全面的环境和气候改造结合起来，彻底让东方"改头换面"。维普金及其同事并不特别精通地质学或气候学，然而，他们确实很好地利用了 19 世纪以来各方关于气候变化的焦虑，并进一步推广宣传。纳粹政府利用"草原化"的图像力证他们对东方的军事征服和占领是正当的。在第三帝国时期，被剥夺了所有学术伪装的"草原化"率先成了一个带有强烈种族主义和法西斯色彩的政治术语。

在尾声部分，我将第二次世界大战后"草原化"问题争论的结束与我们目前对全球变暖和荒漠化的担忧联系了起来。在这一部分中，我关注了 20 世纪气候学的发展，该学科分化为两条研究路径，其一是气候科学研究中的全球性大气路径，其二是土壤科学和荒漠化研究中的地方性陆上路径。最后，我展望了现代地球工程方案的兴起。尽管这些项目反映了人类当前以及预测未来所具有的技术能力，但它们也呼应了（也许并非有意为之）自 19 世纪以来一直存在的术语、概念以及对气候灾难的担忧。

第一章

沙的科学：
作为档案馆和警告的撒哈拉沙漠

乍看之下，寒冷的阿尔卑斯山与干旱的撒哈拉沙漠之间似乎风马牛不相及。虽然这两种景观都可能激起我们内心浪漫的情愫，但放在今天来看，冰雪的严寒和沙漠的炽热所形成的感官对比是如此强烈，对19世纪的探险者来说更是如此。然而，这两种环境在气候史上有着悠久而复杂的历史，它们既是科学家研究如何应对气候问题的重要场所，也是环境变化的重要象征。

在当今全球变暖的版图中，冰川（缩小）和沙漠（扩大）同时体现了气候变化的惊人后果。在19世纪"英雄科学"（heroic science）的时代，早在冰川冰芯和干旱指数成为气候学的核心指标之前，欧洲探险家就已经对这些极端环境产生了兴趣。他们之所以被这些迥然不同的环境所吸引，不仅是因为一时冲动，还因为他们在为越来越多的问题寻找答案，而这些问题大多关乎地球的历史和未来。沙漠和冰川提供了（事实上应该说具象化了）大规模环境变化的物证。他们打开了一扇窗户，使我们可以看到地球遥远（也可能不那么遥远）的过去。冰川和沙漠的位置已经发生了移动，其面积也有所改变——这逐渐成了科学界的共识。但它们移动和改变了多少？它们至今还在运动吗？19世纪中叶，这些问题第一次引发了一场国际讨论。讨论的议题则是关于气候变异性的出现及其潜在原因，正是这种逐步发生的变化影响着各个区域、大陆，甚至整个地球。这场讨论既具有科学性，又具有社会性。毕竟，对于科学界人士以及政府官员和政策制定者来说，如果目前发生大规模气候变化，可能会立即引发诸多的后续问题：气候变化会对动植物、人类居住地、殖民计划、日益错综复杂的世界经济，以及最终会对人类文明产生怎样的后果？人类对此又能做些什么？[1]

　　当时，干旱化和气候恶化的理论及假说已经有了相当久远的历史。然而，19 世纪末的那场讨论重新强调了这一大规模的全球性过程，从深刻的环境史转变以及潜在的自然因素方面——而不是人为原因——探讨气候变化。到 19 世纪 70 年代，关于气候变化的讨论已经成为各类地质学出版物的常见话题。科学界以外的人也很快开始关注这一问题。20 世纪初，尽管探讨气候问题成因之路经历了起起落落、陷入僵局，关注的重点也有所变化，但对此的争论一直存在并始终被高度关注。同时，暗示世界末日的声音越来越多。1905 年出现了一篇极其耸人听闻的文章，其中警告道，"沙漠恶魔"可能会对所有大陆造成严重破坏。然而，并非所有的气候科学家都同意这种宿命论观点。事实上，他们的观点与之相去甚远。不论是拥护者还是反对者，都表达了他们对气候变化是否存在，其周期、时机、范围及原因的观点，即便这些观点常常大相径庭，甚至相互矛盾。[2]

　　在这些关于干旱化和气候变化的争论中，那些警告"沙漠恶魔"即将到来的人用了多种形式表达这种观点，但通常会以北非为例。19 世纪初，当欧洲人开始探索撒哈拉沙漠之后，无论是将其作为研究场所，还是气候知识的档案馆，抑或是荒漠化的警告，沙漠在欧洲地理学家和气候学家的工作中都占据着重要的地位。19世纪30年代，殖民者正式占领北非，并在19世纪最后30余年中加速了殖民活动。在这个过程中，欧洲人进一步意识到了沙漠的重要价值。撒哈拉沙漠及其周围地区极端干旱的景观为气候研究提供了宝贵的信息，不仅有地质方面的证据以及可量化的气象数据，还保存着古希腊人、古罗马人和古阿拉伯人对气候的记录以及关于过去环境条件的物质痕迹，比如曾经繁荣的定居点的废墟，以及沙漠中的岩画。随着欧洲人在全世界不断扩展殖民占领的沙漠土地，他们也在争论如何在经济层面上开发这些地区。这也为一些殖民地官员、规划者和工程师提供了便利，他们不仅可以将撒哈拉沙漠视为观察过去环境条件的一面镜子，还可以将其视为应对环境和气候恶化的伟大工程的缩影。然而，在此之前，首先进入人们视线的不是沙漠中的沙子，而是阿尔卑斯山的冰。

冰的科学

一般而言，人们认为瑞士地质学家路易斯·阿加西斯（Louis Agassiz）是冰河时代理论的创始人。他在1840年的冰川学研究中指出，冰川存量的变化与过去全球温度的波动直接相关。尽管阿加西斯的声明在今天听起来平平无奇，但在当时却是具有突破性的。他认识到，过去的全球气候并不总是恒定不变的。在此之前，19世纪上半叶还有一些更具里程碑意义的地质发现，其中的第一个发现便是：那个内在稳定和永恒不变的地球正在离我们远去。[3]

早在18世纪末，欧洲世界观就已发生了第一次转变。无论是大卫·休谟（David Hume）还是佩尔·卡尔姆（Pehr Kalm），抑或是让-巴蒂斯特·杜博斯（Jean-Baptiste Dubos）[①]，都暗指气候已经发生了巨大变化。著名的历史学家爱德华·吉本（Edward Gibbon）也加入了这场论战，他将罗马帝国的衰落与气候条件的变化联系起来（甚至可以说他认为二者之间存在直接的因果关系）。对于全新的地质学理论来说，除了学者提出的观点，更为重要的是人们思想的解放。一些学者在最开始表达观点时还十分谨慎，之后的观点便越发大胆，甚至打破了圣经中传统的大事记。在此之前，地球的发展变化一直被认为是上帝精心设计的结果。从19世纪初的几十年开始，冰川成为阐述冰河时代理论以及讨论新发现的地球久远历史中地质和气候变化的重点对象。大约在19世纪中叶，路易斯·阿加西斯成为这些理论最著名的支持者。[4]

阿加西斯是冰川研究的后来者。19世纪30年代初，他坚持公开反对同事们提出的一些冰川作用理论。即使几年后他提出了自己的冰河时代理论，但这个理论依旧与众不同：阿加西斯认为，在阿尔卑斯山形成之前，地球的大部分地区都被冰川覆盖，从不断上升的山脉上滑下的巨大冰盖，就可以作为解释阿尔卑斯山谷冰川运动的证据。不过，这一理论与阿加西斯对地球生命史

[①] 大卫·休谟是苏格兰不可知论哲学家、经济学家、历史学家，是苏格兰启蒙运动以及西方哲学史中最重要的人物之一；佩尔·卡尔姆是芬兰探险家、植物学家、博物学家和农业经济学家；让-巴蒂斯特·杜博斯是法国美学家、文艺批评家。——译者注

的理解相悖。尽管那时人们已发现了灭绝生物化石遗骸，但阿加西斯坚信是上帝创造了一切。他还利用冰川理论来为自己反进化论的信仰服务。具体来说，他认为，地球一直在经历整体性降温，降温进程不表现为气温的持续下降，而是以恒定的气候条件为标志，并且是非连续的阶段性过程。其间有短暂的快速降温阶段，其后是部分变暖阶段，然后又是一个气候稳定时期。[5]

这种奇特的模式同时解决了阿加西斯的两个智识困境。首先，它与法国数学家让-巴蒂斯特·约瑟夫·傅立叶（Jean-Baptiste Joseph Fourier）在19世纪20年代提出的地球逐渐冷却的想法一致。傅立叶的观点在那时已经获得了广泛的受众。即使是当时最著名的地质学家查尔斯·莱尔（Charles Lyell），也不得不在他的"绝对一致性理论"中加入对地球表观温度和气候变化的探讨，而他的理论假设过去的地质环境经历了与现在相同的自然事件和过程。另外，阿加西斯的模型使他能够解释生物体是如何享受稳定的环境条件，直到最终因灾难性的温度下降而大规模灭绝，而新的气温环境又为下一个温度稳定期创造了新的物种。阿加西斯由此有了一种解释生物大规模灭绝的方法，而不需要依靠进化论。[6]

同时解决了这两个问题之后，阿加西斯似乎深受鼓舞，开始投身研究其冰河时代理论的细节。19世纪30年代末，他将先前提出的地球冰川覆盖范围扩大到从北极到北非的大部分地区。在给英国神学家和地质学家威廉·巴克兰（William Buckland）的一封信中，阿加西斯甚至提到"整个地球表面都被冰覆盖"，尽管他说自己只是在"开玩笑"。然而，对于其同时代的人来说，这是一件很难接受的事情。毕竟，阿加西斯对冰川理论的看法不仅颠覆了均变论者关于地球在缓慢变化下保持相对稳定的看法，也不符合灾难学家的见解。后者坚信地球的变化过程是突然的、非周期性的，而非阿加西斯所说的普遍、极缓的变冷趋势，伴随着周期性地快速降温和变暖。[7]

尽管人们一时间很难接受冰川理论，但他们心中已经被悄然播下了种子。在接下来的30年里，世界各地更多关于早期冰川作用的证据不断出现。渐渐地，阿加西斯关于漫长冰河时期的想法（也可以说他关于多重起源事件的独特想法）为更多人所接受。最终，假设地球过去经历了剧烈和反复变化的冰川理论先是引起了一场危机，随后引发了地质学的革命。在最近的地质历史中，由于阿加西假定冰河时代曾经存在，这迫使地质学家不得不努力应对一段新出现的地球历史时期，而这个时期的特点恰恰是偶然性和不稳定性。过去地球地质和气候条件的变化成了科学研究的真正对象。最近地质史上关于环境和气候发生巨大变化的记载也意味着，同样的过程目前可能仍在发挥作用，并影响着全球的未来。

关于冷却和变暖

傅立叶在19世纪20年代提出了地球冷却这一假设。而在19世纪中叶，当冰河时代理论尚未获得人们的普遍认可时，阿加西斯关于气候变化的著作为地球冷却的争论提供了新的支持。在这场争论中，最有影响力的参与者之一是英国物理学家威廉·汤姆森（William Thomson），他更广为人知的名字是开尔文勋爵（Lord Kelvin）①。受傅立叶工作的启发，开尔文在19世纪40年代开始了热消散研究。他预估了天体的热消散量，并据此进行了计算，从而能够判断天体的年龄。根据开尔文的计算结果，地球的年龄不到2亿年，太阳的年龄可能不到1亿年（开尔文在此后多次调整了这些数字）。对于这个结果，地质学家并不满意，他们中的许多人已经在考虑更广阔甚至无限的时间尺度。[8]

尽管如此，开尔文的想法还是让人眼前一亮，特别是他强调了普遍的降温趋势对人类的潜在影响。1862年，开尔文写道，太阳仍然足够强大，足以维持地球上的生命，但最终会消亡，"至于未来，我们可以同样肯定地说，地球上的居民无法在数百万年后继续享受对他们的生命至关重要的光和热，除非我们在创新仓库中准备好了现在尚且未知的能量来源"。虽然开尔文描绘的世界末日场景远在未来，并且他本人也没有在即将展开的气候变化之争中发挥任何明显的作用，但他的想法有助于激发人们对大规模环境改造的兴趣。[9]

在开尔文公开自己计算结果的同时，阿加西斯的朋友兼同事约翰·廷德尔（John Tyndall）开始致力于推进傅立叶的一些想法，特别是关于地球大气层的绝缘性质。廷德尔研究了不同气体对辐射热的吸收，并因此在20世纪成为温室效应的发现者之一。

---

① 英国的数学物理学家、工程师，也是热力学温标（绝对温标）的发明人，被称为现代热力学之父。——译者注

19 世纪 90 年代，他的工作也启发了斯万特·阿伦尼乌斯（Svante Arrhenius）关于大气二氧化碳对温度和气候影响的研究。这使开尔文关于地球持续冷却的理论变得更加复杂。阿伦尼乌斯现在被普遍认为是全球变暖研究史的创始人，他认为地球大气中二氧化碳含量的变化可能导致了冰河时代的发生。在阿加西斯假设冰川时代曾经存在之后近 60 年，终于有了一种机制可以解释地球过去巨大的气候变化。不过，这一理论的支持者并不多，而且一直到 20 世纪中期才开始被人提及。早在 19 世纪末，阿伦尼乌斯就已经在思考人类燃烧化石燃料的行为对大气中二氧化碳的浓度有何影响。然而，与目前人们的担忧相反，阿伦尼乌斯实际上对持续燃烧煤炭将导致的气候变暖持欢迎态度。[10]

阿伦尼乌斯对全球变暖的乐观看法在 19 世纪并非格格不入，尤其是在当时的近邻——寒冷的斯堪的纳维亚半岛中。随着地质学家慢慢开始接受那些关于冰河时期的理论，以及关于地球冷却的假设，他们开始想象，现在或未来剧烈的气候变化可能会导致地球再次出现冰川化。1840 年，阿加西斯坚持认为历史时期内没有出现过明显的气候变化——这一观点符合其提出的地球气候变化模式的特殊模型——但在整个 19 世纪中，这一点并没被完全接受。欧洲和北美洲的大众科学出版物都在警告，冰川时代即将到来，或者至少在不久的将来会发生大规模的降温事件。[11]

1887 年，一篇刊登在《法国科学评论》（*French Revue Scientifique*）、后经翻译刊登在《科学美国人》（*Scientific American*）上的文章，提及了现在被称为"小冰河期"（Little Ice Age）的时期，并通过大量的地质证据表明，地球在 13 世纪时进入了一个新的冰川周期。尽管这篇文章的作者说许多科学家对此普遍持支持意见，但其实赞同这一观点的人并不多。不过，在19世纪下半叶的各种科学和大众出版物中也出现了类似的观点。一些作者致力于研究水流和风的运动模式，这似乎比太阳的缓慢燃烧或大气成分的重大改变更能解释气候的快速变化。1889年一本关于气象学的畅销书表明，墨西哥湾流的改道很可能在欧洲引发新的冰河时代。仅仅几年后，另一篇文章就指出，南极附近出现了不祥之兆，并警告说，不断扩大的冰山和冰川是新冰河时代即将到来的标志。[12]

罗伯特·麦克法兰（Robert MacFarlane）[①]认为，冰河时代的回归是维多利亚时代的"核冬天"[②]。随着"冰川噩梦"等词语的流传，大众科学媒体对冰川未来影响的讨论中一直存在着世界末日论的身影。廷德尔本人是一位狂热的登山爱好者和冰川学家，他含蓄地写道，"与冰川时代的巨人相比，当今的冰川只是一个小矮人"。经由不断壮大的跨国科学网络和大众媒体，对冰川的描述（无论是口述还是图片资料）从阿尔卑斯山慢慢传播开来，并逐渐开始出现在欧洲和美国的期刊、杂志和报纸之中。与此同时，登山运动的兴起既表达了粗犷的男子气概，又为人与自然的特殊联系创造了一种新的方式，使生活在低地的欧洲人能更亲密

---

① 剑桥文学学士，著名作家，研究和写作领域侧重于自然与文学的关系。——译者注

② 指核武器爆炸引起的全球降温现象。——译者注

地接触阿尔卑斯山，并向越来越多的观众传播白雪皑皑的山峰和冰川景象。[13]

通过提出关于地球地质史的新颖理论，阿加西斯和他的同事们让更多的人理解了自然界的可变性——现在，科学界对自然的想象比以前更为古老，也更不稳定。进化论和冰川研究共同揭示了一点，即 19 世纪的西方人如何重塑了对地球的想象——地球是一个充满活力和变化的地方。因此，对于研究历史上的地质变化和气候变化过程来说，冰川理论提供的新方向就显得尤为重要了。该理论也为解释过去、现在和未来的大规模环境变化提供了可能性。媒体对地球冷却可能导致冰河时代再次发生表示担忧，而这只是冰川理论发展的一个产物。作为其对立面的另一种气候变化——全球变暖，则成为另一个研究的重点以及另一种焦虑的来源。

阿尔卑斯山的景观又一次为气候变化研究提供了灵感，至少对于约翰·拉斯金（John Ruskin）来说是如此。这位维多利亚时代的艺术评论家和社会思想家试图用水彩描绘冰川的美丽，并思考冰川的过去和未来。事实上，拉斯金与约翰·廷德尔就冰川面积收缩的速度进行过激烈的争论。此外，他们还考虑了砍伐森林对气候的影响，深入思考了大气污染的后果，同时警告自己的读者，以化石燃料为基础的经济发展将对社会和环境造成怎样的危害。事实上，对拉斯金来说，这些想法和活动似乎都是相互关联的：气候的恶化反映了一种更普遍的社会弊病——这一主题贯穿了 19 世纪和 20 世纪初关于气候变化的所有观点。[14]

约翰·拉斯金，《冰舌》（ *Glacier des Bois* ，1843年）

穿越撒哈拉

　　就像寒冷的冰川一样，沙漠成了激发科学家、探险家和殖民地官员进行研究的重要场所，同时也引起了人们的焦虑。早在19世纪之前，沙漠就对欧洲人有着特殊的吸引力。无论是作为避难所、宗教净化仪式场域还是流放地，又或者作为怪物出没的边界，沙漠在作家和读者的想象中都是具有重要意义的地方。19世纪，沙漠成为在科学协会的会议室、大学的报告厅、资产阶级的会客厅中被讨论的对象。撒哈拉沙漠是最靠近欧洲大陆的沙漠，在 19 世纪中叶左右成为气候学新兴领域的核心研究区域。人们对沙漠环境的研究热情上升到了一个全新的层面，这也反映了帝国主义时代对非欧洲土地的殖民兴趣达到了一个新的高度。事实上，科学、经济和政治密不可分，这一点在欧洲政府和殖民协会赞助的探险活动中表现得最为明显。海因里希·巴尔特就是这些探险者中的一员，对于 19 世纪下半叶对大规模气候变化感兴趣的探险者来说，他的一些观测结果将成为重要的参考资源。

1850—1855 年，巴尔特穿越非洲，到达乍得湖（Lake Chad）沿岸，探访了撒哈拉沙漠中的圣地：传说中的廷巴克图城 ①。与之前的探险者或与他同行的欧洲旅伴不同，巴尔特能够活着叙述自己的故事。他学过阿拉伯语，对伊斯兰教有深入的了解，善于外交，并且资金充足，所以才能在撒哈拉地区的各种争执和疾病中幸存下来。这些本应该让他成为 19 世纪帝国文化研究的明星人物，他的名字应该与大卫·利文斯顿（David Livingstone）和亨利·杜维里耶（Henri Duveyrier）等巨擘一起被列入探险和"英雄科学"年鉴之中。然而，在 19 世纪末之前，巴尔特的名字就已经被德国公众遗忘，只有科学界还记得他的贡献。[15]

---

① 廷巴克图，其英文"Timbuktu"意为遥远的、难以到达的地方，位于马里境内沙漠，撒哈拉沙漠南缘，传说中的宗教圣地。——译者注

对海因里希·巴尔特形象的艺术再现

资料来源：罗伯特·布朗（Robert Brown），《非洲及其探险家的故事》（*The Story of Africa and Its Explorers*），伦敦：凯塞尔出版社，1892 年。图中描绘了海因里希·巴尔特作为奥斯曼帝国的医生，在北非和撒哈拉以南非洲人当中的样子。

　　巴尔特未能成为 19 世纪的英雄人物，部分原因在于他旅行的时间：从 1848 年欧洲革命①后不久开始，到 1871 年德国统一

———————————

① 　也叫"自由之春"，是一场平民对贵族的抗争，主要是欧洲平民与自由主义学者对抗君权独裁的武装革命。——译者注

前不久结束。在德国找到或形成一种制度能保障其帝国利益之前，德语区的探险家经常寻求其他国家政府和组织的支持。自18世纪末以来，总部设在伦敦的促进发现非洲内陆协会（通常简称为非洲协会）一直支持着在撒哈拉地区的旅行者，包括著名的苏格兰外科医生和探险家蒙哥·帕克（Mungo Park）。该协会还资助了德国远征队队长弗里德里希·霍尼曼（Friedrich Hornemann）那场有去无回的旅程——霍尼曼于1800年在北撒哈拉失踪。50年后，伦敦皇家地理学会（Royal Geographical Society）将非洲协会收入旗下，并继续支持其工作，随后发表了巴尔特及其旅行同伴、英国传教士和废奴主义者詹姆斯·理查森（James Richardson）以及德国植物学家阿道夫·奥韦格（Adolf Overweg）从北非传回的临时报告。巴尔特从非洲回来后，搬到了伦敦，随后写就了一份完整的游记，于1857年首次以英文发表。[16]

这份游记是系列出版物的第二部，也可能是最重要的一部，一方面是因为巴尔特未能成为探险时代的大众偶像，另一方面则是因为他引起了科学界持久的关注。这份游记的写作风格枯燥无味，共分为5卷，提供了关于撒哈拉地区植物学、动物学、地理学、地质学以及（可能最重要的）人种学的内容，虽然趣味性低，但是内容翔实。尽管这些信息的冲击往往会让寻求娱乐的读者难以接受或者感到乏味，但它确实激励了整整一代的欧洲探险家和科学家，他们将在未来的几十年中为西方关于北非的知识体系添砖加瓦。巴尔特在北非和中非的游记和发现发表两年后，亚历山大·冯·洪堡已经意识到其对撒哈拉地区研究的意义，并称赞巴尔特这位年轻的同僚，说他"为我们解锁了一片大陆"。[17]

　　巴尔特的作品无疑有助于激发人们对于撒哈拉的科学研究兴趣，其中包括气候学调查。早在前期穿越地中海沿海地区的旅程中，巴尔特就报告说，这里似乎曾经有大量的水源。站在往昔住宅的废墟中，他对这片贫瘠的土地倍感沮丧。在谈到利比亚邦巴湾（Gulf of Bomba）周围的地区时，巴尔特写道："这里曾经常年有水，水源让这里的一切都生机勃勃，处处是清新、繁茂的景象。现在，这里的荒芜和烈日让旅行者的精神和身体都衰弱无力。"在巴尔特第一次穿越撒哈拉沙漠期间，在一个叫作"费赞"（Fezzan）的极度干旱的地方（位于现代利比亚的南部地区），当地向导将一些岩画指给他及其同伴看。出乎几位探险者意料的是，有些岩画描绘了牛和羚羊——这是一个非常奇怪的景象，因为当时的环境显然不适合大型哺乳动物栖息。巴尔特意识到，气候可能发生了变化，而这些变化使该地区变得荒芜、干旱，从而将大型野生动物的栖息地进一步向南推移。在 1857 年的游记中，他不经意（但却值得我们注意）地提到了整个地中海地区干旱区域普遍增多的情况。[18]

　　追随着巴尔特的脚步，后来的欧洲人也加入到探索撒哈拉沙漠的事业中来。他们沿着前人留下的线索，利用历史、考古、地质、植物学，有时甚至还包括动物学的知识，继续寻找证据，以证明撒哈拉沙漠曾经是一片肥沃的土地。到了 1876 年，德国植物学家、著名的撒哈拉探险家格哈德·罗尔夫斯（Gerhard Rohlfs）的旅伴保罗·阿舍森（Paul Ascherson）提到了关于沙漠气候恶化的事实，并且获得了广泛认可。他指出，虽然人们认为阿拉伯人在此统治时没有重视建设灌溉系统，但气候的恶化不能仅仅归

费赞的岩画

资料来源：海因里希·巴尔特，《1849—1855 年在南非北部和中部的旅行与发现》(*Reisen und Entdeckungen in Nord-und Central-Afrika in den Jahren 1849 bis 1855*)，第 5 卷（哥达：尤斯图斯·佩尔特斯出版社，1857 年），1:210，214。巴尔特只能靠印象来再现这些岩画，因为他在旅途中丢失了自己现场画下的复制品。

因于此，必然还有其他因素在这一变化过程中发挥了作用。几年后，阿舍森和罗尔夫斯卷入了一场关于撒哈拉沙漠是否有狮子栖息的争论，而这场争论的发起者是德国旅行家埃尔温·冯·巴里（Erwin von Bary）。在给阿舍森的一封信中，巴里表示，狮子等大型哺乳动物在当时仍生活在北非北部。一年后，在罗尔夫斯犀利地批评了这一观点后，阿舍森为巴里作了辩解，称他们并非认为撒哈拉沙漠中现在仍有狮子存在，只是意在说明当地的环境条件发生了巨大的变化，且发生时间相对较近，从而将狮子的栖息地推移到了撒哈拉以南干旱程度较低的地区。[19]

　　虽然这场争端持续的时间并不长，但它展现了探险家对撒哈拉环境和气候变化的兴趣。罗尔夫斯驳斥了撒哈拉沙漠中有狮子的想法，不过，他仍然认为，非洲在历史上发生过巨大的气候变化。对于巴里来说，尽管他遭到了罗尔夫斯的批评，但这并不妨碍他的假设获得足够的影响力。古生物学家阿尔弗雷德·冯·齐特尔（Alfred von Zittel）在对撒哈拉的地质调查中，将大型哺乳动物留下的痕迹以及那些岩画作为该地区气候变化的证据。他总结道，将曾经水源丰富的非洲北半部变成沙漠的不是当地的地质变迁，而是气候变化。在 19 世纪 70 年代，关于气候变化的讨论受到了更多关注，撒哈拉旅行者的报告仍然具有重要的参考意义，这其中便包括亨利·杜维里耶、古斯塔夫·纳赫蒂格尔（Gustav Nachtigal）和格奥尔格·施维因富特（Georg Schweinfurth）等熟悉的名字。就连巴尔特在 19 世纪 50 年代的旅行记录也依旧在被人引用。地理学家西奥博尔德·菲舍尔（Theobald Fischer）是这场讨论中最具影响力和作品被引次数最高的参与者之一，他反复强调了巴尔特的著作对讨论地中海南部地区气候变化史的重要性。1909 年，在巴尔特的旅程结束 50 多年后，几位研究者共同完成了一篇关于北非气候变化的综述，他们仍然将巴尔特的游记称为"本研究最重要的参考文献之一"。[20]

旅行者们穿越地中海，从撒哈拉带回了关于环境变化的信息，但这些信息往往不是一手资料。无论欧洲探险家如何用英雄主义的话语粉饰自己的功绩，也无法掩盖他们几乎完全依赖北非原住民作为"中间人"的事实。后者为他们充当向导、翻译、调解人，甚至提供武装保护，此外，他们还扮演着科学信息提供者和科学实验员的角色。如果没有当地的向导，理查森、巴尔特和奥韦格就不会"发现"这些岩画，甚至不会到达利比亚南部的沙漠，而关于向导的历史记载通常不会出现在欧洲探险家关于撒哈拉沙漠的出版物和档案之中。[21]

撒哈拉沙漠的实物证据（无论是岩画、废墟还是地质构造）都暗示着，在某一段历史时期内，曾出现过多次气候变化。人类曾经在此居住的痕迹可能将这段时期定位在数百或数千年前；而地质方面的证据则可以让人们追溯到数百万年前的历史。只有原住民的故事和描述才能提供新近的气候变化信息。在撒哈拉沙漠探险的欧洲旅行者意识到了自己的局限性和依赖性，但他们经常把这一点隐藏在优越感的假象之下。例如，在一次从摩洛哥到的黎波里（Tripoli）的旅行中，罗尔夫斯主张消灭北非的阿拉伯人，建立一个全是欧洲人的阿尔及利亚，而他一直作为客人住在阿拉伯人的家中，并且无论生活还是工作都离不开北非的向导和搬运工。尽管罗尔夫斯认为当地居民百无一用且不能信赖，但他很乐意从当地人那里收集并利用近年来降雨频率的信息。[22]

　　与其他领域的同行一样，欧洲的气候科学家也在努力解决可靠数据短缺的问题。他们知道，有关气候变化的可用信息非常少，只能迫于无奈地使用非欧洲见证者的描述。随着"英雄科学"时代的临近，这种立场在 20 世纪初变得更加明确。1909 年，奥地利气候学家赫尔曼·莱特（Hermann Leiter）对原住民提供的知识持彻底的怀疑态度，他声称北非人对气候如何变化这一论题没有任何明确的概念，他们只会说欧洲人想听的东西。同年的另一份出版物也认为，被殖民者和传教士的说法并不可靠。[23]

　　于是，不愿雇用当地人收集信息的欧洲人越来越多，这背后有两个截然不同的原因。首先，通过入侵北非，殖民占领者不仅可以更容易、更直接地进入位于沙漠的研究地点，还加深了他们对"文明的"欧洲人和"未开化的"非洲人之间种族差异和文化差异的偏见，这也导致了当地知识的贬值。其次，欧洲人难以持续地获得北非气候的可量化数据，这让一部分气候学家倍感沮丧。因此，他们指责、批评当地的信息提供者没有挖掘科学信息的能力。19 世纪末，缺乏可比较的系列数据的情况变得更加窘迫，当时一些年轻的气候学研究人员开始放弃当地人所给的一手信息，转而试图证明气候学是一门独立而精确的科学。这一过程也标志着，从 20 世纪初开始，人们从基于观察和描述的地表气候研究，转向基于物理学的气候理论以及对大气现象的全新关注。[24]

　　但是，气候研究还有很长的路要走。19 世纪末关于气候变化的讨论是地理学的一次进步。环境和气候变化，特别是干旱现象，虽然长期以来都是殖民地圈子里讨论的对象，但地理学的制度化以及与之并存的大众化，使得气候变化理论能够传播得更广，更好地被理解。地理学作为一门独立的学科以及资产阶级的娱乐消遣，其兴起与殖民地的探索和扩张密切相关，它为讨论气候变化提供了一个制度化的场域，形成了狂热的读者群体。在 19世纪，知识的重新分类和制度化尚处于动荡时期，气候研究首先作为地质学和地理学共同的子领域出现，而后在 19 世纪末，逐渐成为一个独立的学科，拥有了自己的期刊、会议、学术名词以及数据收集和解读的标准。在整个发展过程中，大规模的气候变化仍然是知识进步的驱动力，同时也是人们争论的焦点。[25]

气候在不停地变化

"知识就是力量——地理知识就是世界的力量"，这是德国回声出版社（Perthes Verlag）铿锵有力的座右铭，该出版社日后成为德语国家地理界最引人注目的喉舌。这句座右铭将对地理的追求与殖民化紧密地结合在一起。事实上，在 19 世纪下半叶，地理学成为欧洲殖民主义中最重要的辅助性科学，地理学家为军队和官僚机构提供了海外领土的地图和自然环境信息。在 19 世纪，对气候变化的讨论成为地理学期刊的一个常规专题。在这种背景下，现代气候学成了帝国气候学。气候数据成了帝国政府评估海外殖民地经济风险和发展潜力的重要参考指标，特别是干旱地区的降水量，以及更为重要的年降水量分布、极端温度和平均温度，这些信息对于评估农业前景以及判断非本地牲畜和作物能否适应当地气候来说至关重要。[26]

　　尽管气候研究对帝国来说愈发重要，但直到 19 世纪末，它在新兴学科中的地位仍然没有得到提升。自关于冰河时代的争论展开以来，地质学家一直在处理有关大规模气候变化的问题。殖民地的地理学家声称将气候纳入他们对海外环境的整体考察，但一些专业人士开始呼吁，科学界应该从描述景观及其特征的定性研究转向定量研究。这种转变的前提是快速形成的气象站网络，这些气象站首先在欧洲记录气象数据，然后尽可能同步地在殖民地记录。到 19 世纪 70 年代，大多数欧洲国家都建立了由国家资助的气象服务机构，致力于收集有关天气状况的定量数据记录。到 70 年代末，气象学以及（发展规模相对较小的）气候学已经体系化，有了相应的教科书、期刊和国际会议，1873 年在维也纳举行的第一届国际气象大会上成立的"国际气象组织"（the International Meteorological Organization，现为"世界气象组织"，the World Meteorological Organization）也是这方面的例证。[27]

　　尽管气象基础设施得到了迅速发展，但距今较远的历史时期以及欧洲边界以外的气候数据仍然十分有限。除了古代遗址和岩画等实物证据，历史文本仍然是研究北非过去气候条件最好的信息来源，尤其是来自希腊人、罗马人和阿拉伯人的描述。在关于地中海环境的历史记载中，人们通常会将其描述为比现在更肥沃、更湿润的土地，而这种描述是气候条件研究中重要的灵感来源。根据一些说法，巴尔特将希罗多德的游记作为他踏上撒哈拉之旅的唯一参考书。希罗多德的《历史》（*Histories*）描绘了一个气候稳定、土壤肥沃的北非，这本著作很快成了讨论北非气候的参与者们最常引用的一份资料。其中，希罗多德既描述了羚羊等大型动物，又撰写了关于大型湖泊的文章，还描绘了繁荣的城市。不过，希罗多德也把北非的非沿海地区描绘成一个没有任何生命的贫瘠沙漠。然而，气候研究人员面临的问题从来都不是撒哈拉沙漠在过去是否存在，而是其边界是否随时间的推移发生了变化，而希罗多德所描述的繁荣的北非沿海地区似乎从侧面证明了这一点。[28]

结合普林尼（Pliny）、普罗科皮乌斯（Procopius）、斯特拉博（Strabo）和托勒密（Ptolemy）等其他古典作家的描述，这些文本进一步证实了北非曾经是一片肥沃的土地。一些气候科学家还参考了阿拉伯历史学家伊本·赫勒敦（Ibn Khaldun）的叙述——他写了14世纪的北非环境，其描述还成了18世纪启蒙运动探讨气候问题的重要思想来源。还有一个常见的提法是，北非是"罗马帝国的粮仓"，人们相信，几个世纪以来，它为那个人口众多的古代帝国提供了粮食。欧洲旅行者、士兵和殖民地官员在北非遇到的干旱土地似乎与过去的肥沃土地相去甚远。这其中究竟发生了什么？从19世纪70年代开始，这便成了气候学家关注的核心问题，他们就此提出了很多相互矛盾的观点和假设。[29]

北非经历了剧烈的环境和气候变化，这种观点不但从未得到明确的支持，而且在19世纪末仍然广受争议。[30]即便是气候变化假说的拥护者，似乎也对变化的程度和原因存在很大分歧。一些人主张只有局部气候发生了变化，另一些人则提出全球气候变化的想法。有些人认为这种变化是人为造成的，但另一些人慢慢发现是地质作用甚至是宇宙演化在产生影响。除此之外，分歧点还包括，气候变化究竟是渐进的，也就是向更极端的气温和气候状况演变，还是周期性的，也就是表现为不同时间跨度内的反复起伏。总而言之，19 世纪末的气候变化讨论涉及的范围很广，有时甚至让人难以理解。在 1909 年这场讨论发生前的 50 年，威廉·埃克特（Wilhelm Eckardt）在他题为《气候问题》的研究报告中写道，关于地质和历史背景下的气候变化文献"非常丰富，但也非常零散"。埃克特的说法表明，即使在 20 世纪初，关于气候变化的讨论并没有达成任何共识。尽管讨论中难见和谐的声音和意见，其中的一些模式却使我们能够重新建构核心思想，激发研究的动力。[31]

　　气候变化讨论的开端和早期发展几乎完全符合在北非殖民的法国管理者所关注的衰败论叙事。他们在 1830 年法国军队占领阿尔及尔时就对环境状况感到担忧。尽管如此，从 19 世纪 50 年代开始，关于环境恶化和气候干旱化的全面描述才慢慢出现在报告和报道中，并在 19 世纪 70 年代被广泛传播。法国殖民官员将这种说法作为殖民征用和土地管理的借口，以此在北非进一步殖民扩张。他们还借这种说法来证明对原住民进行严格的经济和社会管控是十分合理的，在他们看来，原住民破坏或忽视了灌溉工程，还大面积砍伐森林，从而造成了所谓的环境破坏。[32]

　　这一观点得到了法国及其他国家一些气候学家和不同专业领域的评论员的支持。德国农学家和植物学家卡尔·尼古拉斯·弗拉斯（Carl Nikolaus Fraas）起初是北非持续干旱理论的坚定支持者，他在 1847 年的研究利用植物地理学和过去农业生产的遗迹作为证据，证实了埃及在历史上发生了大范围的气候变化（以及持续干旱）。与他同姓的地质学家兼牧师奥斯卡·弗拉斯（Oscar Fraas）也认同这一观点，并认为埃及的文化衰落与当代北非较高的平均气温和较低的降水量之间存在联系。他认为，在埃及文明的鼎盛时期，沙漠根本不可能有现在这样大，因为高度发展的文明需要比当前更湿润的气候。[33]

奥斯卡·弗拉斯对北非环境及其文化的看法，与法国关于环境和文明衰落的殖民话语基本一致。尽管不少法国、英国和美国的作家倾向于把气候变化的原因归结为环境破坏、森林砍伐或过度放牧等人类行为，但弗拉斯却倾向于另一种解释。他承认，北非的大部分历史可能不够明朗，但该地区的干旱应当归因于"地质层面的海拔变动和宇宙层面的变化"。弗拉斯在描述这些过程背后的机制时仍然含糊其词，但他解释模式的原型恰好能解决德国气候学家争论的要点。总的来说，在以德语授课的大学受过教育的作者倾向于强调，或者至少会提及历史上大规模气候变化的"自然"原因。他们没有把重点放在人类对森林和土壤的破坏上，而是经常不加界定地用地质、太阳或宇宙演化来解释北非出现的显著环境变化。[34]

这种倾向的起源尚不完全清楚，但可以肯定的是，对地质史上大规模气候变化的冰川学研究一直到 19 世纪下半叶仍在持续，并且可能对新近气候变化的看法产生了影响。然而，这并不能解释为什么这种倾向具有明显的德语维度，因为对阿尔卑斯山的主要研究和冰川学家的出身背景都跨越了国家和语言的障碍。不过，至少在一定程度上，德国人倾向于采用非人为原因来解释，也许是因为德国在北非和地中海地区缺乏直接的政治影响力——

这种情况不仅在 1884 年柏林会议①后继续存在，而且由于欧洲随后分裂为各大势力范围，这种情况甚至进一步加强了。至少在 19 世纪的最后 10 年，在德国还在犹豫是否要在非洲西南部建设驻领殖民地之前，德语区的科学家虽然试图证明海外地区的干旱是由于原住民的忽视和环境破坏造成的，但他们并没有获得有力的支持。这既不意味着德国科学家断然反对从人为角度解释环境变化，也不意味着他们更倾向于认为这种变化是由原住民造成的。不过，这确实表明，在气候分析中，弗拉斯及其同事经常将目光投向北非人口相对稠密的沿海地区以及殖民权力中心之外，这其中便包括沙漠内陆更极端、经济发展前景更差的地区。[35]

　　西奥博尔德·菲舍尔举例说明了这种"德国式"方法。他最初想当一名历史学家，后来才转而学习地理学，试图将他接受的人文学科训练与自然科学联系起来。他的研究重点是地中海地区，在这里他能够将古典注释学的方法与气象分析相结合。特别是在他关于北非的著作中，菲舍尔强调了最近发生的巨大而广泛的环境变化。虽然他承认，北非沿海地区的森林被乱砍滥伐造成了干旱，但他也发现了南纬 34 度以南的荒漠化和气候变化的"一般陆上过程"。"在许多地区"，他写道，"有证据能直接证明……自古以来，降水量已经大幅减少，而且现在显然仍在骤降，以致大片地区已经不适合人口定居"。菲舍尔以现在位于西撒哈拉定

———————

① 指 1884 年 11 月 15 日由德国首相俾斯麦主持，在德国首都柏林举行的列强瓜分非洲的会议。——译者注。

居点的遗址为例，反对用人为因素解释气候变化。同时，他认为，该地区的荒漠化不能仅仅归因于人类活动的历史过程，必须追溯其气象学过程。菲舍尔认为，这种情况不仅发生在非洲，还发生在全球同一纬度的任何地方。[36]

菲舍尔谈到了 3 个主要问题，这 3 个问题将为气候变化的讨论划定界限。首先，他将撒哈拉沙漠描述为一个相对新的沙漠，并证明了"沙漠形成"的持续性和不可避免性——这一大胆的观点被广泛引用并使他在德语区内外广为人知。其次，菲舍尔提到了人类应对干旱和气候变化的能力，即便这种能力仅限于特定的地方和环境。最后，菲舍尔指出，大规模的气候变化将不同大陆的环境变化过程联系起来，形成了"全球"或至少跨区域和跨大洲环境的概念。[37]

对于人类是否具有改变气候的能力，菲舍尔本人表现得非常谨慎，但与他同时代的一些人显然比他要更乐观，他们都认为人类有能力改造沙漠环境，还经常援引植树带来的好处。植树造林能否应对不断变化的气候成为讨论中最具争议的话题之一。虽然殖民地政府已经加紧在干旱地区种植桉树，但并不是每个人都相信这些措施最终会成功击退沙漠。植树计划的倡导者往往认同森林被破坏与气候变化之间存在因果关系。如此一来，几乎不可避免的悖反逻辑是，植树造林将是最好的对策。还有一些人，包括西奥博尔德·菲舍尔本人，在评价时显得更加保守。他们认为，虽然森林可以调节气候状况，但并非所有环境都有足够的水源来支持森林生长。1909 年，埃克特总结了森林带来的不确定影响，一方面，森林似乎"缓和了极端的温度"；另一方面，森林对气温的影响似乎微不足道。他总结道，总的来说，森林可能会对气候状况产生局部影响，但不会大范围地影响各地气温。[38]

　　19 世纪，气候学家将更大的区域（有时是整个大陆，甚至是整个地球）作为一个共同的研究对象，这也是菲舍尔在其著作中提到的第三个主要问题。虽然菲舍尔将自己的研究局限于地中海地区，但他提到了地球各个沙漠地区的干燥气候。对于 19 世纪受过地理学综合学科训练的气候学家来说，他们常常试图将自己对区域气候的了解扩展为对跨区域、甚至全球气候趋势的更全面的理解。显而易见的是，有一部分研究试图比较不同地区的气候条件，并希望从中发现相似之处和共同的模式。例如，奥地利一项关于"气候变异性"的研究发现，从巴勒斯坦到匈牙利大草原，干旱地区的干旱化趋势是同步的，北极圈周围地区的温度也有变冷的趋势，不过这项研究对如何解释这些现象却避而不谈——这一时期的气候研究普遍都不会对气候现象做出解释。[39]

　　德国气候学家爱德华·布吕克纳可能是气候学家中最赞同这种"全球"趋势的人。他认为（尽管事实证明他是错的），他在 19 世纪 80 年代关于全球气候振荡的"发现"，将终结渐进式气候变化的讨论。为了展示其 35 年气候周期模型的普遍适用性，布吕克纳从世界各地收集了各种气候数据。尽管很难，但这个"全球数据库"仍然有可能建成，因为关于气候变化的讨论已经迅速蔓延到北非以外。在一定程度上，这是全球频繁出现气候变化的间接征兆（尽管往往是未经证实的），正是这些征兆激发了世界各地不同干旱地区的数据收集和气候学工作，这些干旱地区包括南非、北美和中亚。[40]

　　1904 年，俄罗斯人普约特·克罗波特金（Pjotr Kropotkin，其地质学家的身份比其无政府主义者的身份更有名）在《地理杂志》（Geographical Journal）上发表了一篇文章，进而引发了一场关于"欧亚干旱化"的国际讨论。有证据表明，中亚的地下水水位正在下降，湖泊面积正在缩小，克罗波特金认为，亚洲正在经历加速干旱化的过程，这不能仅仅用人为破坏森林来加以解释。他写道，还有更大的力量在发挥作用，自上一次冰河时代结束以来，这些力量一直很活跃，现在干旱化正以无情蔓延的态势威胁着整个北半球。尽管这篇文章有些耸人听闻，但它展现了一种严肃的思考，其中对气候变化原因的分析比当时的很多研究都更为先进。虽然克罗波特金并不完全支持任何特定的理论，但他特别强调了斯万特·阿伦尼乌斯对大气二氧化碳变化及其影响的研究，并指出火山活动可能是气候变化的一种推动因素。[41]

　　然而，与克罗波特金同时代的人们仍然不相信阿伦尼乌斯的研究。事实上，阿伦尼乌斯及其提出的通过大气组成成分变化来研究气候变化的机制，一直没能引起人们的注意。在 19 世纪和 20 世纪之交，似乎没有任何一个解释气候变化的原因能让整个气候学界完全信服。人们假设干旱气候是由大规模的，甚至是全球性的气候驱动造成的，然而对于这背后的原因，人们难以达成共识，而这也将成为整个气候学界的痛点。

陷入僵局？

　　1901 年，在克罗波特金发表这篇文章的 3 年前，阿伦尼乌斯

的同事和朋友、瑞典气象学家尼尔斯·埃克霍姆（Nils Ekholm）
重新审视了关于大规模气候变化的讨论。他对能否得出明确的结
论持怀疑态度，因为过去测量的气象数据系列还不够深入。埃克
霍姆引用了欧洲各个城市的可用数据之后得出一个结论，那就是
无法确定过去 150 年的气候变化是周期性的、渐进性的还是偶然
性的。对于气候学家来说，这无疑是一个发人深省的问题。9 年
后，在斯德哥尔摩第四纪晚期气候变化会议的摘要中，气候学家
们这种沮丧的情绪展现得淋漓尽致，他们承认，"我们显然仍处于
研究的初始阶段"。[42]

　　在这场讨论持续了近半个世纪后，气候学家对历史上是否存
在大规模气候变化的问题仍然存在分歧，并且没有明确的途径使
他们达成共识。这在一定程度上是因为科学家们无法就共同的论
证方法和标准达成一致——德国地理学家和历史学家约瑟夫·帕
尔奇（Joseph Partsch）在 1889 年就开始着手解决这个问题了，但
直到第一次世界大战前夕仍未成功。帕尔奇在文章中批评了气候
科学家"方法的不确定"，以及他们经常依赖不够精确和过分夸
大的信息。他承认，由于缺乏之前几个世纪的气象数据，以及缺
乏相应的方法来确定地质变化的确切时间，因此，历史研究方法
对气候学家来说是不可或缺的。然而，帕尔奇从历史资料和见证
者的描述中看到的是人类过度的揣测，即强调极端天气，同时将
各个事件之间的关联性混淆为因果关系。[43]

　　但是，对于地球遥远的过去来说，气候学家究竟怎样才能收
集到那时更准确的气候信息呢？帕尔奇本人主张对内流湖的历史
水位展开进一步研究，而洪堡在他关于南美洲气候的研究中已经

对此加以关注了。与其他水体相比，内流湖有一个显著优势，就是它能划分出具有边界且不那么复杂的流域，这使得水位的历史波动在气候研究中有了更重要的意义。正是因为帕尔奇的呼吁，加之对现有数据的怀疑，其他气候学家开始挖掘历史文本，希望获取水位和降水的定量（或至少可量化的）数据。这之中，最令人震惊的成果也许是拉比兼古希伯来语学者赫尔曼·沃格尔斯坦（Hermann Vogelstein）提供的信息。在他对密西拿（Mishnah）时代巴勒斯坦农业实践的研究中，他提到了人们用标准黏土容器来记录古代降水量。沃格尔斯坦将这些记录转换为公制单位，后来，有气候学家将其与圣经中的描述以及同一地区的当代气象数据进行比较。还有一些研究者开始研究能证明最近气候变化的生物证据，例如树木年轮。[44]

　　尽管这些巧妙的尝试收集了过去几个世纪的定量气候数据，但其中的可靠证据充其量也只能算零零散散。因此，在19世纪和20世纪之交，气候变化的讨论导致了一些自相矛盾的结果。随着冰川理论被普遍接受，以及出现了大量关于过去环境变化的证据，以分歧著称的气候学家似乎达成了一种共识，即气候并非从一开始就是稳定的。这一共识以及关于气候变化过程是渐进性的还是周期性的相关讨论，为大量的新研究铺平了道路。然而，由于一直缺乏令人信服的、独立于人类活动之外的气候变化解释机制，重新燃起的科学兴趣之火又被扑灭了。最终，对于新兴的气候学来说，缺乏解释机制有可能对整个领域的完整性和声誉都会造成破坏，继而导致气候学家不得不重新评估地理学和地质学方法的合理性。不过，哪怕到了20世纪初，这些地理学和地质学方法显然仍不符合区别日益明显的自然科学和文化科学中的任意一种。[45]

无论认为气候变化是渐进性的还是周期性的，当讨论气候变化的原因时，各类研究都陷入到了一种突如其来的不确定性和回避性当中。人们提出了很多相互矛盾的假设，包括太阳造成的影响、引力引起的地球轨道变化（由詹姆斯·克罗尔在19世纪70年代提出）、地轴排列以及火山活动的影响。[46]但最让气候科学家恼火的是，这些解释都无法得到证实。布吕克纳在收集世界各地的气象学和气候学数据方面做了大量细致的工作，但一涉及他提出的35年气候变化周期背后的机制时，他就变得含糊其词。最终，他对于这个话题的只言片语只是暗示，气候变化与太阳有关。[47]

面对因果关系的不确定性，很多专业人士完全放弃了对大规模气候变化的研究。西奥博尔德·菲舍尔及其"自然"气候干燥假说的支持者发现，他们越来越难以找到志同道合的同行。在没有确凿证据的情况下，所有关于气候变化的调查注定会以猜测告终。到第一次世界大战前夕，气候学家还没有任何解决方案，整个讨论过程似乎都在兜圈子。克罗波特金警告道，欧亚大陆将出现大规模且不可阻挡的气候干燥化。这一警告在欧洲各个期刊上讨论不休，但人们越发认为，该警告未经证实，也无从证实。尽管有些气候学家坚持认为，地球在冰河时期之后也出现过气候变化，但他们也无意在特定的时间范围内确定其具体发生的时间。[48]现在有一种明显的趋势，就是将气候变化归因于当地的人类活动。

奥地利地理学家赫尔曼·莱特在仔细查阅了现存的文献后，于 1909 年得出结论：人们常常断言的北非干旱现象并不能得到证实。5 年后，英国地质学家和探险家约翰·格雷戈里（John Gregory）将莱特的结论传播到了整个世界。尽管他对这个言之凿凿的答案持保留意见，但他最终对自己的文章中提出的"地球正在变得干燥吗？"这一问题做出了否定的回答。他声称，虽然地球在最近的地质时代发生了巨大的气候变化，但在以往的历史时期中却从未有过。当然，这个说法也有些问题：如果地球或宇宙层面的变化过程在遥远的过去一直在起着作用，那么，为什么它们在过去的一万年里不再活跃？那些导致冰河时代和干旱时期的强大力量为什么没能对地球造成影响？[49]

关于气候变化的讨论似乎已经走到了死胡同。气候学家无法解释独立于人类活动的气候变化为什么会发生（或者为什么自上一次冰河时代以来就没有发生过），并且，关于历史上气候实际发生了什么，也没有足够的数据来支持他们的各种说法。[50]直到 1924 年，塞尔维亚博学家米卢廷·米兰科维奇（Milutin Milankovitch）才发表了自己的发现，即地球轨道的变化可能导致大规模的气候变化。这一理论经历了更长的一段时间才为人所接受。同样，阿伦尼乌斯关于温室效应被人为活动进一步加剧的假设一开始并没有引起人们的注意，直到 20 世纪下半叶才逐渐为人所知。尽管人们确实掌握了新的撒哈拉沙漠湖泊水位的历史数据以及更长时段的降水数据，但气候变化的证据仍然零碎而模糊。科学家们越发不信任各种主观说法，无论其来自古代文献还是近期的科学探索。他们宣称，这些说法不准确也不客观，而标准化的气象数据还不够深入，无法得出任何明确的结论。20世纪二三十年代，人们开始对沙漠进行机动化探索和空中探索，在此之前，人们对于沙漠地区的地理知识了解得并不全面。[51]

此外，更大规模的知识积累过程使认知的天平进一步偏离了对气候多变性的假设和接受，特别是在欧洲德语区，日益普及的种族理论让人想起了早期关于气候稳定性的观点。环境层面的变化不利于在稳定且永久的环境中孕育出基本的种族特征，这奠定了威利·赫尔帕奇（Willy Hellpach）关于气候对种族心理学影响的理论基础，而他的这套理论于20世纪初在德国广为流行。[52]

可以肯定的是，基于种族的气候理论在世界其他地区也很常见，而且确实是19世纪的主流。不过，种族理论并不以稳定的气候为前提。在美国，多产的优生学家埃尔斯沃斯·亨廷顿（Ellsworth Huntington）提出了一种关于历史和文化发展的环境确定性理论，其中明确提出了气候变化对人类社会和种族进化的影响。亨廷顿与同领域的欧洲前辈一样，都深深被地中海盆地和中亚的干旱地区所吸引。但他杂乱无章的论点和对世界历史进行全面阐释的尝试并没有说服他在旧世界（Old World）[①]的大多数同行。第一次世界大战后，帕尔奇（仍然像30年前一样排斥气候学方法）对亨廷顿在中东的工作进行了严厉的批评，用"精力过剩的地理学家"的绰号来嘲讽亨廷顿。[53]

---

① 泛指欧洲、亚洲和非洲。——译者注

变化中的气候

尽管有着诸多问题和不确定性，但气候变化讨论在 20 世纪上半叶一直持续进行着。即便第一次世界大战及其余波中断了欧洲学者之间的国际交流，在 20 世纪 20 年代，就在国际关系重建之际，学术期刊上再次出现了有关气候变化的讨论。虽然欧洲气候学界并没有认真地对待亨廷顿的研究，但后者拥有一批乐于接受其观点的听众。事实上，他的想法进一步加剧了人们对大规模环境和气候变化的普遍担忧，而这种担忧是半个世纪以来在关于冰河时期、干旱化和气候不稳定的讨论中产生的。[54]

像理查德·格鲁夫（Richard H. Grove）和维妮塔·达莫达兰（Vinita Damodaran）所说，如果把 19 世纪 60 年代称作"关注环境的第一个十年"，那么，在随后的 50 年里，公众在环境方面不仅越发倾向于逐渐流行的进化论观点，而且也越发相信气候不稳定的论调。到了 20 世纪最初的几十年，关于气候变化以及与之相关的环境恶化和环境灾害的概念早已离开了象牙塔，成为人们讨论的热门话题。虽然作为一门学科的气候学成了牺牲者，不同派别的专业人士对该领域的定义、首选方法论以及与地球科学或大气科学可能存在的"亲缘关系"而争论不休，但气候变化的观点却得以流行。[55]

事实上，早在 19 世纪，气候变化就引发了一众讨论，人们开始关注如何恢复以极端气候条件为特征的"已恶化"的环境。约翰内斯·沃尔瑟（Johannes Walther）在德国地质界被称为"Wüstenwalther"（沙漠中的沃尔瑟），他的作品为沙漠环境的科学描述及其潜在用途架起了桥梁。虽然沃尔瑟主要关注的是沙漠形成（一个源于气候变化的问题），但他运用自己"沙漠形成定律"的一些基础性工作来思考世界各地沙漠环境的未来——"我们正在发展的文化将一点一点、持续不断地向沙漠延伸，去除淀积土壤中的盐分，然后通过人工灌溉使其变得肥沃"。部分与沃尔瑟同时代的人，甚至包括他的一些前辈都相信，开发沙漠的时代已经到来。他们推测，北非气候的变化不仅会直接改变撒哈拉沙漠，甚至可能（通过大气效应）对远至中东沙漠乃至中亚大草原的景观产生积极影响。[56]

　　这些气候改造的倡导者曾畅想过一些气候改造项目，但到了19世纪下半叶，关于气候变化的讨论开始之后，这些项目才开始真正出现。事实上，关于气候变化的讨论总是与对气候变化主动进行人为干预密切相关。在涉及北非由人为因素造成的气候变化和由砍伐森林导致的干旱时，这一点表现得尤为明显，比如，人们普遍认为可以通过植树造林和恢复以往的灌溉系统来扭转干旱化。但是，除了这些用森林覆盖北非干旱景观的想法，还有一些颇有魄力的人考虑通过技术密集型的方案来改变沙漠的环境和气候。人类可以通过"现代技术手段"改变沙漠环境，坚信这一点的气候学家不止西奥博尔德·菲舍尔一位。[57]

　　菲舍尔是否参考了法国工程师弗朗索瓦·鲁代雷的研究，我们不得而知。然而，参与气候讨论的其他人确实直接提到了后者及其项目的准备工作。[58]考虑到北非的气候已经发生了变化，而且可能会变为极端气候，具有开拓精神的鲁代雷制订了一项雄心勃勃的计划，打算利用他所掌握的现代技术重建"罗马的粮仓"。

接下来的两章主要讲述的是他的撒哈拉海项目，而这个项目的目标，是在突尼斯地区撒哈拉沙漠中格外炎热和干燥的地区内，缓解当地干旱的气候。

第二章

淹没沙漠：
鲁代雷的撒哈拉海项目

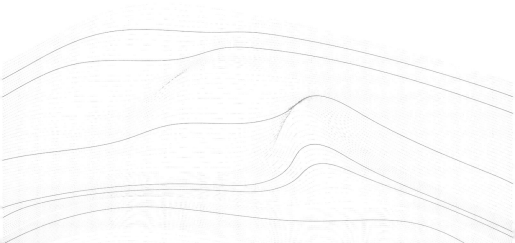

1876 年，亨利克·易卜生（Henrik Ibsen）的《彼尔·金特》（*Peer Gynt*）在奥斯陆的克里斯蒂安尼亚（Christiania）首映。[1] 观众们欣赏到了一部令人耳目一新的非正统剧作。易卜生笔下的主人公是一个极不安分、游手好闲的青年，此人一次又一次地进行夸张的冒险。他猎杀驯鹿（或者至少谈论过这件事），在一位新娘结婚前一天晚上将其绑架，在斯堪的纳维亚山脉与巨魔一起喝到烂醉如泥。在剧中的第四幕，他最终来到了北非海岸。在这里，他与希腊的叛军战斗，被当地部落誉为先知，并以一名自学成才的历史学家的身份开始在埃及游荡。除此之外，当这位主人公身处摩洛哥境内的撒哈拉沙漠时，他开始思考"世界上这片永远无法耕种的土地"存在的意义。彼尔开始沉思，他一边眺望着地中海，一边制订了一个计划：

> 东方的大海在那里吗？在那片闪闪发光的广阔天地中吗？
> 不可能，这只是海市蜃楼。
> 大海在西边，它就在我身后，只是被沙漠中一条倾斜的山脊拦住了而已。

随后，彼尔突然想到了一个主意：

拦住了？那么我可以——？山脊很窄。

拦住了？需要一个缺口，一条运河——

就让水如同生命的洪流一般从河道中涌入，填满沙漠！

很快，水就会在这个炽热的坟墓铺开，形成一片微风习习、涟漪潋滟的大海。

绿洲会像岛屿一样在中间升起；

阿特拉斯将耸立在北部的绿色悬崖上；

帆船会像迷途的飞鸟一样，沿着旅队的踪迹向南掠去。

孕育生命的微风会驱散令人窒息的蒸汽，

水汽会从云层中散发出来。

人们会一座接一座地建造自己的城镇，

摇曳的棕榈树周围会长出绿色的草。

撒哈拉沙漠背后的南部地区，

将成为文明的新海岸。[2]

彼尔跳了起来，脑子里充满了创造"金特亚纳"（Gyntiana）[①]的灵感，这将是一个位于被改造过的、土壤肥沃的撒哈拉沙漠中的新王国。遗憾的是，这个宏伟的计划只是昙花一现。彼尔被世界其他地方的新冒险分散了注意力，这个计划在设想之初即遭放弃。

大约40年后，在法国冒险小说和科幻小说作家儒勒·凡尔

---

① 此词由彼尔的姓和表示"合集"的后缀构成。——译者注

纳（Jules Verne）的一部小说中，也出现了一个极其相似的计划，但这个计划并没有只停留在设想阶段。在这部长篇巨著中，凡尔纳让主人公们乘坐热气球环游世界，通过海底航行潜到海洋深处，并到达地球中心。在他生前出版的最后一本书中，凡尔纳将视线转向了撒哈拉沙漠。那部 1905 年出版的《大海入侵》（*The Invasion of the Sea*）讲述了工程师兼企业家的德沙勒（de Schaller）的故事，他研究了地中海海水淹没突尼斯南部低洼地区的可能性。后来，当地的图阿雷格人（Tuareg）发动叛乱并抓获了德沙勒和他的护卫兵，就在这时，一场自然灾害发生了——一场地震帮德沙勒解了围。地震冲破了海岸沿线的岩石屏障，地中海的海水淹没了大片沙漠洼地，提前实现了德沙勒的筹划项目。这场巨大的灾难（欧洲人得以幸存，而反叛的图阿雷格人在海啸中死亡）在沙漠中形成了新的内海。[3]

就像凡尔纳的大多数小说一样，《大海入侵》并没有过于偏离作者那个时代的地点、事件和技术。事实上，它是以撒哈拉海项目为基础写成的。在当时，这是一个真实的项目，19 世纪 70 年代和 80 年代初，它是法国很多科学讨论和公众讨论的主题。在凡尔纳笔下，德沙勒的原型是著名的法国工程师费迪南·德·雷赛布（Ferdinand De Lesseps），后者是苏伊士运河的开发者，也是撒哈拉海项目最坚定的支持者之一，因为该项目的提出者弗朗索瓦·鲁代雷是他的朋友、同事和同胞。凡尔纳对突尼斯南部的地理位置的描述是十分准确的，他明确提到了 19 世纪下半叶在该地区进行的探测和调查，只有地震是纯粹的文学想象。同样，易卜生可能也并不是凭空发明了"金特亚纳"，因为从 19 世纪五六十年代开始，地理期刊和大众报道中已经出现了第一批关于淹没撒哈拉低洼地区的设计。因此，正如 1928 年一篇关于撒哈拉人工内陆海的文章所说，并不是"诗人在期望工程师有所行动"，而是 19 世纪下半叶最令人震惊的工程项目之一激发了诗人的想象力。[4]

鲁代雷的撒哈拉海项目将用地中海的水淹没突尼斯南部和阿尔及利亚的一些沙漠洼地，这与德沙勒以及彼尔·金特的愿景非常相似。在鲁代雷的前期计算中，由此产生的人工湖面积约为 16000 至 19000 平方千米（面积介于美国的康涅狄格州和新泽西州之间）。这位法国工程师预计，通往法属阿尔及利亚内陆地区的通道和新的海洋贸易路线将更容易、更安全，气候变化也将使沙漠成为发展农业和欧洲人定居的沃土。这一想法的背后，是人们假设北非曾经是一片肥沃的土地，地质活动和人类活动可以引起气候条件的变化，而这些假设都诞生于同时代的气候讨论中。[5]

如今，撒哈拉海项目已经无人提起，但在当时，它确实引起了轰动。撒哈拉海项目不仅带来了一场持久的国际性大讨论，还引发了一系列模仿和演变，一直延续到 20 世纪。虽然鲁代雷和后来者永远不会目睹被洪水淹没的撒哈拉沙漠，但他们的项目设计代表了自 19 世纪中期以来兴起的关于环境转型的全新想法，并且是其中最具雄心的表达。1869 年苏伊士运河的修筑通航，极大地激发了工程师，尤其是殖民地工程师的灵感，他们希望进一步大规模地改善地理环境。一旦气候学和新的荒漠化理论与已被证明的现代技术融合起来，在这种概念和工具的结合之下，人们不但可以实现设计气候的梦想，还能将其以前所未有的形式规模化为一种或多或少可量化的项目。

撒哈拉海项目是最早被归类为"地球工程"的项目之一。与大约在同一时间被讨论的跨撒哈拉铁路项目相比，鲁代雷的计划旨在扭转（不仅是融合）撒哈拉的空间、气候和环境。在关于冰川作用、冰河时代和气候变化的争论中，地球已经失去了其永恒性的光环，这为那些有志于改善自然的殖民工程师打开了大门。与此同时，他们在撒哈拉沙漠看到了检验自己设计的完美场所：一片充斥着殖民文化和殖民管理的全新领域，同时也是一片急需改善的广阔空地。撒哈拉海项目的历史始于这片沙漠，或者更确切地说，始于法国殖民下的阿尔及利亚的干旱内陆。随后，这一计划迅速蔓延——覆盖法国、突尼斯、摩洛哥、英国、德国，并向更多国家扩展。

殖民化的沙子

1887 年，法国地理学家卢西恩·拉尼尔（Lucien Lanier）在一篇关于非洲的论文中提及了一份近 50 年前的报告，这份报告认为，阿尔及利亚的殖民潜力非常低："在这里，人们既没有发现石头，也没有发现水和森林。"拉尼尔自己的评估则更为乐观：这里显然不仅仅有沙子，但他也强调了植被和水的稀缺性。拉尼尔重新提出了一个常见的殖民主义论点，即在不久的过去，这个国家曾被郁郁葱葱的树林覆盖，但这些植被因原住民随意的焚烧和放牧行为而退化。与许多同时代的人不同，拉尼尔也将一些责任归咎于法国殖民者及其土地使用方式。尽管如此，拉尼尔在很大程度上是错误的，因为虽然在法国的殖民统治下，林地的面积进一步缩小，但在此之前，森林只覆盖了阿尔及利亚 2% 的土地。在泰勒阿特拉斯山脉（Tell Atlas）以北的地中海沿岸有一条狭窄的肥沃地带，除此之外，阿尔及利亚无论在过去还是现在都是一个干旱半干旱国家，水资源普遍稀缺，并且在地域和季节上的分布非常不均衡。在许多地区，季节性缺水和多年甚至长达十年的干旱都严重限制了人类活动。[6]

在法属阿尔及利亚存在的初期，殖民者主要根据自身的军事需求来评估该地区的环境条件，因为殖民军队在早期入侵内陆地区时，遭到了当地强烈而持久的武装抵抗，他们需要镇压这种反抗力量。对欧洲人来说，撒哈拉沙漠仍然是一个神秘而广阔的存在，其规模远远超出了他们的殖民能力。因此，这是一个"缺水的国度"，主要表现为，在宗主国中，人们对阿尔及利亚的描述往往不够准确，或者至少过于笼统。尽管法国政府仍然试图对整个殖民地建立军事控制，并很快就让法国军队接触到了沙漠及生活在其间的居民，但其第一次（同时也相当谨慎地）发展殖民地并在此定居的尝试几乎完全集中在阿尔及利亚的沿海地区。在这里，殖民采取了"集中"的形式，即先让军队用武力占领，再让法国平民定居。[7]

1849 年开始，法国工程师在阿尔及利亚建造了第一座大坝水库，但建造更大的灌溉工程带来的问题比殖民政府预期的要多得多。首先是发生了多次大坝故障，例如被广泛报道的 1881 年费尔古格大坝（Fergoug）和 1885 年切尔法斯大坝（Cheurfas）的故障。此外，欧洲工程师不熟悉阿尔及利亚的土壤，也不了解干河床——一年中大部分时间都处于干旱状态，然后在雨季或降雨后不久被迅速填满。对于按照欧洲环境设计的大坝来说，这些因素都构成了结构性的挑战。重建破损的水坝、清除淤泥和加固现有的灌溉结构只会加剧本就高昂的殖民地维护成本。从 1870 年起，尽管殖民政府放弃了对法国定居中心供水措施的全面财政支持，试图通过这样的方式来减少开支，但在整个 19 世纪 70 年代，殖民地维护成本仍在急剧上升。[8]

　　另一个导致殖民开支增加并加剧法国危机感的因素是持续动荡的安全形势，这主要是因为被殖民的阿尔及利亚人持续抵抗法国占领军。由于对持续的动乱深感不安，欧洲人选择定居在城市，而不是按照官方计划在远离海岸的农村定居。到第一次世界大战时，有 40 万欧洲人在务农，然而，这一数字仍远未达到官方目标。即使是 1870 年法国战败于普鲁士后，在阿尔萨斯（Alsace）和洛林（Lorraine）开展的"爱国移民"项目也无济于事。尽管法国政府吹嘘说这个项目取得了成功，但事实上，这完全是天方夜谭，因为普法战争前从这些地区迁到阿尔及利亚的人口数量比普法战争后更多。[9]

　　然而，所谓的"阿尔萨斯迁移神话"在官员中广泛传播，这暗示着在 1870 年后，阿尔及利亚重新在法国的公共领域占据重要地位。在法国第三共和国时期，法国在东部边境损失了大量的领土，全国上下倍感焦虑，利用殖民地来弥补损失的想法因此得到了广泛认可，政客们主张让欧洲的地产终生保有者迁移到阿尔及利亚。虽然这个想法在实际操作中基本宣告失败，但它为关于殖民发展的讨论创造了空间。来自北非的人口数字让法国官员忧心忡忡：阿尔及利亚的欧洲人口增长速度远慢于本土，后者从饥荒和流行病中恢复过来，并在 1872 年至 1886 年实现稳步增长。随着事态的发展，法国定居者和管理者越发担心殖民保护区会逐渐减少，据称，闲置的土地上挤满了北非人，并且数量一直在增加。面对这种威胁，殖民地官员的应对办法是，将在阿尔及利亚持有的土地置于殖民地政府或欧洲人的直接控制之下。为此，殖民者通过"合法方式"购买了地产，同时巧取豪夺了与阿尔及利亚共同所有的土地。[10]

这种土地掠夺方式并不是法国人获取地产的唯一方法，他们还尝试过大型的土地改良项目，特别是森林保护和植树造林。这些借口（包括据称正在推进的阻止沙漠扩张的战斗，还有重建"罗马粮仓"的计划，以及将森林破坏和荒漠化归咎于原住民）的背后都与窃取土地密切相关。在关于欧洲帝国主义的经典故事中，法国人以所谓的维护和保护自然为借口，从阿尔及利亚夺走土地，并迫使当地人进入市场驱动的殖民经济。事实上，阿尔及利亚林务局（Algerian Forest Service）将有限的木材储备纳入其管辖范围，严重损害了阿尔及利亚农民和牧民的利益，因为他们的经济活动，甚至个人生存，都依赖森林资源。具有讽刺意味的是，在 1880 年至 1940 年，北非的森林砍伐量在法国占领期间达到了最高水平，法国将阿尔及利亚人进一步推向长满林木的山坡边缘地带，这种做法加剧了对森林的砍伐。即使在法国入侵之前，阿尔及利亚可能出现过轻微的滥伐森林的情况，但其范围远没有殖民地官员在 19 世纪末认为的那么广泛。与很多殖民地案例一样，法国对自古以来北非环境持续恶化原因的判断，是对当地形势的误读。[11]

　　法国的宣传机器无视这些现实，依旧全速运转。总部位于阿尔及尔的重新造林联盟（Reforestation League）等协会呼吁，应该由法国完全控制阿尔及利亚的所有林地，并强调，法国需要用煽动性较强的语言予以配合，从而迅速采取行动。因此，一本小册子上如是写道："每个存在滥砍滥伐现象的国家都是应该被判处死刑的国家！"这些观点很有影响力，并由此催生了大量的学术著作和通俗文学，它们成了更大范围内关于北非气候变化讨论的一部分。如果现存的问题是森林资源日益稀缺，那么解决办法只能是创造更多供树木生长的空间，这就需要改变阿尔及利亚干旱的环境。这也意味着，殖民政权必须以某种方式"改善"沙漠环境，从而获得供农业生产定居者使用的土地。[12]

撒哈拉海项目

　　法国工程师弗朗索瓦·鲁代雷并不是唯一一个被沙漠吸引的人。本杰明·克劳德·布劳尔（Benjamin Claude Brower）在研究法国在撒哈拉的暴力行为时，将这种现象描述为"撒哈拉的绝妙景象"，它指的是，法国殖民者在面对北非宏伟而贫瘠的沙漠景观时，既受到吸引，又觉得反感。在欧洲人看来，沙丘和巨大的岩原似乎是世界末日之后的残余，灾难让所有的景观遭到了破坏。同样，鲁代雷也曾同时表达过对沙漠的迷恋和厌恶，他将这种感受投入一个项目中，而该项目声称要将这些景观恢复到"世界末日"之前的状态，将贫瘠的土地还原至一种原始、和平的环境。当撒哈拉海项目的基本轮廓成形后，这个项目就成了他工作和生活的焦点。[13]

弗朗索瓦·鲁代雷在阿尔及利亚（1879年）

来源：公共领域，但最初来自"伯特兰·布雷（Bertrand Bouret）的私人收藏"。

弗朗索瓦·埃利·鲁代雷于1836年出生于法国中部利穆赞地区（Limousin）一个名叫盖雷（Guéret）的行政区。在当地中学学习时，他成绩优异，18岁进入圣西尔法国军事学院（Saint-Cyr）。完成学业后，鲁代雷被录取至埃科尔高等教育学院（École d'état-major）学习更多课程，当时只有少数学生可以获此机会。毕业后，因其在地形学方面的卓越表现，经推荐，鲁代雷被允许立即加入法国陆军在阿尔及利亚的地理事务部门。此后，他在殖民地一待便是 17 年，协助军方勘探了大片领地。1870 年普法战争爆发时，鲁代雷被召回法国以保卫国家。他在沃思战役（Battle of Werth）中受了枪伤，在一家军事医院接受治疗，随后很快康复。法国战败后，鲁代雷返回阿尔及利亚，继续与地理事务局合作，但不久，他就开始往返于殖民地和巴黎之间，为撒哈拉海项目奔走。

　　这个项目关注的重点区域是突尼斯和阿尔及利亚南部的一个地区，鲁代雷曾在此进行过一次考察，因此对这里非常了解。从加贝斯湾（Gulf of Gabès）向西延伸约 200 英里 ① 的整个地区，是一片干旱到超干旱的区域，被称为盐湖盆地（Region of Chotts），也叫舍布卡斯（Shebkas）。[14] 它一般有 10 到 30 英里宽，是一片被盐覆盖的低洼地区，偶尔被沙漠中暴雨产生的径流水填满。用鲁代雷的话来说，盐湖盆地类似于"覆盖着雪或白霜的广阔平原"。在另一篇文章中，这位法国工程师还提到了另一种错觉：当阳光被白色地面反射时，人会觉得眼前是一个充满水的巨大湖泊。事实上，这正是他希望通过撒哈拉海项目创造的景观。

　　鲁代雷最初来到这里的时候，就一直在猜测这种沙漠洼地的起源和历史。他当然也做过与盐湖盆地相关的研究。在一本长

━━━━━━━━━━

① 　1 英里约等于 1.609 千米。——编者注

篇著作中，他逐字逐句地记录了北非和中东旅行者对该地区的描述。在巴黎科学院（Academy of Sciences in Paris），鲁代雷的朋友费迪南·德·雷赛布引用了一份发现于小盐湖盆地旁一座清真寺中的手稿，将其作为描述这片地区的文献之一。这份手稿记录了一个名为扎弗兰（Zaafrane）的古城的故事，其中写道，这里曾是一个土地肥沃、规模巨大的定居点，坐落在海边或大湖边，最终，海水或者湖水干涸，只留下一个被结晶盐覆盖的盆地，昔日的辉煌景象变成了如今一个小小的沙漠定居点。这份手稿也证实了一些经典的说法，即盐湖盆地（或至少其中的一片区域）可能曾经以另一个名字而为人所知：特里托尼斯湖（Tritonis Lake），一个在郁郁葱葱、土壤肥沃的环境中常年存在的水体。[15]

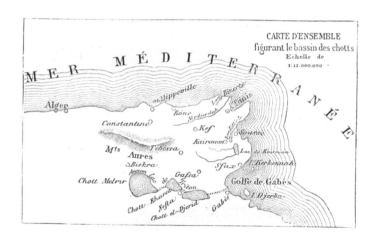

阿尔及利亚北部和突尼斯，图中展示了鲁代雷的项目所在地和拟建的运河

资料来源：P. H. 昂蒂尚（P. H. Antichan），《突尼斯：过去和未来》（*La Tunisie. Son passé et son avenir*，巴黎：德拉格雷夫出版社，1884 年），第 290 页。

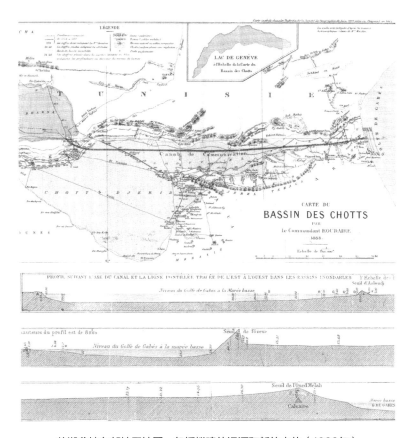

盐湖盆地东部地区地图，包括拟建的运河和新的水体（1883年）

资料来源：M. 盖勒拉尔（M. Gellerat），《关于非洲和鲁代雷的内陆湖的说明》（*Note sur la mer intérieure africaine ou Mer Roudaire*，巴黎：P. Dubreuil，1883年）。

　　鲁代雷的理论首先建立在古希腊历史学家和地理学家希罗多德的描述之上，后者在公元前450年左右将特里托尼斯湖描绘成由一条同名河流供水的湖泊，其位置在非洲北部某个繁荣地区的中心。所谓的西拉克斯（Pseudo-Scylax）[①] 和古罗马地理学家蓬波尼乌斯·梅拉（Pomponius Mela）也曾提及这个湖泊。[16] 同样，埃及博学家托勒密在他的著作中提到了一条同名的河流。不过，湖泊的位置仍然成谜，直到今天还没有最终定论。然而，看到盐湖盆地后，鲁代雷当即确信，这些洼地就是失落的湖泊所留下的干涸盆地。[17]

这个想法并非源自鲁代雷。他所熟悉的英国旅行家托马斯·肖（Thomas Shaw）在其著作中已经推测，盐湖盆地是 18 世纪中期消失的特里托尼斯湖的最后遗迹。1800 年，在一项关于希罗多德的大型研究中，英国历史学家和地理学家詹姆斯·伦内尔（James Rennell）对其同胞托马斯·肖的发现表示了认可。然而，即使在当时，这一理论也并非无人质疑。例如，德国人康拉德·曼纳特（Konrad Mannert）在其关于"希腊人和罗马人的地理学"的十卷巨著中就提出了反对意见，并认定，希罗多德提到的特里托尼斯湖应为加贝斯湾，只不过其半圆形的海岸线可能让这位希腊历史学家产生了错觉，使其相信它与地中海并不相接。鲁代雷无视反对的声音，仍然坚信肖的理论。事实上，这将成为撒哈拉海项目的基石，他认为，这个项目能够将这里恢复到早期完美的自然状态。鲁代雷还明确提到重现历史中的环境条件，以此淡化其项目中难以掩盖的激进，从而让那些相对保守的读者也能心悦诚服。他对古罗马

---

① 西拉克斯是公元前 6 世纪古希腊探险家，地理学的先驱。——译者注

时期先例的强调也与当时法国广为流传的浮夸之词不谋而合，这些观点将法国在北非的存在视为古罗马殖民措施的延续。[18]

鲁代雷的计划是在凿穿基岩岩床之前，将较大的盐湖盆地与短运河连接起来，将水从地中海引入最靠近突尼斯海岸线的吉利特盐湖（Chott el Djerid）。从那里开始，水会扩散到其他的盐湖盆地，还原希罗多德所提到的湖泊，使其成为新的内陆湖。鲁代雷又一次以先例为基础：在 1874 年鲁代雷首次发表专著的 10 年前，查尔斯·马丁斯（Charles Martins）和亨利·杜维里耶都提出了在该地区建造内海的可能性。后者是著名的圣西门主义探险家，也是海因里希·巴尔特的学生，后来成了鲁代雷最坚定的盟友之一。1867 年，乔治·拉维涅（Georges Lavigne）在一篇文章中也讨论了淹没盐湖盆地的可行性。拉维涅的言辞颇具纲领性："撒哈拉就是敌人。"他呼吁工程师对该地区进行细致的研究。[19]

19 世纪 40 年代，一位采矿工程师对撒哈拉沙漠进行了第一次气压高度测量，因此，拉维涅当时已经有可以参考的各种数据。记录显示，盐湖盆地至少有部分位于海平面以下，但一些评论家仍然对早期海拔测量的准确性表示怀疑。鲁代雷自己在 1874 年至 1875 年进行了一次测量，试图得出准确的数据。在生理学家和政治家保罗·伯特（Paul Bert）的支持下，鲁代雷从国民议会获得了 10000 法郎的考察费——巴黎地理学会（Society of Geography）还另给了 3000 法郎的补贴。然而，对于离开法国的大型探险队，这笔钱根本无法负担全部的费用：陪同鲁代雷的有多名科学家，同时还有 50 多名士兵随行护送。[20]

旅途并非毫无波折。探险队带来的 3 个水银气压计在第一个月就全部损坏，鲁代雷只剩下了 5 个无液气压计。更糟糕的是，探险队多人发烧，有 1 名队员病情严重，不得不在比斯克拉（Biskra）住院治疗。由于资金所限，鲁代雷被迫放弃带着供水柱的想法，探险队只能待在水井附近，不能冒险深入盐湖盆地。即使如此，在返回巴黎的途中，鲁代雷仍然声称自己已经证实，美利盐湖（Chott Melrir）、塞尔勒姆盐湖（Chott Sellem，美利盐湖以东的一个小盐湖）以及拉尔塞盐湖（Chott Rharsa）一部分的平均海拔分别为海平面以下 20 米至 27 米之间。这位工程师还报告说，在盐湖盆地被淹没的过程中，有 3 个小绿洲及其定居点可能也会被淹没。撒哈拉海项目看起来正在稳步进行。[21]

在 1875 年的国际地理科学大会（Congrès international des sciences géographiques）上，鲁代雷介绍了此次旅程的成果。大会最终投票支持开展另一项任务来进一步准确测量突尼斯境内的盐湖盆地。受法国公共教育部（Ministry for Public Instruction）委托，鲁代雷于次年重返北非，几位法国科学家再次陪同。他们测量了突尼斯吉利特盐湖的海拔高度。令鲁代雷懊恼的是，这个盐湖的海拔高度基本上高于海平面。然而，这一事实并没有扼杀鲁代雷的探索热情，他仍然相信，自己关于特里托尼斯湖的理论是准确无误的，如果能进行一些疏浚工作，淹没盐湖的计划仍然可行。在 1877 年给法国政府的一份报告中，鲁代雷一如既往地乐观。他的信心似乎很有感染力：这份报告总体上得到了积极的回应，其副本也被寄给了著名的政治家、科学家以及公众人物，其中就包括儒勒·凡尔纳。因此，当凡尔纳开始撰写《大海入侵》时，他已经获得了完美的参考资料。鲁代雷项目的计划书甚至在

1878 年的巴黎世界博览会上展出，各国来访的观众都被这份计划深深吸引，并普遍深受鼓舞。[22]

　　这是鲁代雷的高光时刻。他不仅设法引起了政府的注意，还将自己的想法传播给了乐于接受的法国公众。19 世纪 80 年代，关于该项目的争论仍在继续。对于项目是否可行，既有支持，也有反对，但政府已经没有足够的资金了。1879 年，鲁代雷第三次探访盐湖盆地，不过这次的结果不尽如人意。部分原因大概在于鲁代雷本人的热情有所减弱：新的测量结果与他早期关于历史上可能存在内海的说法相矛盾。尽管如此，鲁代雷仍在继续推广他的计划，并于 1881 年发表了一份长篇报告，宣布了自己的最新发现。总的来说，这份报告没有在撒哈拉海项目的基础上增加任何新内容，但考虑到有关地形和基岩岩床地质条件的发现越发不乐观，该报告让整个项目变得越来越复杂。盐湖盆地的面积比鲁代雷最初设想的要小，洼地本身的海拔也比他预想的要高，盐湖盆地和地中海之间的连接是由岩石和砂质组成的土层，这使引水渠的建设和维护都更难着手。虽然公众的支持开始减弱，但鲁代雷似乎并不担心，他认为，撒哈拉海项目的预期收益如此之大，以至于可以无视项目中飞涨的成本。[23]

设计气候变化

　　鲁代雷和他的项目支持者们对外声称，撒哈拉海项目将带来一系列的好处，最直接的好处便是这项宏大而独特的工程将为法国增添荣耀和声誉。在被普鲁士军队击败后的几年里，凡是承诺以民族主义活力来重现法国辉煌的事物都会受到法国公众和政府官员的支持。因此，鲁代雷的说法受到了广泛的欢迎。鲁代雷还认为，该项目将有助于巩固法国在阿尔及利亚的殖民权威。在他的首份主要报告中，他想象了北非人看到撒哈拉海时的惊叹和敬畏。谈及军事问题，鲁代雷强调了人造水体的作用，它能为法国军队前往突尼斯和阿尔及利亚的腹地提供更方便的路线，进而更容易征服并管控住在那里的人。他还预见到，被洪水淹没的盐湖盆地会形成大型的海洋交通网络，并且，新的海岸线周围会出现活跃的经济生活。他认为，如果在人造湖畔建立一个港口，它可能会成为整个北非的贸易中心，缩短商队穿越沙漠的路程，并从原住民手中夺取撒哈拉贸易路线的控制权。[24]

在报告中，鲁代雷还提到了项目中另一个相当出人意料的亮点，那就是撒哈拉海比跨撒哈拉铁路项目更具优势。他认为，虽然淹没盐湖盆地肯定会毁掉部分绿洲，但其中的定居点并没有多少，而为铁路项目铺设的大量轨道将迫使法国殖民政府在殖民地周围征用更多土地。不过，对殖民者来说，更有说服力的是撒哈拉海相对于铁路的第二个优势。鲁代雷不厌其烦地提到这一点：大片水域将成为一道保护屏障，不仅能阻碍蝗虫具有破坏性的迁徙，还能阻止撒哈拉沙漠的进一步扩张。[25]

但是，是什么让撒哈拉沙漠看起来如此具有威胁性，以至于要将其与更常规的贸易和军事问题相提并论？对于北非环境可变性持续不断的学术讨论，鲁代雷和他的支持者完全理解，他们进而注意到当代社会对气候变化的担忧。鲁代雷认可北非正逐渐变得干旱的观点，并利用这一观点为自己的项目服务。设计内陆湖的目标远不止阻挡撒哈拉沙漠的侵蚀，事实上，它代表了首批明确选择气候作为目标的大型工程项目。安托万·贝克勒尔（Antoine Becquerel）和埃德蒙德·贝克勒尔（Edmond Becquerel）强调了水体在调节气候时所起的作用，鲁代雷借鉴了他们的气象工作成果。拉尼尔乐观地表示，新水体表面蒸发量增加，将使空气中的水分增加，进而带来更多的降雨，从而"给沙漠施肥，灌溉贫瘠的土壤，增加绿洲的数量"。19世纪，通过人工改变气候的主张在欧洲非常流行，但撒哈拉海项目的规模、宣传及其背后对各类因素的慎重考量使其脱颖而出。鲁代雷声称，海水的蒸发量将达到每天 2800 万立方米。这一数字可能比较保守，因为鲁代雷面临着利益冲突，他必须将预期蒸发量控制在合理的较低水平，这样一来，通过地中海流入的水来维持被淹没的盐湖盆地看上去才能令人信服。[26]

　　鲁代雷认为，在任何情况下，水体蒸发的影响都是巨大的。他预计蒸发的水分会形成云，在盐湖盆地以北的奥雷斯山（Aurès Mountains）山脚下形成降雨。在没有可靠的风向数据的情况下，鲁代雷将其与苏伊士运河工程期间建造的"苦湖"进行了比较，以此佐证自己的说法。正如他从其项目支持者德·雷赛布那里了解到的，人造湖泊对当地气候有着明显的影响：河岸周围的植被如雨后春笋般生长，降水量显著增加。鲁代雷认为，撒哈拉海项目会增加这种模式的水体蒸发量，从而也会扩大气候变化的影响。他还希望该项目能让来自撒哈拉的干燥的西洛哥风[①]变得湿

---

① 从非洲吹到欧洲南部的热风。——译者注

润起来——气候学家认为，干燥的风对南欧的农业造成了破坏性
的影响。所有这些加在一起将前所未有地改变气候条件。鲁代雷
预计，整个盐湖盆地地区将被改造成"一片60万公顷（约150
万英亩）的巨大绿洲"。根据他的计算，该工程项目实际上将让
撒哈拉沙漠的一部分消失。[27]

　　这个项目的规模无疑是巨大的。通过拟建的运河让海水完全
填满盐湖盆地的时间不是几天或几个月，而是好几年。但是，鲁
代雷认为，所有的努力和时间都应该花在从沙漠中夺回土地上。
在1883年的著作中，他更加详细地介绍了气候变化的机制，这
是他从约翰·廷德尔那里学到的观点。由于水蒸气同时具有很好
的透光性和不透热（红外光）性，蒸发的水汽将起到一种"保护
罩"的作用，白天在太阳辐射到达地球表面之前吸收太阳辐射的
热量，晚上通过吸收地球表面的红外辐射来减少热量损失。这种
效应会减少沙漠地区明显的昼夜温差，从而缓和该地区的气候，
使盐湖盆地周围的地区变得可以居住，甚至可能变成一片沃土。[28]

　　法国不仅试图让阿尔及利亚成为一个沿海的殖民定居点，甚
至希望其成为法国的延伸或翻版，从这个角度而言，鲁代雷的论
点显然与这种倾向相吻合。对于法国殖民官员来说，撒哈拉沙漠
是施加控制和发展农业的障碍。更令人担忧的是，自罗马时代以
来，越来越多的声音都曾警告说，北非的沙漠化正在蔓延，撒哈
拉沙漠正在扩张。鲁代雷在自己的著作中提到了关于"罗马粮
仓"的普遍观点，他认为，古罗马时代的阿尔及利亚和突尼斯南
部拥有无与伦比的肥沃土地，现在这种贫瘠土地的出现是因为盐
湖在一些地质过程或事件中逐渐干涸——可能是由于这里曾经存

在的一道海峡慢慢淤塞所致。气候学家普遍认为当地气候相当稳定，这无疑直接支持了鲁代雷的核心主张，即要想让这片土地恢复往日的肥沃，只需再次用水填满盐湖盆地即可。通过这一"简单"的措施，法国可以将北非的部分地区转变为气候温和的肥沃之地，创造一个所谓的"第二法国"。鲁代雷及其支持者不仅希望将殖民主义重新定义为军事占领或一种模糊的文明使命，他们还试图积极改变当地的景观和气候，从而满足欧洲人的需求，而现代水利工程使这种想法成为可能。撒哈拉海项目是这种关键转变的组成部分，它将殖民重点从原来的当地人口欧洲化转向了当地景观的欧洲化。鲁代雷是帝国主义时代典型的工程师，他认为工业技术不仅给了他工具，还赋予了他改造自然缺陷的使命。[29]

　　就像当时关于荒漠化和气候变化的学术讨论一样，鲁代雷的工程计划揭示了欧洲殖民项目与 19 世纪关于环境的看法和理论之间的密切联系。他的计划及其受到的欢迎展现了一个事实，那就是人类获得的关于撒哈拉沙漠的新知，以及同时进行的气候变化的讨论，是如何（何等迅速地）卷入开发并通过技术改造北非地貌景观的讨论中的。除了种植园经济、殖民暴力和分而治之的战略，对大型水利工程项目的慎重考量也是非洲高度帝国主义的决定性特征之一。殖民者试图改变当地环境的热情往往掩盖了他们长期以来对该地区的不了解，尤其是撒哈拉沙漠。到 1870 年，穿越撒哈拉沙漠边界一段距离并活着回来的欧洲科学家仍然只有寥寥数人。人们越发相信，现代工业时代的技术具有几乎无限的可能性，这背后却掩盖了其长期缺乏可靠信息的事实。这种对于技术进步的乐观主义为殖民扩张和殖民控制的愿景奠定了基础，即使某些地方在欧洲人的地图上还是一片空白。最终，鲁代雷的项目无法填补这些空白，撒哈拉海项目仍然只停留在纸面。尽管一系列问题决定了这个项目的命运，但大规模地改变殖民地环境和气候的幻想依旧存在。[30]

第三章

新伊甸园：
殖民地气候工程的崛起

德国制图师奥古斯特·彼得曼（August Petermann）在评论格哈德·罗尔夫斯的撒哈拉探险时，仔细思考了沙漠的作用，他提到了两个成功案例，一个是智利阿塔卡马（Atacama in Chile）的海鸟粪（用作肥料）和硝石矿床，另一个是澳大利亚的内陆沙漠放牧。"因此"，彼得曼推断，"非洲沙漠可能有一天也会发挥现在还无法预见的作用"。1878 年，这个作用到底是什么还未有定论，但生活在殖民地的欧洲人普遍认为，撒哈拉沙漠可以被彻底改造，并发挥重要的经济功能。[1]

在鲁代雷改造撒哈拉沙漠的项目进入公众讨论之际，欧洲探险家已经完成了他们的第一次沙漠穿越，并开始散播关于北非内陆零散但第一手的信息。很快，欧洲人不再把撒哈拉沙漠视为未知的恐惧，转而对其产生了一种迷恋、一种想要开拓的欲望，并将其视为他们有权得到的东西。在 19 世纪的最后 30 年中，欧洲人越发相信技术有改变环境和气候条件的力量，长期以来对鲁代雷撒哈拉海项目的慎重考量便是一个典型的例子。这一时期，更多新的工程学专业知识带来了一种乐观主义，而欧洲人对技术的信念将这种乐观主义与多变的自然理念结合在一起——这种结合主要源于对气候变化和沙漠扩张的讨论。纵观整个历史时期，如果相当多的地区，其气候条件是因地质原因或人类无意的集体行为而改变的，那么，人为引起类似变化的想法似乎也并非毫无道理。在帝国扩张的繁盛期，欧洲人希望将无益于人类的沙漠转变为可耕种的殖民定居地，这种愿景对他们来说有着前所未有的吸引力，尤其是当它出现在那些关于帝国主义的浮华之辞中时。然而，最大的问题在于，人们一直缺乏关于地质、地理和气候条件的可靠数据和信息。[2]

早在 19 世纪 40 年代，法国人就在伊斯梅尔·乌尔班（Ismayl Urbain）的积极领导下努力探索撒哈拉沙漠。乌尔班本是一名口译员，后来在殖民官僚机构中被提拔为阿尔及利亚科学探索委员会成员。在接下来的几十年里，欧洲人对撒哈拉的了解程度大大增加，但由于沙漠地形复杂，加上本身缺乏基础设施，以及法国人依赖那些并不情愿帮忙的当地向导和合作者，导致他们收集的数据都零零散散的。1845 年，尤金·道玛斯（Eugène Daumas）对撒哈拉进行了一次颇具影响力的研究，他笔下的这片沙漠迷人而多样，仿佛是能轻松进行殖民发展的好地方。但他的乐观情绪很快就被与当地人持续的军事冲突打破了，此外，他终于意识到，内陆干旱的环境对欧洲殖民构成了巨大的挑战。尤其是在 19 世纪中叶左右，由于法国军队采取暴力手段，致使撒哈拉沙漠中的很多居民开始厌恶与殖民政府合作。在很大程度上，法国殖民者仍未能控制或理解北非的那片大沙漠。直到 20 世纪 20 年代，航空摄影的出现才使人们获得了更准确的信息并绘制了沙漠偏远地区的地图。类似的问题也困扰着其他学科，尤其是气候学领域。对于撒哈拉海项目来说，对其核心设计至关重要的数据是盐湖盆地的温度和降水，但在项目开始前的几十年里，研究人员几乎没有收集到任何可靠的信息。[3]

　　尽管缺乏必要的信息，但鲁代雷的项目激发了工程师、考古学家、地质学家和气候学家的热情，并引发了他们对此严肃而持久的讨论。回顾 1887 年的讨论，阿尔方斯·鲁伊尔（Alphonse Rouire）评论道，科学界对鲁代雷计划的态度似乎"一分为二"。然而，这种分歧并不是简单的支持或批评。相关讨论主要集中在技术的可行性上，同时探讨了该项目的预期效果。不过，无论是支持者还是反对者，欧洲人都赞同一点，那就是必须征服撒哈拉沙漠，他们激烈争论的只是征服方式而已。[4]

改变沙漠

　　在一些批评人士看来，撒哈拉海项目的成本似乎高得不具有可行性。随着鲁代雷对盐湖盆地的地质情况有了更多了解之后，他也不得不开始不断修改他最初对于所需预算的乐观估算。此外，由于鲁代雷无法说明盐湖地区有多少土地会被水淹没，因此批评者也在质疑鲁代雷项目的准确性和完整性。这一点并不令人感到意外，因为即使在 20 世纪初，撒哈拉沙漠中的单个气压读数也只能精确到 15 米左右，而且需要与海平面的同步压力测量值进行烦琐的比较。无论准确性如何，鲁代雷的测量数据只给出了几个分散的数据点，只能覆盖一小部分盐湖区。[5]

　　鲁代雷项目最坚定的反对者之一是地质学家兼采矿工程师埃德蒙德·富克斯（Edmond Fuchs）。1874 年，他亲自对突尼斯境内的盐湖盆地进行了调查，随后发现，他所找到的地质学和地理学方面的证据与鲁代雷项目中所提供的不一致。在测量地中海和盐湖盆地之间的屏障时，福克斯预计最高点的海拔高达 100 米，最低点也有 50 至 65 米。这对鲁代雷在撒哈拉海项目中设想的运河来说可不是一件好事。此外，有证据表明，屏障处包含第三纪地质结构，这些结构清楚地表明了基岩岩床的古老（或更准确地说是上新世）起源。总而言之，这些证据给了鲁代雷当头一棒，因为他坚信，盐湖盆地曾经与海洋相连，因此很容易重新连通。更糟糕的是，一些批评者认为，如果让沙漠地区持续保持如此大的水分蒸发量，那么撒哈拉海项目将会迅速使当地出现盐碱化，并最终恢复到以前的状态，形成一个又一个的大型盐滩。[6]

不过，古希腊人和古罗马人对北非肥沃土地的描述仍然是个谜。在这一点上，关于气候变化的讨论与关于鲁代雷气候工程项目的讨论完全交织在了一起。富克斯在 1874 年就已经提出，该地区肥沃度的下降可能是长期以来的宏观气候变化造成的，或者用他的原话来说，是"一种普遍的宇宙现象"使北非变得干旱。阿尔弗雷德·冯·齐特尔明确提到，关于北非气候变化的科学讨论中，仍有尚未解决的争论点。他同样断言，是一般的气象事件，而非当地的地质事件，将曾经富含水分、植物茂盛的非洲大陆北部变成了沙漠。然而，齐特尔没有发现历史上气候发生巨大变化的证据。他选择性地引用了西奥博尔德·菲舍尔的气候学成果，认为北非海岸附近变为沙漠很可能是由人为砍伐森林引起的。欧洲科学界普遍认可这一观点，但它肯定不是唯一的观点。例如，在巴黎科学院门前，加布里埃尔·道布雷（Gabriel Daubrée）就抨击了鲁代雷，他认为古希腊和古罗马作家所描述的肥沃土壤已经出现明显的恶化，但这并不是局部地区发展导致的结果，西西里岛、西班牙和埃及同步出现类似的干旱情况就是证据。[7]

齐特尔和道布雷都参考了古代文献中的证据，并将其与地质学以及新近确立为独立学科的气象学和气候学的最新发现结合在了一起。伴随着欧洲在该地区的殖民项目，人们有诸多截然不同的视角和计划来重现北非的丰饶与肥沃，这种结合也许是其中最重要的共同特征。波林·特罗拉德博士（Dr. Paulin Trolard）是阿尔及利亚极具影响力的重新造林联盟（Reforestation League）的创始人之一，也是其长期负责人，他在1883年提出，北非可以再次成为"罗马的粮仓"。这种殖民主义主旋律在阿尔及利亚的当代著作中一直存在。有时，当欧洲人谈论起原住民的相对价值时，这种主旋律甚至会与其使用的华丽辞藻相辅相成——那些辞藻将阿拉伯人认定为具有破坏性的人，并将他们与勤劳的原始资本主义积累者卡比尔人（Kabyles）或柏柏尔人（Berbers）[①]进行对比，欧洲人认为后二者是古罗马定居者的后代（这种想法也许并不奇怪）。戴安娜·戴维斯（Diana Davis）认为，这一观点公然对已有证据进行选择性解读，但它在殖民地圈子里却得到了广泛的接受和认同。[8]

虽然恢复曾经丰饶的北非成了殖民主义夸夸其谈的标志，但荒漠化是何时开始的，谁造成了这种情况，仍然难以说清。后一

---

① 柏柏尔人是居住在阿尔及利亚北部的居民，卡比尔人也是其中的一支。——译者注

个问题的答案之一是人类活动，但即使如此，谁是罪魁祸首仍然不清楚。弗朗索瓦·特罗蒂尔（François Trottier）曾在阿尔及利亚为重新造林而奔走，后来被称为"桉树的使徒"，但他在自己的著作中也曾来回变换立场。虽然他通常复述和传播关于原住民的殖民叙事，尤其是阿拉伯人对于灌溉工程和环境的忽视，但他也认为，阿尔及利亚的气候出现恶化是"轻率的森林砍伐"造成的，这种砍伐主要发生在法国入侵之后，是阿尔及利亚人和法国人共同犯下的罪恶。特罗蒂尔还认为，自 1855 年以来，降水量有所下降。不过，他对这一点究竟有多相信还很难说。无论如何，这些说法无疑有助于他在北非各地开展种植桉树的事业，这本身就是一个大规模的环境工程项目——特罗蒂尔希望通过植树造林改变气候，他认为这对北非的大规模殖民来说是十分必要的。[9]

只要参与讨论的人缺乏确定的参考点，那么在试图回答北非的气候变化和气候可变性问题时，人们必然会保有成见和一种先入为主的观念。为了评估气候的潜在变化，气候学家们需要更长时间范围内的气象数据。1864 年，在医生埃米尔·贝瑟兰（Émile Bertherand）的指导下，阿尔杰气候学会成立。该学会的调查结果与殖民政策的预期一致：阿尔及利亚的气候对欧洲人来说基本上是有益于健康的，同时，通过修建灌溉设施、排水和植树造林，可以改变"不健康"地区的气候。然而，该学会主要关注的是医疗问题，因此，可量化的阿尔及利亚气候信息仍然很难获得。直到 1874 年，新成立的阿尔及利亚气象局（Algerian Meteorological Service）才收集到关于温度、风力和大气压力的详细数据，这些数据将成为挑战鲁代雷版气候论断的重要资料。例如，研究表明，盐湖地区的风会将潮湿的空气从人工海域带到阿尔及利亚北部的半干旱地区，而不是内陆地区。那里是撒哈拉沙漠中一个极其干燥的地区，潮湿的空气可能会慢慢消散，不会产生任何重要影响。[10]

这一观点加之其他批评，促使德国地质学家和非洲旅行者奥斯卡·伦茨（Oskar Lenz）意识到，大型沙漠复原项目缺乏可靠的科学数据，因此不值得慎重考量。他直言不讳道，鲁代雷的计划是"徒劳无用的"，其淹没撒哈拉的想法"过于荒谬，不值得认真讨论"。但这些想法真的那么荒谬吗？当伦茨讨论撒哈拉沙漠的起源时，他的说法比较含蓄。他认为，曾经有一段时间，这片大沙漠根本不是沙漠。虽然伦茨不认为北非的水文条件对气候产生了很大影响，但他确实认为气候在地质时间的尺度上发生了巨大变化。同样地，齐特尔批评了那些认为某个历史时期内撒哈拉沙漠曾被淹没的想法，他认为，淡水湖在史前时期就已经覆盖了沙漠，然后湖水干涸，继而形成了盐湖盆地中的盐沼。[11]

19世纪下半叶，一种假设地球有漫长历史的地质世界观出现了，并获得了广泛认同。当过去在欧洲提出的冰川作用理论成为一种公认的理论后，争论就再也没有停止过，地质学家开始讨论冰川作用发生和结束的原因。其中一个解释模型提出，地球表面土地和水的分布发生了变化。伦茨批评了这种观点。阿加西斯的学生埃杜亚德·德索（Éduard Desor）是这一理论的支持者之一，他对撒哈拉沙漠被水淹没的看法激发了鲁代雷的灵感。他认为，即使是相对较小的自然变化，如北非水土比例的变化，也可能产生大规模的影响。因此，如果风力条件发生变化，即使温度没有明显下降，也可能发生新的冰川作用。根据德索的理论，欧洲的风系是由北非的环境条件控制的，尤其是撒哈拉沙漠——他虔诚地称之为"我们气候的伟大调节者"。言下之意就是，如果撒哈拉的部分地区被水淹没，就可能导致欧洲的大规模气候变化。最后，德索以一种戏剧性的语言呼吁保持现状："愿撒哈拉沙漠在很长一段时间内仍是沙漠，通过其温暖干燥的呼吸，为阿尔卑斯山的诸多冰川划定它们的极限范围。"[12]

尽管伦茨和德索对北非史前的具体环境条件存在分歧，但他们仍然认为当地的环境在过去发生了巨大的变化。两人似乎都认为，目前仍有可能发生剧烈的变化，只不过，二人在变化发生的方式和过程方面无法达成一致。乔治·拉维涅是最早挑起关于盐湖盆地讨论的人之一，他认真思考了自然界新的不确定性，而自然界现在似乎还在不断变化。他写道："大自然不知道何为现状，它只是给非洲带来了两个互斥的元素。它没有对沙漠说它将永远是沙漠，也没有对海滨说它将一直是海滨。它没有提供永久不变、不可逾越的边界。"沙漠不再是一种一成不变、毫无生气的地貌，它变成了一种可改变的环境——这一概念有助于解释 19 世纪中叶左右大型环境改造项目的出现。[13]

气候机器

苏伊士运河的建设者费迪南·德·雷赛布是鲁代雷最坚定的支持者，他忠实地相信人类有改变自然的力量。他声称，撒哈拉海项目带来的人为气候改造将完全转变并改善突尼斯南部和阿尔及利亚部分地区的环境。虽然这位法国工程师最终不得不站到自己的对立面，不过，他也试图平息一些批评者的声音。后者认为，被淹没的盐湖地区可能对欧洲气候产生不利影响。因此，雷赛布提出，撒哈拉海项目将作为北非和欧洲之间的缓冲区。从这一点推想开来，改造过的水体将带来深远的局部影响，但绝对不会造成全球性的影响。事实证明，这种观点很难站得住脚，因为其逻辑上的前后不一致太明显了。一些观察者，如地质学家和古生物学家奥古斯特·波梅尔（Auguste Pomel）就总结归纳了雷赛布的主张，即撒哈拉海项目与其他大型水体一样，可能对其附近和更远处的气候没有任何影响。例如，尽管埃及靠近红海和地中海，却同样出现了沙漠环境。波梅尔认为，撒哈拉沙漠的干旱环境与水几乎没有关系，完全是由信风造成的。最终，很多评论家一致同意，被水淹没的盐湖地区是否以及如何对气候环境造成影响尚不清楚，但通过水利工程改变气候的想法仍然存在。[14]

鲁代雷的项目未能解决关于气候变化和荒漠化的争论。尽管如此，它还是呈现了一个新的维度。在人们过往的理解中，人类无力改变气候，而现在，气候已经成了人为改造的主题。在19世纪的最后30多年中，西方世界认为改变气候条件是有可能实现的，只不过迄今为止还没有看到实际的成果。毕竟，如果气候在过去发生了如此剧烈的变化，导致多个大陆被冻结，再加上欧洲人提出的冰川作用在理论上是由于洪水泛滥的撒哈拉沙漠而引发的，那么，通过改变水体的分布来控制气候似乎有些道理。同人类在诸多领域积累的经验和发展的事业一样，气候学也反映了人类在认知层面的缓慢转变，即从将世界当作神圣而稳定的神创天地，到将地球视为一个动态的、可改变的地方。在工业工程学时代，人们似乎认为，人类最终能够挑战甚至颠覆人和自然的传统地位等级。[15]

然而，这并不是一种关于世界的纯粹机械论概念，也不是一种盛行的关于普遍进步论的激进信仰。鲁代雷希望撒哈拉海项目能够重建从前的地理和环境条件，这一想法反映了他对技术力量更复杂的理解，即技术可以塑造自然，从而再现一个失落的黄金时代。与宗教想象的迷人本质截然相反，现代技术具有神性本身的一些特征，能够积极地影响地球表面，甚至大气层。考虑到这一点，鲁代雷在意识形态上更接近19世纪上半叶的工程师，他们希望将技术和自然中的浪漫主义想法与机械论概念结合起来，而不是像现代工程师那样夸张地描述，致力于使用技术战胜自然。[16]

然而，鲁代雷及很多同时代的人认为，工业技术改变自然的能力是全新的、史无前例的。在19世纪的最后30多年中，工业创新和工业生产水平达到了令人炫目的高度，他们对于技术的强烈信念正根植于此。在轮船首次航行、铁路网络不断建设以及苏伊士运河建成之后，新技术克服全球最大的地理学挑战，同时缓解最紧迫的人类关切只是一个时间问题。本着这种精神，撒哈拉海项目的一位政府评估员承认，鲁代雷的计划似乎难以实现，但他也呼吁同时代的人们不要"忽略一个事实，那就是工业刚刚进入一个新时代，其巨大的力量正以惊人的速度成长"。[17]

撒哈拉沙漠中的诸多项目还反映了人们对可计算性的一种崭新信念，即如果收集到足够的数据，便可以根据最新的详细数据评估大型工程会造成何种影响。大多数撒哈拉海项目的批评者也不反对开展大规模的项目，但他们对具体实施方式或可量化信息的缺失提出了质疑。在关于气候变化的讨论中，数据成为解锁对于未来展望的关键。有些批评家认为，现有的事实和数据已经足够，鲁代雷及其同时代人所设想的那些变化似乎并没有那么令人惶恐不安。毕竟，撒哈拉海项目所揭示的是一种普遍的规律，那就是可量化的信息将揭示未来的发展状况。历史学家德克·范·拉克（Dirk van Laak）在其对欧洲帝国项目的研究中指出：“规划越来越多地取代了预测。”拉克将这一进程定位于20世纪，但在鲁代雷的时代，同样的发展动向早已存在。[18]

　　无论欧洲还是美国都盛行一种趋势，那就是人们对大规模项目的普遍信任转化为了一种技术乌托邦主义。在法国，技术乌托邦主义孕育于圣西门主义思想（Saint-Simonian thought）中。对于圣西门主义的追随者来说，技术是为了拯救一个在生产阶级和不生产阶级之间的矛盾下几近解体的世界，工业生产是为了表达人类的核心价值和统一价值。还有什么比旨在改变地球的项目更能成为工业力量的象征呢？当这些项目确保了新的移民土地时，这种象征意义就更加明显了，在没有传统政治和社会经济结构限制的模范殖民地中，这种迁移人口的远大理想也可以在实践中得到检验。[19]毫不意外的是，这种“工业世界的宗教”是不少鲁代雷的坚定支持者的主要灵感来源，包括亨利·杜维里耶和德·雷赛布。鲁代雷本人就受到了圣西门主义的影响，因为他的一位好友便是社会改革家普洛斯珀·恩凡丁（Prosper Enfantin），后者是撒哈拉沙漠农业殖民领域最早的理论家之一。

恩凡丁认为，通过殖民撒哈拉最终将统一东西方世界。鲁代雷倒还没有想得这么远，不过，他仍然对自己的计划非常有信心："我们已经证明，这个项目没有带来任何严峻的难题。"鲁代雷甚至在对盐湖盆地展开详细调查之前就开始计划撒哈拉海项目了。尽管他遭受了很多批评，盐湖盆地处获得的海拔测量数据也对他越发不利，但他仍然强调该项目的可行性。当他明白挖掘运河需要大量的劳动力时，他迅速修改了方案，将一个未经证实、并不可靠的建议写入了计划：一旦将水引入运河的第一段，其压力将足以在阿尔及利亚境内的盐湖盆地中冲出一个斜坡。同样，当有人就盐湖地区潜在的盐碱化加剧提出批评时，鲁代雷提出了一个假设，即运河中会有一个逆流，能够将盐水带回地中海。[20]

鲁代雷的极端技术乐观主义表明，他更愿意随意更改事实，以使其符合自己的理论。这种举动源自他对自己项目的坚定信念，而他这种行为通常近乎缺乏理性。正如对该项目的每一条批评意见所揭示的那样，鲁代雷对于撒哈拉海项目的思虑并不周全，也未能建立在坚实的地理学和地质学基础之上。德国地理学家埃米尔·德克特指出了该项目的局限性，他写道，只有将盐湖地区从山脉的"遮雨罩"移到西北部，防止水分在大西洋和地中海移动，才能实现鲁代雷所希望的气候变化。在这一点上，甚至连鲁代雷自己都没有考虑过这种规模的改造工程！[21]

即使没有真的移动山脉，撒哈拉海项目的规模和野心仍然足以吸引欧洲人，尤其是法国人。与此同时，有迹象表明，19世纪末人为淹没撒哈拉沙漠的景象似乎没有那么令人惊讶。苏伊士运河成功修建后，撒哈拉海项目面临着成为下一个技术进步里程碑的巨大压力。《科学》（*Science*）杂志的一位评论员言辞颇为冷淡，他写道，撒哈拉海项目"很难被称为一个伟大的项目"。这篇文章展示了整个非洲大陆的地图，比较之下，最北部的盐湖地区看起来毫不起眼。从颂扬技术的赞歌到世界末日的警告，人们对撒哈拉海项目的反馈也多种多样。撒哈拉海项目在公众的密切关注下持续了 10 年，规模巨大，成本高昂，因此，人们存在意见分歧可能并不奇怪。也许更出乎意料的是，很少有人质疑鲁代雷开展这个项目的依据。无论支持还是反对，人们对撒哈拉海项目的态度都表明了一个共同的信念，那就是认为人类的技术已经变得足够强大，可以大规模地改变气候条件和沙漠环境。即使在那些严厉批评撒哈拉海项目的人中，敢用十分委婉的方式挑战人类这一新力量的人也少之又少。

挑剔的观察家们非常关注大型工程项目的风险，这种风险不是因为人类效率低下，而恰恰是因为人类效率奇高。他们担心人类对自然的大规模干预会产生意想不到的副作用，这可能会对欧洲甚至全球的气候和环境产生不利影响。这种恐惧经常被提及，它体现了 19 世纪末的最后 30 余年中两种重要想法的融合：关于环境（特别是气候）变化的讨论已经不再局限于学术期刊，而是进入了公共领域，与关于工业技术的潜在用途的讨论交织在了一起。

撒哈拉海项目的（暂时）失败

与撒哈拉海项目潜在气候影响的争论相比，政治因素仍然是该项目公开讨论时需要考量的。虽然法国直接控制着阿尔及利亚，但在 1881 年前，其对突尼斯的政治影响力在形式上极不正式。然而，就在那一年，法国利用突尼斯大公日益严重的财务困难，趁机全面入侵，双方签署了《克萨尔·赛义德条约》（*Treaty of Ksar Said*，也叫《巴尔杜条约》），使突尼斯正式成为法国的受保护国。突然间，撒哈拉海项目至少在政治方面出现了一种可能性。乔塔德（Chotard）的观点是，由于内海的入口将掌握在土耳其人手中，因此其对法国人来说毫无作用（1879 年，法国已经完全无视该地区的力量平衡）。不过他的这种观点现在已经被推翻，法国终于如愿以偿，成功将突尼斯变为了殖民地。[22]

目前尚不清楚鲁代雷的项目究竟是不是官方构想的一部分。早在 1877 年，地理学家伊德尔丰斯·法韦（Idelphonse Favé）就呼吁，对鲁代雷项目的可行性进行更多的研究，并投票支持用巴黎科学院的资金资助鲁代雷进行进一步的考察。1878 年，鲁代雷完成第三次考察之后，人们仍没有就撒哈拉海项目的成本问题达成共识。随着讨论的持续进行，关于突尼斯盐湖地区的明确信息依旧很少，法国政府对撒哈拉海项目的支持程度也越来越低。1879 年至 1883 年，政府的不稳定以及部长级别官员的改组进一步阻碍了鲁代雷争取官方援助。在这 5 年的时间里，共出现了 8 个不同的政府，公共工程部也发生了大量的领导层变动。最终，鲁代雷改变了策略，尝试用私人资金推进撒哈拉海项目，并于 1882 年在雷赛布的领导下成立了内海研究学会（Societé d'étude de la mer intérieure）。该学会成立后的第一件事便是申请突尼斯盐湖地区的政府特许权。[23]

随着突尼斯政治局势的变化和部长级别官员的改组，法国政府至少做出了一点尝试，比如重新熟悉撒哈拉海项目的整体规划。法国总理夏尔·德·弗雷西内（Charles de Freycinet）[①]本身就是一名工程师，他任公共工程部部长期间，试图将法国铁路国有化，也因此而名声大噪。他似乎对鲁代雷的项目情有独钟。他强调，撒哈拉海项目起到了"对抗野蛮的屏障"的作用。弗雷西内呼吁成立一个专家委员会来审查鲁代雷的项目，并决定政府是否应该提供进一步的官方支持。在法国总统儒勒·格雷维（Jules Grévy）[②]的支持下，专家委员会于 1882 年 5 月成立，成员包括当选官员、各部委代表和 16 名专家，其中既有撒哈拉海项目的支持者，也有批评者。该委员会共有 3 个分设委员会，分别负责确定撒哈拉海项目的总体可行性、预期的物理和气候影响以及预期的政治、军事和商业影响。在接下来的几周里，分设委员会举行了多次会议，随后起草了一份最终报告，并向政府提出了正式建议。[24]

报告结果大多都是负面的。第一个分设委员会重申了前苏伊士运河工程总监弗朗索瓦·菲利普·沃伊辛（François Philippe Voisin）的权威判断——他在 1881 年得出结论，从成本效益的角度来看，撒哈拉海项目根本不可行。根据对沙漠洼地的最新测

---

① 法国政治家，曾在 12 届不同的政府任职，担任过 4 次法国总理。——译者注

② 全名为弗朗索瓦·保罗·儒勒·格雷维，法国政治家，律师出身，曾于 1879 年至 1887 年担任法兰西第三帝国总统。——译者注

量数据，需要挖掘的运河总长度约为 245 千米，大约是巴拿马运河的 3 倍。此外，挖掘路线不仅要穿过加贝斯湾的基岩岩床，还要穿过吉利特盐湖的大部分地区。沃伊辛认为，建造或维护这样长度的运河是完全不可行的。即使在技术上可行，修建这条运河也将花费至少 3 亿法郎，这是鲁代雷预估成本的 4 倍多。对于这些批评，第一分设委员会还另外提出了一个警告，那就是鲁代雷对运河的设计不够充分。就目前情况来看，蒸发率最终将超过进水量，因此不可能用水灌满盐湖盆地。更糟糕的是，这些工作和资金都将用于撒哈拉海项目，而这个项目的规模最初估计至少有 1.6 万平方千米，经过最近一次的重新计算，缩小到 6000 至 8000 平方千米。[25]

在 1882 年 7 月下旬提交给格雷维总统的最终报告中，弗雷西内直言不讳地表示，法国政府没有理由支持撒哈拉海项目。这一评估为政府进一步支持该项目敲响了丧钟。在第二年发表的一篇文章中，柯松（Cosson）回顾了鲁代雷计划的演变，并阐明其计划是如何在每一次考察和每一次出现盐湖地区地质和地理新发现之后变得越来越复杂、成本越来越高昂。鲁代雷一直怀有实现自己构想的希望，而政府不再提供支持对他来说无疑是一个沉重的打击。在委员会的讨论中，他非常积极地反驳批评者的判断和计算。有时，鲁代雷的辩解甚至有些荒谬，他越来越像一个盲目的梦想家，无法接受任何不利于自己的新发现。鲁代雷表露出一种倾向，那就是他越发希望简化环境和技术方面的复杂情况，用詹姆斯·斯科特（James Scott）的话说，他陷入了"简略地图"的陷阱，以掩盖其解决方案过度简化以及参数随意改变的特性。[26]

　　虽然鲁代雷的追随者数量变少了，但雷赛布仍然支持着鲁代雷。雷赛布不知疲倦地反驳人们普遍（但是准确）的看法，即委员会的结果非常不利于撒哈拉海项目。雷赛布本人也对委员会的观点持反对意见，他坚持认为这些计划是可行的，而且内陆海将"以最奇妙的方式改变阿尔及利亚的经济、农业和政治状况"。他提出了一个强有力的论据，那就是在苏伊士运河完工之前，也有很多反对者宣称这项工程不可能将红海与地中海连接起来。[27]

　　这个时候，雷赛布还没有挥霍掉他所有的政治资本。最终，在 1892 年，他被指控通过贿赂政客来发起一项博彩活动，从而为巴拿马运河筹集资金，这是雷赛布的第三次铤而走险。然而，就连苏伊士运河本身也受到了越来越多的批评。尽管运河在技术上取得了成功，并声势浩大地对外开放，但这并非一帆风顺。一方面，这项工程的成本是原先预计的两倍；另一方面，英国船只经常拒绝走这条新建成的、距离更短的航线，因此大幅减少了从通行费用中获得的预期收入。尽管大型工程项目仍能引起公众的极大兴趣，但它更多地成了政治争论的焦点。此外，从 1880 年起，法国政府还试图限制殖民地的支出，特别是水利工程项目。到 1890 年，阿尔及利亚的公共工程已经陷入停滞，这在一定程度上是由于法国在北非的工程项目中留下了相当糟糕的记录，不仅大坝和水库没有达到预期目标，其他水利工程方案也遇到了严重困难。[28]

　　费扎拉湖（Lake Fetzara）项目就是一个很典型的例子。值得注意的是，这个项目与鲁代雷的计划几乎完全相反，同时规模要小得多。费扎拉湖位于阿尔及利亚东北海岸的阿纳巴附近，原本是一个常年存续的大湖泊，以栖居在这里的各种鸟类种群而闻名。在殖民时期初期，狂热的法国殖民者提出用湖水灌溉的主张。19世纪40年代，第一批工程项目导致大部分水体干涸。19世纪70年代，当一位工程师声称法国农民可以在湖盆新开垦的土地上定居时，人们逐渐对这个项目产生了兴趣。采矿工程师后来推断，当地的疟疾发病率与积水有关。在此之后，殖民地官员进一步强调了实施该项目的紧迫性。事实上，人们一直在抽取费扎拉湖中的水，直到1880年，整个湖泊完全干涸。然而，规划者不愿看到的一个事实是，费扎拉湖及盆地内的土壤都严重盐碱化了，这意味着里面的水再也无法用于灌溉，盆地里新种植的桉树在短时间内就全部死了。[29]

费扎拉湖

资料来源：《画报》（*L'Illustration*），1857年8月15日。

　　那时，因 1881 年保罗·弗拉特斯（Paul Flatters）远征撒哈拉沙漠时遭遇了一场劫难，公众对撒哈拉沙漠大型基础设施项目的支持受到了沉重的打击。弗拉特斯一直在执行考察任务，收集有关跨撒哈拉沙漠铁路的潜在路线信息。1881 年 2 月，图阿雷格人在撒哈拉沙漠深处的阿西奥（Asiou）水井附近伏击并杀害了近百人的探险队。后来，由于媒体对这一事件的广泛报道，加之在一段时期内，该事件常常被添油加醋，因此法国人暂时停止了进军北非沙漠的企图。不过，在挥之不去的复仇欲望的驱使下，他们采取了一种更具侵略性的殖民主义形式，以军事镇压和控制为主。尽管鲁代雷强调了撒哈拉海项目的军事意义，但他的这个长期项目旨在减少对武力的依赖，是一种渐进的殖民形式，看上去似乎与最新的殖民主义发展格格不入。杜维里耶之所以支持鲁代雷的项目，正是因为它既符合圣西门主义"开明殖民主义"的展望，也符合他对撒哈拉图阿雷格人绝对正面的看法。但在法国公众看来，弗拉特斯遭遇的暴力事件证明了杜维里耶的错误（也证明了他是鲁代雷最坚定的支持者之一）。[30]

　　1885 年 1 月 21 日，弗朗索瓦·鲁代雷去世，死因可能是在一次前往盐湖地区的考察中感染了一种持续性的疾病。虽然雷赛布仍然致力于推进撒哈拉海项目，但他后来花费了更多的时间来规划和组织巴拿马运河。内海建设学会由古斯塔夫·兰达斯（Gustave Landas）接管，后者继续实施鲁代雷的项目，并将重点转向利用盐湖地区的地下水建造人造绿洲。鲁代雷和兰达斯虽然各自展望了撒哈拉沙漠的繁荣景象，但都未能目睹这种愿望的实现。不过，这并不意味着改造沙漠的计划就此消失。鲁代雷去世后，关于大型水利工程的争论远未结束。用水淹没撒哈拉和其他沙漠地区的提议时常再次出现，西方世界仍然相信现代技术有能力改变环境和气候条件（继而改变整个地区甚至整个大陆的社会和文化构成），随着时间的推移，这种观念只会越发坚定。事实上，在鲁代雷的时代，外界也有与撒哈拉海项目同类型的项目。由英国商人和反奴隶制活动家唐纳德·麦肯齐（Donald Mackenzie）领导的一个在西非的项目与鲁代雷的计划有着惊人的相似之处。[31]

历史悠久的撒哈拉海项目

现在，我们已经很难确定鲁代雷和麦肯齐是否曾与对方讨论过各自的项目。不过，显而易见的是，鲁代雷对麦肯齐的计划评价不高，将其贬低为"过于粗略"。这也许并不奇怪，因为这位法国工程师声称撒哈拉海项目的最初想法就出自他本人。不过，即使是今天最客观的观察家也可能同意鲁代雷的这一判断。与鲁代雷不同，麦肯齐没有工程学或地质学背景。相反，他是一名商业冒险家，经常卷入英法在该地区的商业纠纷，并且一直计划在摩洛哥南部与非洲人建立贸易关系。1876 年，麦肯齐率领第一支探险队探索了尤比角（Cape Juby）周围的地区，即今天摩洛哥和西撒哈拉的交界地带，也就是所谓的特克纳地区（Tekna）。后来，麦肯齐在英国短暂停留，获得了一定的资助之后，于 1878年和 1879 年两次返回特克纳地区，并设法建立了一个贸易站。

此举引发了摩洛哥苏丹①和西班牙当局的不满，他们认为，英国在西撒哈拉的扩张威胁到了他们各自的商业利益和政治利益。[32]

尤比角周围的地区当然不是土地最肥沃或人口最多的地方，但这里的发展潜力不局限于建立贸易前哨，而且认识到这一点的人也不止麦肯齐一个。工程师亚瑟·科顿（Arthur Cotton）在1894年写的一份报告中评论了淹没撒哈拉沙漠的可能性，并提及整个沙漠下有一个巨大的淡水水库。而在科顿计划的近20年前，麦肯齐的计划有着相同的核心机制，但他设想了一种不同的技术来改造撒哈拉沙漠。这种技术看起来与鲁代雷的计划有着惊人的相似性，并启发了后来一系列在大英帝国其他地区建设内陆海的提案。[33]

在1876年进行第一次探险之前，麦肯齐已经为他的项目设想了大致的结构，即淹没撒哈拉西北部的大片地区。他前往尤比角的一个原因在于，在他游览埃尔杜夫盆地（El Djouf，也叫 El Juf）的西部时，当地居民告诉他，这个盆地位于海平面以下。埃尔杜夫盆地位于毛里塔尼亚和马里两国境内的撒哈拉沙漠深处，它面积巨大，里面都是沙子和岩石。这里深深吸引了这位英国旅行者，激发了他天马行空的想象力。在接下来的一年里，麦肯齐提出了用大西洋的海水填充盆地的想法，最终目标是人们可以坐船从撒哈拉沙漠航行到廷巴克图。虽然麦肯齐预见到了该地区的一些环境变化，甚至提到了可能的气候变化，但他的重点是建立

---

① 部分伊斯兰国家统治者的称号。——译者注

一条穿过沙漠的安全贸易路线。这样一来，来往的货物贸易就不再需要依靠车队运输，英国就能牢牢控制该地区的商业活动。

英国公众对埃尔杜夫盆地项目的反应与鲁代雷项目所引发的那种兴奋相去甚远。麦肯齐的想法确实过于粗略，不仅缺乏可靠的地质数据，也没有非洲西北部有利的政治环境。尽管如此，麦肯齐的这个项目在一些出版物中还是受到了好评，并且经常被拿来与法国的撒哈拉海项目相提并论。1875 年，麦肯齐的想法首次公开后，伦敦、利物浦、布里斯托尔和巴斯举行了讨论该项目的公众集会。《泰晤士报》（*The Times*）报道了殖民地事务大臣卡纳冯勋爵（Lord Carnavon）对此事表现出来的"热情"，并补充说，随着撒哈拉沙漠被水淹没，"廷巴克图可能会成为热带地中海的迦太基"。但《泰晤士报》也提出了一些怀疑，不仅针对计划本身，还包括计划中缺乏关于埃尔杜夫盆地的具体信息。尽管麦肯齐呼吁对这个盆地进行调查，但到了 1877 年，其海拔高度仍未得到测量。当时，人们还不清楚埃尔杜夫盆地有多大，甚至不清楚它是否存在。麦肯齐在他自己的一本名为《淹没撒哈拉》（*Flooding the Sahara*）的书中也承认了这一点——书中对项目的特点基本不提，但提供了大量关于北非民族志和经济方面的总体信息。除了这些非常明显的缺点，法国内政部也提出了反对意见，他们尤其担心，这个项目可能导致欧洲出现有害的气候变化。1878 年，负责殖民地事务的副部长朱利安·庞塞福（Julian Pauncefote）写道，麦肯齐的计划看起来"不太可能成功"，因此不值得政府的支持。[34]

麦肯齐继续为他的项目游说了几年，但最终将重点转移到了北非的河流疏浚上。他的新想法是使塞布河（Sebou River）一直通到费斯（Fez），为发展贸易和农田灌溉提供便利。后来，计划中的撒哈拉大洪水在麦肯齐活跃的头脑中暂时退居次席，这在一定程度上是由于该地区政治格局的变化。虽然 1880 年《马德里公约》保证了在摩洛哥的外国人享有更多权利，从而为欧洲的贸易群体创造了更有利的环境，但西撒哈拉地区，包括尤比角以南和以东的所有土地，在 1885 年成为归属于西班牙的受保护区，这就使得任何由英国建造并控制的内陆海计划都无法开展。尤比角的贸易站存在了一段时间，但其间受到摩洛哥人的袭击以及政治入侵的持续威胁——至少麦肯齐是这样描述的。最终，摩洛哥苏丹赎回了这片土地，麦肯齐只得重新将精力放在反奴隶制活动上，先是在北非，后来逐渐集中在东非地区。不过，英国虽然丧失了部分土地，但它在以上这些地区的影响力只增不减。[35]

　　尽管如此，鲁代雷以及麦肯齐的撒哈拉海项目已经超越欧洲边界，给人留下了深刻印象。美国媒体饶有兴趣地讨论了这些项目，因为在美国也有类似想法——有人提出，通过政府支持的大规模灌溉措施来改善美国西部的干旱平原和沙漠。甚至有人提出了一个可能是受鲁代雷启发的计划：利用加利福尼亚湾的水来淹没科罗拉多沙漠。然而，到了 19 世纪 80 年代后半叶，撒哈拉海项目不再在新闻媒体中出现，几近被人遗忘。1895 年，保罗·施陶丁格（Paul Staudinger）发表了一篇关于撒哈拉海项目的文章，这在当时实属罕见。他将该项目描述为遗失在历史中的项目之一。然而，鲁代雷的努力使阿尔及利亚这样一个在欧洲鲜为人知的地区成为众人瞩目的焦点，并使人们从测地学、地质学、植物

学、人类学、考古学和矿物学的角度对此地有了深入的了解，这
是撒哈拉海项目的真正成就，正如乔塔德（他对该项目的可行性
持批评态度）在 1880 年就已经预见到的那样。此外，撒哈拉海
项目并非真的被完全忘却。随着鲁代雷和麦肯齐成功地激励了新
一代工程师和企业家进一步发展沙漠地区大型水利工程项目，撒
哈拉海项目也因此偶尔会出现在新闻中。[36]

19 世纪 90 年代，法国的两个水利工程项目延续了鲁代雷的
精神，一个建议在莱赫干谷（Oued Righ，也根据读音写为 Oued
Rirh）建造人造绿洲，用于在阿尔及利亚南部种植海枣；另一个
建议修建一条从尤比角到廷巴克图的运河。后一个计划显然是基
于麦肯齐的想法，虽然没有人承认这一点。再加上法国政府很快
就否决了这个项目，因此没有人知道它究竟是谁提出的。19 世纪
末和 20 世纪初，法国工程师埃切戈延（Etchegoyen）又一次考虑
淹没撒哈拉沙漠部分地区。他不仅确信盐湖地区和埃尔杜夫盆地
是以前的海床，他还坚信撒哈拉沙漠有四分之一的地表都位于海
平面以下。与鲁代雷一样，埃切戈延认为淹没撒哈拉沙漠能改善
气候，但报道该项目的报纸再次提起了早些时候曾经出现过的警
告——欧洲可能因此发生气候灾难，同时，将大量的水从海洋重
新分配到沙漠甚至可能导致地轴的移动。[37]

1920 年，鲁代雷的计划改头换面后再次出现——这次是在
盐湖地区以南数千英里处。在那里，南非工程师欧内斯特·施
瓦兹（Ernest Schwarz）公布了他在卡拉哈里（Kalahari）河及
其周围地区的大型水利工程项目——"拯救旱地"（Thirstland
Redemption）计划。施瓦兹打算淹没现在位于纳米比亚的埃托沙

盐沼（Etosha Pan），扩大恩加米湖（Lake Ngami）的面积，在博茨瓦纳（Botswana）的苏阿盐沼（Sua Pan）创造一大片水体。施瓦兹认为，这个计划可以把旱地变成可耕种的土地，并缓解南非日益干旱的气候带来的影响。这位工程师还用其他信息证明了自己的这一观点，比如有关农作物歉收和大型动物从该地区消失的历史信息，以及当地的降水量数据。在某种程度上，施瓦茨"改编"了撒哈拉海项目，使之能够适应南非的情况。在应对环境恶化问题时，他使用了与鲁代雷非常相似的说法，同时也强调了该项目对白人定居者的价值。施瓦茨选择的目标地点位于英国殖民地和英国新获得的非洲西南地区领土之间，这不禁让人想到，盐湖地区也位于法国旧殖民地阿尔及利亚和其新的受保护国突尼斯之间。[38]

　　撒哈拉沙漠本身也一直深受工程师的关注。20世纪20年代，美国商人德怀特·布拉曼（Dwight Braman）提出了一项灌溉沙漠大部分地区的计划。20世纪30年代初，英国工程师约翰·鲍尔（John Ball）扩展了原有的计划，准备在埃及用水淹没两个干河床。不过，鲍尔对大规模引水淹没目标的第一选择不是这些干河床，而是开罗以西约130英里的卡塔拉洼地（Qattara Depression）。尽管鲍尔坦率地承认他缺乏数据支持，但他还是提出了大规模的工程干预措施。他建议挖掘一条通往地中海的隧道，这样可以让水流到洼地。鲍尔的主要目标不是改变气候，而是通过隧道中的涡轮机进行水力发电。鲍尔还提到了一项计划，那就是将尼罗河的部分河水通过其之前所谓的西部河床分流，从而灌溉撒哈拉沙漠。1936年，埃塞俄比亚阿法尔三角洲（Afar

Triangle）的达纳基尔洼地（Danakil Depression）成了淹没计划的目标之一，旨在为奥萨沙漠（Aussa）地区的石油出口建设一个港口，不过这个计划不久就夭折了。[39]

鲁代雷的项目仍然是一个范例和一项灵感来源。1928 年，美国科普作家埃德温·斯洛松（Edwin Slosson）撰写了一篇文章，讽刺当时人们在"突尼斯的盐沼"中寻找亚特兰蒂斯的热情。其实，这篇文章是对德国人保罗·博哈特（Paul Borchardt）的抨击，因为博哈特声称在盐湖地区找到了这座失落的城市，并认为，导致亚特兰蒂斯及其高等文明消失的原因之一，正是北非气候的恶化。关于气候变化的争论无疑已经取得了长足的进展，而亚特兰蒂斯曾在盐湖地区的说法为那些计划恢复其往日丰饶的项目进一步增添了可信度。[40]

斯洛松对那些试图在盐湖地区寻找亚特兰蒂斯的同时代人极尽讽刺，但他也认为这里曾经有更加宜人的气候。"为什么这个曾经如此繁荣的国度现在却如此荒凉，这是一个有争议的问题"，他写道，"有人认为这是由于气候日益干旱，也有人说这是由于火山活动的扰动，还有人将其归因于'伊斯兰教的衰落'"。斯洛松巧妙地总结了 19 世纪气候讨论中提出的关于气候变化的不同理论：那是一个大规模的全球性进程，一个地区的灾难性进程，以及受到了人类行为的影响。虽然关于气候变化的学术讨论在 20 世纪 20 年代热度大减，但关于失落的亚特兰蒂斯的讨论，以及那些试图改造环境的伟大工程仍然存在。这些工程也掀起了一股潮流，比如乔治·格里菲斯（George Griffith）的小说《伟大的天气辛迪加》（*Great Weather Syndicate*）就讲述了一个影响全球气候的计划。这本书以在塔奈兹鲁夫特（Tan-ez-Ruft）的一幕作为结尾，其中说到，"撒哈拉一些最可怕的地区"现在变成了肥沃的土地，"像玫瑰一样绽放"。这种只可能在小说中出现的伟大胜利对鲁代雷及其后继者来说仍然遥不可及。[41]

在《大海入侵》的结尾，儒勒·凡尔纳似乎没有给我们留下太多解读故事的空间。一场地震席卷了北非，居民死亡，人类梦寐以求的事业就此终结，在此之后，故事的中心寓意就变得非常明确了：大自然比人类的愿景和意志更加强大。然而，在凡尔纳的故事中，大自然最终帮助人类完成了他们一开始设计的东西。事实上，《大海入侵》表明，大自然和工程项目实际上是合作关系，二者共同按照人类的意愿来改造环境。这也是鲁代雷所暗示的——他强调盐湖地区曾经充满了水，而他的项目试图重新创造一个以前的、比现在更理想的自然条件。

尽管撒哈拉海项目未能实现，但在欧洲殖民地与非欧洲环境相遇的编年史中，它是值得注意的篇章。鲁代雷的计划与其同时代人和后来者的计划，不仅表明了关于环境的新科学思想与殖民话语和殖民努力密切相关，还说明了，改变环境和气候的愿景与一种新的意识形态是如何成为欧洲殖民主义的特征的。19世纪末，工程师的时代才刚刚开始。鲁代雷最终未能执行他的计划，但这不但没有打击他的同行和后继者，反倒成了他们前进的动力。问题的关键不在于像撒哈拉海这样的项目是否可行，而在于什么时候会有合适的技术来将其付诸实践。快速发展的技术创新取得了一定的突破，但这种突破似乎随时都在发生。不利的环境和气候变化带来的威胁使得改造沙漠仍然是人类需要面对的问题。

　　如果说鲁代雷是 19 世纪浮士德式工程师的原型，并且具有一定的预言性，那么德国建筑师赫尔曼·索尔格尔在 20 世纪初也扮演了同样的角色。他的亚特兰特罗帕项目以鲁代雷的计划为灵感和出发点，并将其提升到了一个全新的高度，使其成为一项大陆规模的、以彻底改变非洲的地质地貌和气候条件为目标的地球工程。

第四章

为新大陆创建一个新气候：
赫尔曼·索尔格尔的亚特兰特罗帕项目

1997 年，地球物理期刊《EOS》刊发了约翰逊（R. G. Johnson）的一篇短文，其中提出了一个听起来很奇怪的地球工程项目——约翰逊建议在直布罗陀建造一座大坝，并认为这就等同于在地中海和大西洋之间建立了一部分屏障。文中提到，这个大坝将改变洋流，最终阻止所谓的"现代冰河时代"的到来。约翰逊没有就冰川作用如何与全球变暖联系起来给出充分的解释，总的来说，这篇文章更像一个简略的气候模型，而他本人毫不关心其中的潜在问题。不出所料，约翰逊的两位同事立即批评了这篇文章，称缺乏定量数据来支持其中大胆的假设，不具备科学的严谨性。争论就此终止。约翰逊的文章只不过是《EOS》期刊出版史上一个的小插曲。然而，约翰逊本人可能并不知道，他设想的直布罗陀大坝实际上并不是一个新的想法。在这篇文章中，约翰逊不仅重新构建了 20 世纪 20 年代一个工程项目的主要物理特征，还再现了这个工程项目的创始者、德国建筑师赫尔曼·索尔格尔那与项目并存的浮夸之辞，以及对技术的无限热情。[1]

索尔格尔的项目最初叫作"潘罗帕"（Panropa），后来叫作"亚特兰特罗帕"（Atlantropa），其核心也是在直布罗陀建造一座大坝。不过，与约翰逊的计划相反，索尔格尔提出，要在地中海和大西洋之间建立一个完整的屏障，从而将欧洲和非洲连在一起。"亚特兰特罗帕"是索尔格尔自己创造的新词，将"大西洋"与"欧洲"两个英文词结合在了一起。[①] 这不禁让人想起了失落的亚特兰蒂斯。然而，至少在理论上，亚特兰特罗帕项目实际上超越了这座神话般的城市，因为一旦建成，它将使地中海盆地周围出现新的土地，改变远至北欧的气候条件。同时，这个过程还能产生大量的水电，为北非的灌溉和彻底的环境转型提供动力。索尔格尔的想法是多种思想的结合体，包括殖民主义理念、种族主义意识形态、文化悲观主义、对即将到来的化石燃料短缺和全球环境恶化的焦虑，以及技术和后民族主义彼此联结的信念。从今天的角度来看，亚特兰特罗帕可能只是两次世界大战期间各种重大事件中一个奇异的插曲。然而，尽管亚特兰罗帕项目具有独一无二的巨大规模和目空一切的狂妄自大，但在那个年代和当时的德国，它还算不上非比寻常。亚特兰特罗帕项目成了德国及其他国家公众讨论的话题，完美地融入了两次世界大战之间欧洲政治和文化充满动荡的年代。当时不少项目都试图从新的政治意识形态重新设想现代生活方式，同样，亚特兰特罗帕的创造者也在努力从一场席卷欧洲大陆并且看似无所不包的危机中找寻一条出路。[2]

---

① 即"Atlantic Ocean"和"Europe"两词，其中欧洲一词的来源是"Europa"，所以才有了"Atlantropa"一词。——译者注

第四章 为新大陆创建一个新气候：赫尔曼·索尔格尔的亚特兰特罗帕项目

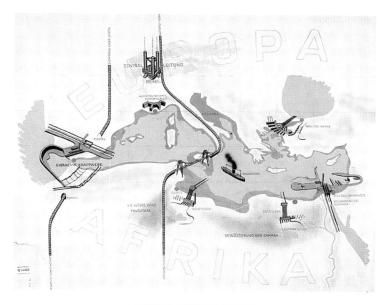

亚特兰特罗帕项目的图示

资料来源：慕尼黑德意志博物馆档案馆。

　　与两次世界大战之中的其他项目一样，亚特兰特罗帕项目也有着意义深远的目标：索尔格尔希望通过这个计划对欧洲进行彻底的政治和社会重构。此外，关于技术在人类与自然互动中的作用，索尔格尔也参与了讨论，对此表达了自己的担忧，因为在他看来，传统政治在利用新技术方面可能存在缺陷。索尔格尔认为，主流的政治结构已经过时，现有的工具和专业知识无法根据人类（更具体地说是欧洲人）的需求来塑造自然。因此，这位建筑师认为，亚特兰特罗帕不仅是一个巨大的工程项目，它还将为未来几个世纪提供能源。与此同时，这是一项革命性的尝试，将从根本上改变环境，并使政治组织的主要组成部分不再局限于民族国家。索尔格尔相信，由于欧洲人都挤在一片拥挤的大陆上，而且各个国家之间并不团结，因此，他可以通过为欧洲人口创造新的生活空间来实现这一雄心勃勃的目标。用他的话来说，非洲就是"欧洲人所期待的门前的空白地带"，是理所当然的目标。然而，在任何大规模定居活动成为现实之前，欧洲人必须使非洲大陆适合殖民。根据索尔格尔的说法，这首先需要改变非洲大部分地区恶劣的气候条件，并阻止威胁人类生存的沙漠化进程。[3]

因此，亚特兰特罗帕项目生动地呈现了一个范例，让我们看到 20 世纪初在气候变化学术讨论中发展起来的理论和说法是如何一步步被政治化的。此外，这个项目不但展现了人们对大规模环境恶化的普遍担忧，还表达了人们对"修复"自然的工程学解决方案的普遍欢迎，这两种情绪同时存续。"干旱"和"荒漠化"仍然是极具影响力的概念，而这背后涉及的理论和焦虑不仅越发体现在环境方面，也体现在社会和文化层面。无论是否有意为之，赫尔曼·索尔格尔都在用气候变化讨论中的术语来宣传一个经过改造的新大陆和新社会的宏伟愿景。他希望为自己赢得时间，努力扭转西方日益恶化的环境和文化。

后民族主义水力发电

1885 年，赫尔曼·索尔格尔出生于雷根斯堡（Regensburg）。他的父亲约翰·索尔格尔（Johann Sörgel，1848—1910）曾是巴伐利亚建筑委员会（Bavarian Building Commission）的董事会主任，这个委员会曾发起建设巴伐利亚南部瓦尔兴塞发电厂（Walchensee Power Plant），而发电厂的设计师是政治家兼工程师的奥斯卡·冯·米勒（Oskar von Miller）。大约在 19 世纪和 20 世纪之交，索尔格尔一家搬到了慕尼黑。中学毕业后，索尔格尔进入了慕尼黑工业大学。他获得了工程学的研究生学位，但学院拒绝授予索尔格尔博士学位，理由是他的研究方向是建筑美学——他的导师认为这个课题与学院中的工程学课程毫不相干。不过，他的博士论文确实受到了德累斯顿大学著名建筑师弗里茨·舒马赫（Fritz Schumacher）的热烈欢迎，他试图为索尔格尔申请一个荣誉博士学位，但最终没有成功。[4]

因此，索尔格尔放弃了对更高的学术荣誉的追求，转而追随父亲的脚步，在巴伐利亚建筑委员会任职。他设计的项目包括伊萨尔河（Isar River）的阿夫吉岑（Aufkirchen）水电站。在第一次世界大战期间及之后，索尔格尔开始发表他的第一批著作，其中包括一本关于建筑的权威理论专著。有一段时间，他还是建筑杂志《建筑艺术》（Baukunst）的主编，任职期间，索尔格尔得以与当时一流的建筑师建立联系，而这些建筑师后来也为他设计地中海的地质工程改造方案贡献了一份力量。[5]

按照索尔格尔自己的说法，亚特兰特罗帕项目是他在 1927 年的灵光一闪。索尔格尔当时刚刚读完德国地理学家奥托·杰森（Otto Jessen）关于地中海的论文，后者也曾参与到风靡一时的寻找失落古城的活动中。杰森在 19 世纪研究的基础上，将地中海描述为"蒸发之海"。他认为，地中海的水是大西洋的海水经由直布罗陀海峡不断流入而保持至今的。这一份平平无奇的水文资料却成了亚特兰特罗帕项目最坚实的理论依据，而这个以此为依据的项目既简单又宏大——在直布罗陀建立一座巨大的、能将水域隔断的大坝，连接摩洛哥和西班牙。这座超大的大坝将切断来自大西洋的水源补给，再加上加里波利和尼罗河河口那些相对较小但也足够巨大的大坝，地中海与其他大型水体将被分隔开来。[6]

索尔格尔认为，通过缓慢的蒸发，地中海的水位会慢慢下降，最终露出海岸线周围大片的海床。接下来，按照索尔格尔的设想，他将在大坝上安装巨型水力发电机，以利用大西洋和地中海不同水位之间积聚的势能。这一基本设计（"作为欧洲发电厂的地中海"）将成为亚特兰特罗帕项目最具标志性的特征，尽管该项目后来还将整个非洲大陆囊括其中。1932 年，索尔格尔在他第一本关于亚特兰特罗帕项目的书中详细阐述了该计划的要点，在接下来的几十年里，这些要点基本维持不变。20 世纪 30 年代至 50 年代，欧洲政治局势动荡，在此期间，这位建筑师仍然坚持自己的想法，不懈地推动亚特兰特罗帕项目，他将余生都献给了这个项目。[7]

亚特兰特罗帕项目从来不是一个专门的建筑项目或工程项目。索尔格尔从一开始就认为他的计划是一股革命的力量，将在社会、政治乃至物质层面重组或重构欧洲大陆。亚特兰特罗帕项目将使"欧洲形成一种新的生活形式"，团结那些争端不休的国家，让它们停止自相残杀，转而投身伟大的合作项目。1925 年，索尔格尔参观了位于华盛顿特区的泛美联盟（Pan American Union）大楼，他对这种国际合作的具体表现形式感到震惊。泛美联盟是现代美洲国家组织（Organization of American States，OAS）

赫尔曼·索尔格尔在亚特兰特罗帕项目图前的照片

资料来源：慕尼黑德意志博物馆档案馆。

的前身，虽然其与索尔格尔建立一个全能中央联合体的理想相去甚远，但他仍然认为这个联盟是欧洲政治计划的典范。[8]

　　更接近亚特兰特罗帕项目精髓的是韦尔斯（H. G. Wells）的长篇巨著《世界史纲》（*Outline of History*），这本书也成了索尔格尔的另一个灵感来源。战争造成的破坏还历历在目，在这种情况下，人们通过国际联盟（League of Nations）开展国际合作的效果并不好。因此，韦尔斯批评了这一现象，同时呼吁建立一个"世界人类联盟"。在后民族主义历史走到尾声之际，韦尔斯预见到，建立规模相对较小的合作组织是朝着最终目标迈进的必由之路。于是，他提出建立一个改进版的"泛美联盟"，并用简单的语言描述了他对旧世界合众国的想法。索尔格尔后来关于"三个大A"（即亚洲、美洲和亚特兰特罗帕）的描述与韦尔斯将世界划分为大型超民族主义集团的概念相似。考虑到未来的世界状态，韦尔斯设想了一个建立在科学原则基础上的独特经济体系，他认为这种经济体系将造福全人类。泛欧罗巴运动的创始人、奥地利裔日本籍政治家理查德·康登霍维·凯勒奇（Richard Coudenhove Kalergi）对这些想法表示了支持。他呼吁对政治进行国际化和技术化的重组，并将第一次世界大战理解为欧洲人之间的内战，而开战的原因则是他们忘记了他们是命运共同体，同时滥用了工业时代的巨大技术进步。[9]

总部位于华盛顿特区的泛美联盟（1943年）

资料来源：公共领域，但最初来自美国国会图书馆。

虽然索尔格尔公开赞扬了康登霍维·凯勒奇的一些想法，但他认为这些想法欠缺野心。不过，他在阐述自己的计划时，在如何使用技术和自然力量的问题上与凯勒奇的态度有着惊人的相似性。根据亚特兰特罗帕项目的一些初步估算，从大西洋经由直布罗陀海峡流入地中海的水量约为尼亚加拉瀑布水量的 12 倍。根据索尔格尔的计算，煤炭将在几百年内消耗殆尽，因此，他无法理解人们为何不利用储存在地中海中的潜在能源。后来，索尔格尔补充道，全球的能源消耗量每 20 年就会翻一番，这进一步说明了煤炭能源面临的两个问题：煤炭的不可再生性及人们的"破坏性开采"。事实上，对化石燃料供应衰竭的焦虑是他制订亚特兰特罗帕计划的一个驱动因素。索尔格尔警告他的读者，煤炭储量将在几个世纪内耗尽，石油储量只够人们再使用 20 年。索尔格尔利用了欧洲至少自 18 世纪末以来就一直存在的对化石燃料短缺的担忧。19 世纪时，威廉·斯坦利·杰文斯（William Stanley Jevons）的极端预测也明确表达了这种担忧，到了 20 世纪初，人们在这一方面的担忧更加强烈。[10]

　　经历了第一次世界大战时的能源短缺后，世界各地涌现出了利用河流、海洋和太阳能发电的想法，寻找化石燃料的替代品变得格外紧迫。在山地较多的国家，水力发电仍然是发展的重点。大约在 20 世纪初，"白煤"[①] 已经成为一种可行的化石燃料替代品，当时高效的输电线路使人们能够以低廉的价格将电力从生产地输送到使用地。事实上，瓦尔兴湖发电厂的幕后策划者奥斯卡·冯·米勒在这个过程中发挥了重要作用，他在 19 世纪 90 年代进行了第一次公共实验，证明了远距离输电的实用效率。这一

---

① 指用于发电的水。——译者注

发现引发了人们对水电的期待，各种人士、各大利益集团都宣传其为世纪之交解决经济问题和社会问题的可行方案。[11]

这种期待在 20 世纪 20 年代几乎没有任何消退的迹象。在这方面，意大利是最令人印象深刻的一个国家，它在战前就已经开始使用水力发电了，这在整个欧洲都处于领先地位。但在 20 世纪 20 年代新法西斯政权的统治下，意大利开始在北部进行前所未有的资源扩张。1926 年至 1935 年，国内水力发电量几乎翻了一番，占该国发电量的 95% 以上。虽然其他欧洲国家开发水力发电的速度要慢得多，但人们对这种"新"能源形式的热情也很高。前工业化时代的木制水车根本无法与 20 世纪的水力发电相提并论，后者是一项处于发展最前沿的新式技术，发电现场有令人过目难忘的水坝、超大的压力钢管和涡轮机，这些都堪称现代工程的壮举。水力发电被宣传为清洁、科学、无限的能源生产方式，再加上运营发电站所需的员工很少，因此，正如伦敦第一届世界电力大会（World Power Conference）的一位与会者所说，"几乎不用担心劳动力的问题"。[12]

对于德国和法国等在第一次世界大战期间遭受燃料短缺的国家来说，水电成为此后几年提高能源独立性战略的一部分。尽管那时的水力发电已经不再是一项新技术，但人们对它的热情依然没有褪去。水力发电的倡导者在德国民众中收获了一大批热切的支持者，在战后困难时期，他们喜欢所有乐观的经济预测，哪怕预测的内容几经夸大。比如工程师海因里希·弗格特勒（Heinrich Voegtle）就声称，德国 70% 的能源需求都可以通过水电来满足。这种观点在魏玛共和国也非常受欢迎。[13]

相对冷静的观察家并不看好水力发电的潜力。1926 年，工程师亚瑟·利希特瑙尔（Arthur Lichtenauer）进行计算后表示，从煤炭到水电的彻底转变是不可能的。正如他在自己的博士论文中所说的那样，中欧每个国家的能源总需求都高于各自潜在的水电供应量。利希特瑙尔没有完全透露他是如何计算每个国家的用电需求的，也没有透露他是怎样通过建造大坝和开发更高效的压力管道及涡轮机来解释增加电力储量之可能性的。不过，他透露的信息足够明确：在未来，仅靠水电无法弥补煤炭储量持续枯竭导致的能源短缺。利希特瑙尔坚信，通过潮汐发电厂和风力发电站，人们可以充分利用其他的可再生能源。欧洲没有足够的可用于水力发电的高势能水源。[14]

赫尔曼·索尔格尔可能会同意利希特瑙尔的警告，即在地理位置不变的情况下，欧洲没有足够的能源资源与世界其他地区竞争，甚至没有足够的资源来维持其工业生产和人口增长的水平。然而，索尔格尔认为，亚特兰特罗帕项目可以解决这一困境，因为它可以创造而不是单纯地使用势能。根据索尔格尔的初步计算，仅直布罗陀大坝的发电量就能达到 1.6 亿马力（约 120 吉瓦 [①]），相当于约 1000 座瓦尔兴湖发电厂的发电量。但对索尔格尔来说，在未来的几个世纪里，亚特兰特罗帕项目不仅是一个受欢迎的能源来源项目，还是防止欧洲内部出现进一步冲突的保证。索尔格尔认为，与书面条约相比，综合电网将是一个更佳的

---

① 　1 马力约等于 735 瓦，1 吉瓦约等于 10 亿瓦。——编者注

保障，因为任何对输电线路的破坏都将对相关国家造成损害。更重要的是，对于一个索尔格尔认为处于灭亡边缘的大陆来说，能源意味着生存的希望。他一生都在研究一个课题，那就是能源、环境和文化之间的联系。索尔格尔认为，如果欧洲不想被其他大陆击败，就必须将地中海发展为能源来源地，否则，"欧洲文化中心的地位将不复存在，欧洲将变得荒凉、颓废，至多保留着一种僵化的文化，就像今天的埃及或印度一样"。[15]

对欧洲衰落的恐惧是亚特兰特罗帕项目的核心。索尔格尔担心，这是一场全面的衰退，因为能源短缺是整个大陆全面衰败的征兆。索尔格尔从自然科学和保守的德国哲学中借鉴了意象和术语来描述他的项目。这种做法绝非偶然。欧洲的"荒凉"始终是一种物质和精神层面的威胁，其表现形式为环境和文化的衰退。索尔格尔认为，欧洲大陆正受到土壤和精神的双重荒漠化威胁，摆脱这一断言的唯一途径是让欧洲人民跨越地理边界，确保拥有新的能源来源和扩张的领土，从而解决欧洲人口过于稠密的问题。亚特兰特罗帕项目提供了一座经由地中海到达"应许之地"的桥梁。正如索尔格尔在他的著作中一次又一次重复的那样，这片土地就是撒哈拉沙漠，而那里本身就是大规模荒漠化的受害者。但撒哈拉沙漠为人口过剩的欧洲提供了生存所需的空间，也为现代工程师证明技术能够改变环境、气候和社会提供了广阔的实验场所。

追随鲁代雷的脚步

当索尔格尔第一次向公众介绍自己的想法时，直布罗陀大坝很自然地成了人们关注的焦点。这个项目空前的规模，以及将两个海洋分隔开来这种只有圣经中才会出现的大胆想法，都激起了公众的兴趣。事实上，和其他大型水利工程项目一样，直布罗陀大坝也为 20 世纪 30 年代一些或多或少有些庸俗的科幻小说提供了素材，其中大部分的小说情节都包含人们在海堤建造期间或之后的蓄意破坏行为。大坝当然是亚特兰特罗帕项目的一个关键元素，但索尔格尔本人更看重项目的另一部分：大坝及水力发电机只是一种手段，其目的在于使整个欧洲不必为全欧洲人居住的殖民定居点开垦荒地，而这反过来又将缓解欧洲大陆的民族主义紧张局势。在亚特兰特罗帕项目中，让地中海沿岸露出土地只是计划的一小部分，其真正的关注点是北非，那里将为欧洲的扩张提供充足的空间。在关于此项目的第一本书中，索尔格尔直言不讳地解释道，他的最终目标是实现"欧洲对黑人大陆的统治"。然而，只有改变北非的环境和气候条件，使其适应欧洲白人的需求，这个目标才有实现的可能。[16]

　　索尔格尔向他的支持者解释道，非洲的经济潜力不仅在于通过改善土壤条件可以实现什么，还在于通过"改变地理环境和改善气候条件"可以完成什么。索尔格尔还提到了一条"自然法则"来回应人类的"空白恐惧"（horror vacui），即对空地的恐惧——"像撒哈拉这样的真空地带迟早会被填满，不管填入的是水还是人"。事实上，亚特兰特罗帕项目打算同时实现两个目标。首先，索尔格尔希望利用地中海大坝上的水电站产生的能量，将海水抽送至撒哈拉沙漠。这些水将形成可通航的大型湖泊，并通过因此提高的降水量来改变环境和气候。其次，撒哈拉沙漠褪去炎热和干旱，改造后的景观将被欧洲过剩的人口"填满"。[17]

　　这一计划不仅体现了殖民主义在面对大片非洲空地时夸张的想象，还让人想起了弗朗索瓦·鲁代雷在阿尔及利亚南部的项目。这一切并非巧合。索尔格尔知道这位法国工程师淹没撒哈拉沙漠部分地区的计划，并将鲁代雷的计划当作了一个模型。他延续了鲁代雷的那种乐观情绪，即人造内海能够改善沙漠气候并为人们在此定居和发展农业提供可能。索尔格尔同样提到，吉利特盐湖（鲁代雷所选择的创造内陆海的盐湖）是撒哈拉沙漠中最有可能被淹没的地区之一。索尔格尔估计，从地中海建造支线航道需要 5 年时间和 3000 万美元，他小心翼翼地删减了让他的法国前辈感到焦头烂额的成本问题。[18]

　　索尔格尔还提到了其他类似的项目来支持自己的想法，其中包括唐纳德·麦肯齐的撒哈拉海项目、约翰·鲍尔的卡塔拉洼地计划，以及波士顿银行家德怀特·布拉曼一个鲜为人知的计划。1897 年，布拉曼首次引起轰动，当时他向麦金利总统提议，将古巴转变为一家由西班牙和美国联合控股的私人公司。20 世纪 20 年代时，布拉曼是联合爱国主义团体（Allied Patriotic Societies）的负责人，这是一个由极端爱国主义者组建的反移民团体。布拉曼在法国成立了一家公司，其主要目标是淹没 10 万平方英里的撒哈拉沙漠，在新海岸线周围为多达 450 万个家庭创造肥沃的土地，此举可能也是防止移民迁至美国的计划的一部分。布拉曼曾在 1928 年声称，法国和意大利政府都对他的项目感兴趣。无论这番话是真是假，他于第二年在法国去世。这使得他的计划被扼杀在萌芽状态。[19]

事实上，索尔格尔在他的作品中提到的撒哈拉项目实际上都没有实现，但他仍然相信这只是因为他没有去实施的意愿。他坚定不移地认为自己开垦撒哈拉的计划是可行的，而现在就是实现这些计划的时候了。索尔格尔引用了奥匈帝国植物学家和哲学家拉乌尔·海因里希·弗朗塞（Raoul Heinrich Francé）的话作为依据——弗朗塞将在撒哈拉"重新种植森林"的计划描述为 20 世纪最有前途的文化任务。正如弗朗塞所揭示的那样，他对这一过程的设想是将北非环境恢复到所谓的原始状态：通过在撒哈拉"重新植树"，使其恢复到曾经的丰饶景象。在游记中，弗朗塞似乎对地中海地区的森林砍伐程度感到震惊。他将责任归咎于原始资本主义的生产模式，强调了这种破坏"自然平衡"的人为成因，并且他认为这种情况可以追溯到迦太基人时期，他们建立庞大的商船船队需要获取大量木材。索尔格尔本人完全赞同北非地区的环境曾急剧恶化，同时，他也在宣传以前那个多产富饶的北非形象。[20]

在关于亚特兰特罗帕项目的第二本长篇作品中，索尔格尔更是直言不讳。他认为，沙漠地区不仅曾经是一片肥沃的土地，而且沙漠化进程仍在以每年 1 千米的惊人速度持续扩张。虽然索尔格尔并未明确提及撒哈拉沙漠不断扩大的原因，但他对这一过程的迹象和影响很感兴趣："森林消失，土壤变暖，空气干燥，还有沙漠化。"索尔格尔将北非称为"罗马的粮仓"，他想复兴这片土地，以确保这个曾经强大的帝国的欧洲继承者能够在此生存。这类 19 世纪末的观点显然已经延续到了 20 世纪。事实上，这种观点根深蒂固，以至于其背后那模棱两可的依据很少受到质疑。[21]

在19世纪和20世纪之交的地质学期刊上，关于大规模气候变化及其原因的学术争论是一个非常热门的话题，但在索尔格尔构思亚特兰特罗帕项目时，这些争论已经偃旗息鼓。然而，对干旱的担忧在这场论战中被保留了下来，甚至可能随着欧洲粮食和燃料的短缺以及非洲和亚洲的反殖民运动而进一步加剧。20世纪20年代，埃尔斯沃斯·亨廷顿和查尔斯·布鲁克斯（Charles Brooks）发表了关于大规模干旱和气候恶化的研究，受到了广泛的关注。20世纪30年代，席卷美国各地的沙尘暴再次将干旱问题带到了争论的前沿。撒哈拉沙漠是19世纪探险家和气候学家的试验场，也是一个讨论的话题。作为靠近欧洲面积最大的沙漠，它为构建一个关于严重干旱和侵蚀的警示故事提供了最有说服力的素材。[22]

英国殖民地林业学家爱德华·斯特宾（Edward Stebbing）是新一轮的荒漠化辩论中最重要的参与者之一。作为印度林业部（Indian Forest Department）的前负责人，斯特宾在20世纪20年代初出版了一套三卷本的简编丛书，讲述了关于次大陆森林的过去、现在和未来。在担任殖民地行政官和爱丁堡大学林业教授的职业生涯中，他游历了大英帝国的其他地区，并撰写了相关文章。在这些地区，森林不断遭到破坏，沙漠持续扩张。在他广受关注的系列讲座之一"侵蚀撒哈拉"（The Encroaching Sahara）中，他为过度放牧和焚烧等人为原因进行了辩护。在讲座结束时，他提出了一个尖锐的问题："复兴沙漠还需要多久？"斯特宾追随着19世纪前辈们的步伐，但他没有看到或提及以下三个方面的内在关系，包括殖民占领、原住民流离失所到越来越边缘的土地，以及森林砍伐率的上升。[23]

和索尔格尔一样，斯特宾认为阻止沙漠的进一步扩张在现阶段是可行的。斯特宾以美国的措施为例，提出打造一个可保护并且受保护的林带，从而阻止撒哈拉沙漠的"无声入侵"。两年后，他重申了自己对荒漠化的警告，并又一次提到了自己的解决方案。不过这一次，他更关注撒哈拉沙漠扩张背后的人为原因，并呼吁人们应警惕这一进程的速度。在同一篇文章中，斯特宾回顾了 19 世纪末开始的关于气候变化的讨论，并称这些讨论尚未得出最后的结论，需要继续调查。显然，他愿意考虑人类行动之外的荒漠化原因，不过，至于原因究竟为何，仍未有定论。斯特宾本人在他的著作中也承认了这一点。此外，无论是 20 世纪 30 年代关于荒漠化的专业术语，还是其发生的原因，斯特宾也都表达了自己的困惑。[24]

斯特宾并不是唯一一个指明撒哈拉威胁的人。无论是人为原因还是自然形成，荒漠化仍然是一个持续进行的讨论话题。剑桥大学生物学家巴顿·沃辛顿（E. Barton Worthington）在回忆英国对非洲大规模的调查工作时，想起了撰稿人关注到的一个现象，那就是"干旱的气候向南部蔓延"，同时给西非农业造成了威胁。在德国，一家报纸在 1935 年报道了"沙漠正在向欧洲无情推进"这一"令人震惊的消息"，并补充说，开垦撒哈拉作为定居地是本世纪最紧迫的任务之一。[25] 这篇报纸文章被收录在与亚特兰特罗帕有关的剪报集中——索尔格尔几十年里都精心保存着这些剪报，因此这篇文章在剪报集中出现一点也不令人感到意外。荒漠化不受政治边界的限制，可能威胁到整个欧洲大陆，这与索尔格尔提出的建设新的政治和文化秩序总体项目的理由完全吻合。如果这种威胁超越了国家，那么解决方案也必须具有后民族主义性质。为了强调这一挑战背后的重要性，索尔格尔在项目的早期阶段就试图收集北非的气象和气候数据。虽然他似乎对自己项目的可行性或最终能否成功没有丝毫怀疑，但他知道自己必须说服其他人。1931 年，他试图向意大利帕维亚大学（University of Pavia）索求有关地中海盆地南部水文条件的资料。最后，瑞士工程师、世界旅行家布鲁诺·西格瓦特（Bruno Siegwart）向索尔格尔提供了一些信息。西格瓦特最终也成为亚特兰特罗帕项目最热心的支持者之一，同时是该项目第二阶段计划的共同执笔人，他们在这个阶段的关注点几乎完全集中在如何改造非洲。[26]

"罗马的粮仓"之外

1928 年，索尔格尔在慕尼黑一家报纸上发表了一篇关于亚特兰特罗帕项目的文章，他也因此认识了西格瓦特。这位瑞士工程师已经阅读了该项目的简短描述，他对此很感兴趣，但又有所怀疑。他给报社写了一封信，警告索尔格尔以及公众，直布罗陀的大坝可能会导致不可预见的问题，甚至灾难。西格瓦特预计，地中海盆地的水位下降之后，海平面会大幅上升，如果被大坝阻隔的水位像最初计划预期的那样下降了几百米，那么，这些流走的海水将汇入世界海洋，并导致海平面上升 1.5 米。这也是索尔格尔迄今为止忽视的一个严重问题。在写给索尔格尔的第二封信中（现在西格瓦特可以直接把信寄给索尔格尔了），西格瓦特重申了自己对海平面上升的担忧，与此同时，他还给出了另一个更严重的警告：他认为，海水的重新分配可能会导致地球轴心发生移动。[27]

虽然这一观点很难被证明，但也不能被轻易否定，毕竟，地轴的移动可能导致全球范围内出现剧烈甚至灾难性的气候变化。更糟糕的是，西格瓦特对索尔格尔改造撒哈拉沙漠的想法持怀疑态度。他担心，淹没沙漠并将其变为一片沃土的梦想最终可能只是一种幻想，因为即使是现代技术也无法改变岩地和沙地之上没有足量表层土的现实。然而，西格瓦特在同一封信中也附上了在改造后的地中海周围建设港口、运河和发电站的计划及图纸。尽管西格瓦特对亚特兰特罗帕项目深表怀疑，但他的好奇心最终占了上风。[28]

面对西格瓦特的担忧，索尔格尔的回应相当无力。在给科隆（Cologne）一家报纸编辑的一封信中，索尔格尔提出了一个深奥神秘的概念，即地球将通过一个奇迹般的自然过程恢复平衡。他认为，海平面上升只是猜测，因为全球水循环并不是以纯粹的数学方式运作的。索尔格尔在其关于该项目的第一本主要出版物中也提出了类似的论点，试图抢占理论高地：降低地中海的水位预计需要 200 年的时间，这一过程中的水量在全球水循环中只是微不足道的一部分，事实上，整个水位下降过程也只是"无法估量的自然过程"的一部分。索尔格尔进一步争辩说，地轴的移动幅度将非常微小。他承认，水的重新分配可能会导致更高的地震发生频率——就连索尔格尔也很难忽视的一点，因为自 19 世纪第

一批大型水库建成以来，就有记录表明大型水体周围的地震活动
有所增加。为了缓解人们可能出现的担忧，索尔格尔声称，就算
地震对大坝的结构稳定性构成威胁，但地中海水位的缓慢下降总
是可以停止的。大西洋沿岸的人们未来可能生活在地震频发的地
中海盆地，对他们来说，这些话只是一种冷冰冰的安慰，但这似
乎赢得了西格瓦特的支持。他从 1932 年至 1933 年开始着手项目
的扩建工作，其下一阶段的重点是非洲中部，两位合作者现在开
始设想建造一个巨大的人工湖。[29]

　　早在 1932 年，他们便首次就这些新计划交换了意见，当时
西格瓦特提出了一个建议，即将东非湖泊的水引入撒哈拉进行灌
溉。一年后，他们的话题转向了西部——索尔格尔和西格瓦特讨
论了在刚果河筑坝，从而在非洲中部创造湖泊的可行性。这个想
法是将斯坦利湖（Stanley Pool）扩大到原来的 24 倍，形成一个表
面积约 12000 平方千米、体积 55 立方千米、潜在水力发电能力
为 22.5 至 45 吉瓦的水体。西格瓦特写道，与直布罗陀大坝相比，
刚果的那个"坝"简直就是"一个侏儒"，建造成本要少得多。
他还为这个改造后的湖泊找到了一个天然盆地，周围有山脉或更
高的地形。西格瓦特断言，刚果盆地这里曾经是一片海洋，这与
索尔格尔关于地中海曾经气候干旱且有人居住的说法相反。西格
瓦特的计划与鲁代雷在 19 世纪 70 年代提出的项目之间的相似之
处远不止于此，他和索尔格尔也考虑将新形成的刚果湖的水引到
扩建后的乍得湖，并从那里将水导到吉利特盐湖，从而与地中海
连接起来。鲁代雷去世 50 年后，西格瓦特和索尔格尔的项目终
于实现了这位法国工程师的梦想：他们在阿尔及利亚和突尼斯境

内的撒哈拉沙漠重建了所谓的特里托尼斯湖。[30]

计划在刚果河和乍得湖流域之间修建的大坝

资料来源：赫尔曼·索尔格尔和布鲁诺·西格瓦特，《通过内海对非洲的开发：以地中海灌溉撒哈拉沙漠》(*Erschliessung Afrikas durch Binnenmeere: Saharabewässerung durch Mittelmeersenkung*)，载于《建设者副刊》(*Beilage zum Baumeister*)，3（1935）：37。

　　索尔格尔和西格瓦特于 1935 年首次公布了这些计划。这篇文章除了刚果湖计划，还包括一张地图，展示了扩建后的乍得湖，以及在非洲南部的第三个改造水体，该水体将通过在赞比西河（Zambezi）筑坝而成。亚特兰特罗帕项目现在已经从一个以地中海为中心的大型项目发展成了一个前所未有的地质工程。为了证实这个庞大的项目，索尔格尔和西格瓦特引用了比利时在刚果的 40 个气象站的数据以及摩纳哥海洋博物馆中收藏的等高线图。他们估计，填满这个盆地需要"大约 133 年"。事实上，他们很难收集到中非地区的详细信息，因此，他们选择用"大约"这样的说辞来掩盖他们所面临的困境。在他们的私人通信中，西格瓦特提到他无法获得地形、总蒸发损失量、异常洪水的发生频率及发生次数等数据，他还缺少关于风的气象信息。缺乏可靠的信息并没有阻止索尔格尔和西格瓦特描述重建非洲大陆的预期效果，他们预测，撒哈拉北部地区可以利用刚果河中聚积的水进行耕种。这一步将创建一个物质层面完全统一的亚特兰特罗帕大陆，在这个大陆上，欧洲人将拥有可开发的陆地，使其与亚洲和美洲诸国竞争。在索尔格尔看来，这一点非常重要，因为在形成新的后民族主义统一政治结构方面，这个大陆提供了欧洲人所需的喘息空间和农业用地。[31]

除了以上这些好处，索尔格尔和西格瓦特还希望人造湖泊能够增加蒸发量，从而增加降水量。索尔格尔认为，这样能够逐步缓和非洲的气候，并为预期的欧洲定居者提供"更健康的生活"。在这个问题上，索尔格尔又一次模仿了鲁代雷——鲁代雷认为他的内陆海也能起到类似的效果。20世纪初，在对大型人造水库进行了长期观测后，工程师们已普遍接受大型水体能够改变当地气候的说法。拉兹罗·艾马殊伯爵（Count László Almásy）是一位匈牙利的撒哈拉研究人员，同时也是机动车驾驶员、纳粹间谍，《英国病人》（*The English Patient*）中主人公的现实原型正是他。1940年，他宣布支持索尔格尔在北非建造内海的计划。和索尔格尔本人一样，他确信引入水体会增加降水量，并提高撒哈拉沙漠的地下水水位。艾马殊用有些尴尬的白话补充道，撒哈拉的这种转变是"重大任务之一，在未来几年等待人类用智慧和热情建立一种新秩序"。[32]

艾马殊的观点与鲁代雷及其支持者在19世纪七八十年代使用的理由如出一辙。在这位法国工程师去世后，通过人造工程改

变气候的想法依旧存在，类似的项目时有出现，这也成了与沙漠
相关的文学作品的保留情节。1925 年，德国一家科普杂志发表了
一篇文章，称沙漠是地球上"最大的热量浪费者"，同时还提到，
人们需要数十万平方千米的巨大蒸发面才能给沙漠带来降水，尤
其是周围的山脉地区。据推测，如果一个水库能改变其周围的气
候条件，那么体量更大的水库可能改变更大范围地区的气候。有
人认为，技术的大规模使用可以改变大气现象、宏观气候，甚至
全球气候条件，对于他们来说，这为气象学在未来的发展提供了
一个全新的视角：人类主动进行气候改造似乎已经不再是一种幻
想。1927 年，一本关于这一主题的书将操纵天气称为"实用气象
学的至高问题"。现在，工程师可以使用的技术工具让欧洲人敢
于想象人类可以改变、缓和极端的气候条件，比如沙漠或热带森
林中的气候条件。而"实用气象学"既包括欧洲及其气候，也包
括将欧洲大陆以外的环境作为气候改善项目的潜在目标。[33]

　　索尔格尔在为亚特兰特罗帕项目做宣传时利用了这一新出现
的应用气象学。在他的第一本重要出版物中，他引用了保罗·索
科洛夫斯基（Paul Sokolowski）在 1929 年的著作《欧洲之沙》（*Die
Versandung Europas*），或者叫《欧洲的沙尘暴》（*The Sanding-Up of
Europe*）。在这本混杂着原始环境、反布尔什维克、反犹太主义、
反工业以及优生学思想的书中，索科洛夫斯基指出欧洲受到了来
自东部沙漠化的威胁。他似乎认为，这既是一个文化过程，也是
一个环境过程，其基础则是资本主义和共产主义统治下土壤的
"转移和社会化"带来的影响。索科洛夫斯基试图详细论证的内容
因其晦涩难懂的措辞而难以理解，但他的悲观主义情绪是显而易

见的：沙漠化正在扩展，而阻止沙漠化的时间已经错过了。索尔
格尔并没有完全被书中的观点说服，他觉得索科洛夫斯基夸大了自
己的想法。显然，这本书的失败主义基调与索尔格尔的乐观主义并
不一致。然而，索尔格尔承认，他被索科洛夫斯基的观点所触动。
索尔格尔用与索科洛夫斯基一样晦涩的语言写道，"俄罗斯《欧洲的
沙尘暴》一书在世界性事件的综合背景下有着重大意义"。[34]

　　虽然索尔格尔没有进一步说明，但他显然对欧洲的气候条
件和环境变化担忧不已。在关于亚特兰特罗帕项目的第一篇文章
中，他已经提到，该项目将对地中海盆地周围的新生土地产生有
益影响。索尔格尔没有对工程学改造及随之而来的气候变化之
间的因果关系做出太多的解释，而是希望从意大利到巴尔干半岛
都能有温和的气候。在 1932 年出版的《亚特兰特罗帕》一书中，
索尔格尔对这一点进行了更详细的阐述。他试图消除人们对在地
中海筑坝会使欧洲气候恶化的担忧。这其实是索尔格尔对批评声
音的一种回应，因为有人指出，降低水位将增强大气压，并最终
导致亚速尔群岛（Azores）高气压区出现不可预测的变化，这种
变化将对欧洲气候产生巨大的影响。[35]

　　索尔格尔认为，大气压的变化可能小到无法产生任何明显的影
响，不仅如此，他还认为在气压区不太可能发生变化的情况下，这
种变化将对北欧的气候产生积极影响——在他看来，北欧的气候
"亟待改善"。此外，索尔格尔写道，直布罗陀的大坝实际上有助于
增强墨西哥湾流的力量。他推断，西班牙和摩洛哥之间的这道混凝
土屏障将切断从地中海流向大西洋的冰冷暗流，而正是这股暗流
抵消了来自墨西哥湾的暖流。如果没有这股暗流，墨西哥湾流的

流速会加快，同时进一步向东流动，从而使北欧气候变暖。在第二年的一篇报纸文章中，索尔格尔进一步阐述了这一观点。欧洲目前正处于降温过程中，他警告道："如果我们想拥有阳光，或者体验一个枝繁叶茂的春天，那么我们就必须向南迁移。"然而，还有另一个可能的解决方案。索尔格尔写道，在现代技术的帮助下，北欧的气候可以得到改善，墨西哥湾流也可以回到原来的路线。[36]

　　索尔格尔再次辩称，这将使环境恢复到"原始状态"。不过，这一次人类的干预措施不会像在北非那样，试图消除持续的气候干燥和气候变暖，而是阻止欧洲气候持续变冷。索尔格尔将亚特兰特罗帕项目作为应对两种极端气候的解决措施：它可以将炎热的沙漠变得绿树成荫，将寒冷的北欧地区变得温暖如春。有一段时间，索尔格尔似乎对这一计划的后半部分失去了信心，或者至少对西格瓦特在 1934 年的一封信中描述的欧洲气候改造机制失去了信心。在这种情况下，索尔格尔称西格瓦特的推论是一种"谬论"，但在 1938 年出版的关于亚特兰特罗帕项目的书中，他仍然用了几页的篇幅来讨论这个话题。在这一章节中，有一张怪异而奇妙的大西洋地图，上面还画着波塞冬①，索尔格尔以这张地图为例，重复了这样一种观点，即直布罗陀大坝建成后，墨西哥湾流可以畅通无阻地流动，为欧洲带来温暖潮湿的空气。索尔格尔写道，这种精心设计的改变将阻止欧洲大陆的降温，同时还能缓解气候干燥。[37]

---

①　希腊神话中的海神，宙斯和哈迪斯的兄弟。——译者注

Abb. 11. Der Golfstrom, wie er heute verläuft.

Aus dem Mittelmeer kommt eine kalte Unterströmung (a), die wie ein Abwehr-
polster wirkt und den Golfstrom nach Norden und Süden ablenkt.

Abb. 12. Der Golfstrom, wie er durch den Gibraltardamm seinen Lauf
ändern würde.

Wenn man die Straße von Gibraltar durch einen Damm sperrt, folgt der Golf-
strom seinem natürlichen Lauf. Europa, das einer gewissen Versteppung aus-
gesetzt ist, bekommt dann wieder feuchtwärmeres Klima.

赫尔曼·索尔格尔的直布罗陀大坝对墨西哥湾流影响的视觉化呈现[①]

资料来源：赫尔曼·索尔格尔，《三个大 "A"：德意志帝国与意大利帝国——
亚特兰特罗帕的支柱》（ *Die drei großen "A": Großdeutschland und italienisches
Imperium, die Pfeiler Atlantropas*，慕尼黑：Piloty & Loehle，1938），25。

---

① 上面一幅图为索尔格尔所在时代的墨西哥湾流，来自地中海的冰冷
暗流（图中 a 区域）起到了缓冲作用，将墨西哥湾流分流为北部和
南部各一支。下面一幅图展示的是亚特兰特罗帕项目建成后产生的
影响，如果在直布罗陀海峡建成大坝，水流将被阻挡，墨西哥湾流
就会沿着它自然的路线流动。这样一来，欧洲就会出现一定程度的
草原化，进而形成温暖潮湿的气候。——译者注

　　除了对可再生能源的关切，索尔格尔书中的中心主题还包括亚特兰特罗帕项目所带来的气候效益。这不仅是因为这位建筑师倾向于设想大规模的环境工程，还因为他专注于民族国家问题。索尔格尔认为，亚特兰特罗帕项目是解决欧洲分裂的一种手段，而气候，或者更确切地说是气候变化和荒漠化，却在这方面带来了挑战。应对这种挑战需要超越国家层面的思维、结构和制度。毕竟，气候变化不会考虑国界，它可能会影响各个地区或整个大陆。索尔格尔认为，任何对抗有害的荒漠化以及影响有益气候变化的努力都需要整个欧洲团结起来，共同应对。

　　似乎正是亚特兰特罗帕项目的这种政治野心让不少当代评论家对该项目本身有所怀疑。第一次世界大战后，欧洲的民族主义氛围使各国都无法接受合作与团结的愿景。因此，当时报纸上的文章经常附和索尔格尔的技术热情，同时将他的政治计划视为一种乌托邦。1929 年,《新克尔恩日报》(*Neuköllner Tageblatt*) 上的一篇文章首次对亚特兰特罗帕项目进行了审慎的思考，它称建造直布罗陀大坝的想法"没有那么荒谬"，尽管文章的作者无法想象该项目如何能够获得一致的政治支持:"在这里，技术项目变成了一个真正的乌托邦。"[38] 然而，索尔格尔不只想彻底改变欧洲和非洲的政治格局，而是制订了进一步的计划。他希望对两个大洲的气候进行彻底的改变，由此实现对文化层面的改造。因此，在索尔格尔的计划中，气候工程不仅是创造适合欧洲殖民地的新景观和新政治结构的关键，而且是创造一个全新的社会或文明的关键，这种社会或文明能够摆脱环境的恶化和现代文明的弊病。

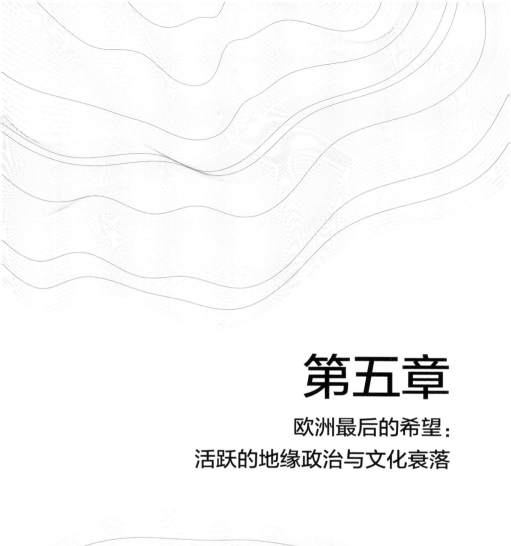

第五章

欧洲最后的希望：
活跃的地缘政治与文化衰落

赫尔曼·索尔格尔一直都知道，关于亚特兰特罗帕项目能够改变气候、使人类占领更多土地，以及最终拯救欧洲文明的说法听起来可能过于乐观了，甚至可以说是异想天开。但在他的论文、随笔和书籍中，他仍试图反驳那些批评项目不切实际的声音。他承认，从规模上来说，亚特兰特罗帕项目无疑空前巨大，但并不意味着这就是一个不切实际的梦想：人类的技术已经进步到足以让亚特兰特罗帕项目成为可行的选择。此外，索尔格尔以他标志性的华丽辞藻辩称道，地中海的静水条件"需要系统地开发，在现有技术潜能的基础上发展"。[1]

　　索尔格尔寄希望于现代技术近乎玄妙的力量，希望借助这种力量克服与现代性相关的问题。在他看来，未能采用新方法来解决环境、社会和经济问题是政治上的失败，在不久的将来，西方文明要为这些问题叠加产生的后果付出代价。在欧洲大陆，人们对大规模工程项目抱有雄心，尽管如此，亚特兰特罗帕项目仍然是一个异类，但它也只是欧洲在面对两次世界大战期间的危机时所表现出的众多极端反应之一。该项目也引起了文化批判家的共鸣，他们认为，文明和环境衰败之间存在联系，对他们来说，气候不仅是一种静态现象，还是文明衰落的标志，同时也是环境改善和重建的目标。

20世纪30年代，特别是在第三帝国时期，索尔格尔将亚特兰特罗帕项目从他最初的和平泛欧计划中移了出来。现在，他开始将占主导地位的法西斯世界观融入自己的计划，将柏林–罗马轴心作为亚特兰特罗帕项目的中心，同时强调了该项目的殖民主义和扩张主义含义。与此同时，索尔格尔进一步发展了他关于欧洲文化和环境相互关联并同步衰落的思想，这种将哲学概念与气候概念相结合的方式反映了当时一些保守种族主义的意识形态。他不但大量借鉴了地缘政治学的原理和术语，还利用气候工程学改造了一种新说法：人类现在可以通过改变地理特征来影响权力分布，使文化朝着他们想要的方向发展，而不是由特定的地理环境来决定国与国之间的权力制衡。这极其适用于那些还没有欧洲白人定居的地方。根据索尔格尔的种族主义帝国信念和法西斯主义意识形态，那些地方可以转变为新环境和新文化的伊甸园。

白板

从亚特兰特罗帕项目确立之初，索尔格尔就试图在大型展览中展示自己的项目，期望获得公众的支持。他瞄准了世界博览会以及其他大型国际活动，不过，他最后萌生了举办亚特兰特罗帕项目世界特展的想法。纳粹掌权后，德国在国际社会遭到孤立，但他仍没有放弃，并积极地推进自己的展览计划。虽然举办世界特展的计划最终没能实现，但在20世纪30年代初，索尔格尔在德国各地进行了小规模的巡回展览。[2]

1931年至1932年的危机时期，索尔格尔向德国各个城市的公众介绍了亚特兰特罗帕项目。正如当时报纸上的文章所报道的那样，巡回展览虽然称不上完全的失败，但索尔格尔所期待的那种热情回应也并未出现。在接下来的几年里，这位德国建筑师考虑了所有可能的媒体形式来宣传自己的项目。他甚至想委托别人制作一部故事片，片中既有浪漫的元素，也有各种阴谋，还要塑造一位勇敢无畏的工程师形象。当然，影片要以直布罗陀大坝作为令人惊叹的设定。事实上，索尔格尔当时已经开始写剧本了。他还写了一些辞藻华丽的诗歌，讲述了该项目的突出优势以及这些优势将如何塑造未来的人类社会。索尔格尔甚至创作了以亚特兰特罗帕项目为主题的交响乐结构，希望从音乐方面表现直布罗陀大坝的建设和沙漠的开垦。在标注着"活泼的快板"①的最后一个乐章，索尔格尔在旁边写道："有力量的演奏，平和而喜悦，用管风琴和声。"³

　　索尔格尔还试图赢得魏玛时期一些最著名的建筑师的支持。此举听起来也许并不新奇，但事实证明非常有效。彼得·贝伦斯（Peter Behrens）曾在柏林与勒·柯布西耶（Le Corbusier）、沃尔特·格罗皮乌斯（Walter Gropius）和密斯·凡·德·罗（Mies van der Rohe）合作，他委托自己在维也纳的学生为地中海沿岸的城市进行城市规划和建筑设计，因为在项目实施之后，海岸线会发生变化，这些城市必须搬迁和重建。埃米尔·法亨坎普

---

①　"allegro vivace"，音乐术语，源自意大利语，音乐节奏在每分钟 120 拍以上。——译者注

（Emil Fahrenkamp）是一位教授，后来担任杜塞尔多夫艺术学院院长，他将后亚特兰特罗帕项目在直布罗陀的设计任务分配给了自己的学生，要求他们画出设计图纸。洛伊斯·韦尔岑巴赫（Lois Welzenbacher）、汉斯·多尔加斯特（Hans Döllgast）、弗里茨·赫格尔（Fritz Höger）等其他德国和奥地利的建筑师都抽出了一些时间，分别设计了项目中的各个部分，比如发电厂、运河和大坝。犹太裔德国表现主义建筑师埃里希·门德尔松（Erich Mendelsohn）因位于波茨坦的爱因斯坦塔（Einstein Tower）而闻名于世，他当时自愿设计了巴勒斯坦的重建和扩建计划，不仅如此，他还公开为索尔格尔的项目做宣传。[4]

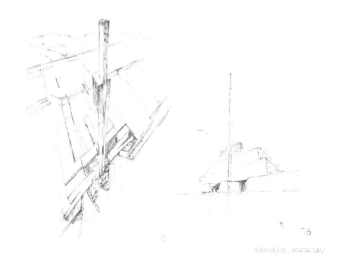

彼得·贝伦斯设计的直布罗陀大坝北船闸上方的一座塔
——潘罗帕特姆（Panropaturm）

资料来源：慕尼黑德意志博物馆档案馆。

为什么这么多顶尖的德国建筑师会对亚特兰特罗帕项目如此着迷？个中答案难有定论，不过可以肯定的是，索尔格尔的土地再开垦计划为他们提供了当前项目所不具备的东西：一块据称是空白的画板。换言之，它提供了一个独特的设计机会，让那些设计师能在不受现有组织结构或地理障碍限制的情况下进行创作。此外，在 20 世纪 20 年代末和 30 年代初的全球经济危机期间，亚特兰特罗帕项目也让建筑师们摆脱了职业生涯中的悲惨处境。尽管亚特兰特罗帕项目规模巨大，也有许多人认为这一计划虽然大胆，但并非没有实现的可能，毕竟索尔格尔一再强调，现有的技术条件能够完成项目整体结构的建设。

从亚特兰特罗帕项目的第一批出版物面世之后，新闻报道的基调就一直介于仁慈的包容与理想化的热衷之间，有些人还担心这些计划在政治方面的可行性和可取性。20 世纪 30 年代，尽管项目中新加入的扩建部分（非洲内陆湖泊）引起了人们的广泛关注，但评论亚特兰特罗帕项目的风向没有明显改变。理查德·亨宁（Richard Henning）是 20 世纪 20 年代关于亚特兰蒂斯讨论的另一位主要参与者，也是一位在地理和技术方面高产的作家。他在 1936 年的一篇文章中表达了对扩展后的亚特兰特罗帕项目的赞同，不过，他也指出了计划中前后矛盾的地方——该计划一方面谴责欧洲人口过多，另一方面又写道，如果淹没刚果湖周围的大片农田和茂密森林，非洲的陆地面积将会减少。此外，亨宁认为，来自大型内陆湖的降雨将进一步为已经过度潮湿的刚果地区带来不利影响。[5]

尽管亨宁在文章中提出了一个独特的观点，但其中仍然反映了批评亚特兰特罗帕项目的一种核心趋势：评论家通常认为，阻碍该项目实现的最大问题不在技术层面，而在政治和社会方面，既包括非洲的殖民权力斗争，也包括欧洲统一的前景。即使是那些呼吁谨慎行事的评论家，通常也不会质疑该项目的基本可行性。就亨宁而言，他将索尔格尔的人工湖泊描述为"在技术上可行，成本不算太高，但人们暂时仍会对它避而远之，因为它引发的变化过于激进"。[6]

对索尔格尔项目的批评与 50 年前人们对鲁代雷计划的批评如出一辙，但评论家们对亚特兰特罗帕项目在技术方面的野心少有指摘。在某种程度上，鲁代雷撒哈拉海项目的失败正源于其成功：批评者们更多地关注其实际缺陷，是因为宗主国和殖民地政府的各个部门已经收到了这些计划，并进行了讨论。实际上，亚特兰特罗帕项目从未引起政治决策者同等程度的重视。除此之外，似乎还有其他因素在起作用：自鲁代雷时代以来，人们关于技术不断进步的普遍观念进一步增强。虽然第一次世界大战展示了工业技术的恐怖，但它也增加了工业技术的影响力和神秘性，因此，即使是那些冷漠严苛的评论家也对亚特兰特罗帕项目的可行性采取了相对宽容的态度。

1929 年，在《广告宇宙》（*Reclams Universum*）杂志的一个讨论版块上，著名的地缘政治学家卡尔·豪斯霍费尔（Karl Haushofer）用两段话评价了索尔格尔的计划，指出实现亚特兰特罗帕项目所面临的巨大障碍。豪斯霍费尔预计，由于计划中的地理变化将对大气产生长期影响，因此在德国南部将会发生有害的气候变化。他还担心地缘政治中心会从中欧转移。此外，他预计，地中海沿岸国家不免会对亚特兰特罗帕项目产生抵触情绪，因为随着该项目的实施，这些国家势必会失去港口以及"整个滨海文化"。不过，这种批评关注的仍然不是该项目在技术方面的可行性，而是潜在的意外后果以及不利的地缘政治影响。[7]

虽然豪斯霍费尔就政治经济权力从中欧转移到地中海地区提出了批评，但这是亚特兰特罗帕项目的预期结果之一。索尔格尔坚信，只有将欧洲扩张到原来的边界之外，才能拯救西方国家。他认为，一旦欧洲的权力中心在地中海地区站稳脚跟，地中海缩小后，其周边地区自然会处在欧洲的控制之下，同时也能为白人定居和农业发展提供新的空间。具有讽刺意味的是，这一观点的形成在很大程度上要归功于卡尔·豪斯霍费尔本人。

活跃的地缘政治

在发表上述言论 2 年后，豪斯霍费尔再次就亚特兰特罗帕项目发表了评论。他首先赞扬了自索尔格尔的想法首次公开以来，该项目有了很大的改进，但也提到整个计划听起来仍然不太令人信服。豪斯霍费尔写道，着眼于大局的思考固然值得称赞，但欧洲"不应该被蒙蔽，即使面对的是美好的计划和诱人的设计"。[8]

两次世界大战期间，地缘政治在德国得到了蓬勃的发展，因此，尽管面对这种指责，索尔格尔还是大量借鉴了地缘政治理论。地缘政治是一种强调地理和空间在动态政治权力中作用的理论，这是一种较为流行的分析模式，既能描述德国在第一次世界大战中失败的非人为原因，也能寻找如何摆脱后凡尔赛危机的方法。然而，尽管如此，地缘政治理论并没有在德国成为一门学科。从外部来看，批评家对地缘政治的攻击主要集中在其缺乏完整全面的方法论，而豪斯霍费尔几乎没有采取任何措施来反驳这种批评，最终导致他创立的地缘政治理论遭到了抨击。作为欧洲领先的地缘政治学家，他公开承认该理论缺少一个坚实的框架，但又拒绝对外界所呼吁的理论实证做出回应。无论如何，地缘政治的提法和思想在德国的公共话语中依然非常重要。在亚特兰特罗帕项目中，索尔格尔引用了英国地缘政治学家詹姆斯·费尔格雷夫（James Fairgrave）的话，来论证撒哈拉沙漠曾经气候宜人。费尔格雷夫曾考虑在撒哈拉沙漠获取太阳能，这可能启发了索尔格尔将沙漠视为未来重要的能源来源，尽管这位德国建筑师后来转而关注了水力发电。[9]

除了在地缘政治层面关注能源供应，索尔格尔对莱比锡地理学家弗里德里希·拉采尔（Friedrich Ratzel）在 19 世纪 90 年代提出的"生存空间"（Lebensraum）也特别感兴趣，这个概念后来成了地缘政治领域的术语。拉采尔在 1901 年发表了一篇关于"生存空间"的文章，在第一段，他阐述了这一理论的主要原则[10]："所有生命发展的环境都以一种伟大的地球（物质）元素为标志。即使有特殊情况，似乎也仅取决于当地的环境。一旦我们深入挖掘，我们就会发现其根源与地球的基本特征交织在一起。"[11] 这段话的内容似乎与当今环境史的基本原则相差不远。事实上，拉采尔的方法在他那个时代是全新的，这值得注意。他的主要作品《人类地理学》（Anthropo-Geographie）出版于 1882 年，其中就提到了对各种历史哲学的全面批判，尤其是直接而强硬地抨击了作为历史解释模式的唯心主义：[12]"历史观念的倒退……在黑格尔身上最为明显。他有一句常被人引用的格言是这么说的，历史'构成了精神发展过程中的一个伦理实体阶段'……这种观点多么不符合地理学，它完全不具有地理学那种广阔的视野，还对背离事物本质的性质有着非理性的盲目！"[13]

对拉采尔来说，最终决定历史发展的不是无形的"精神"，而是迁移，他认为迁移是"世界历史的根本理论"。人类的迁移是一定空间内的必然结果。根据19世纪90年代初拉采尔的人类地理学模型，地球上有限的可居住面积导致了不同人群之间的竞争和对抗。受查尔斯·达尔文和恩斯特·海克尔（Ernst Haeckel）进化论的影响，拉采尔将"空间之争"视为对进化论中"生存之争"的慎重修改，他认为后者太过抽象，脱离了地理学层面的现实。"生存空间"一词在早期人类地理学中出现频率并不高。当拉采尔在19世纪90年代初使用这个词时，它还是一个相对中性的概念，表示一群人在特定环境条件的限制下生活时所处的地理区域。事实上，拉采尔本人从未在自己的作品中对"生存空间"给出明确的定义，或许正是由于这种可塑性，"生存空间"一词才能长期流传。[14]

和很多人一样，索尔格尔采纳了这一概念，但进行了另类的解读。他在拉采尔思想的基础上提出，决定空间质量的是其大小或数量，而不仅仅是其地理特征和地质特征："广阔的空间才能维系生命，在密闭的空间中，极其容易出现争斗。"这句格言在亚特兰特罗帕项目上所指明确：欧洲人口过多、拥挤不堪，为了维护其在文化方面的权威性，同时确保它能在政治领域得以生存，欧洲不得不向非洲的广阔空间扩张。索尔格尔还进一步发展了拉采尔的思想，并在模型中添加了"卡夫"（Kraft，即电力或能源）。根据这位德国建筑师的说法以及地缘政治思想中对于时间的解释，能源和空间决定了历史的发展。只有拥有足够的能源储备，欧洲人才能承担将边境扩大到非洲的艰巨任务。[15]

索尔格尔从未将地缘政治理解为一种纯粹的理论。他确信，当前的技术能力已经提高到环境条件（如地形和气候）不需要再被视为不可改变的既定条件。索尔格尔发展了一种可以称之为"积极地缘政治"的理论，在这种理论中，技术的作用是塑造地理和地质条件，从而"创造先前设想的政治所欲之物"。有了现代技术作为强大的助力，人类不再被自然支配。部分同时代的人偶尔呼吁要对技术的可能性保持谨慎，但显然，索尔格尔没有被这种言论吓倒。他直言不讳地写道："技术上可能实现的东西，必须在经济上加以利用。"[16]

技术高于一切

索尔格尔对亚特兰特罗帕项目的无限信心时常近乎一种傲慢、天真和迟钝。在他的著作中，他引用了所有可能的材料来支持自己的项目，包括深奥的文化发展概念，以及对神秘力量能控制自然的信仰。索尔格尔认为，他计划创立的新亚特兰特罗帕文化"符合世界星象"，在他自己的"世界宗教循环"中处于双耳瓶（水瓶座）的位置。他还多次提到"无法估量的自然过程"，并提到了"神秘莫测的循环"。在他的解读中，这些循环超出了人类的理解和控制。他写道："自然比人更有力量。"[17]

　　然而，这并不意味着人类无法干预自然。索尔格尔相信技术的力量及其改变环境的能力。在他看来，这些"无法估量的过程"实际上有利于亚特兰特罗帕计划，虽然技术干预可能会在短期内造成一定程度的自然失衡，但这种情况最终会被纠正。当项目开始后，某个未知的水循环将解决地中海海水分布不均的情况，从而防止地轴移动；而超出目前人类理解范围的大气过程将阻止欧洲气候的进一步恶化。在索尔格尔的思想中，技术甚至扮演了类似于这些自然过程的角色：虽然技术可能存在意想不到的副作用，但它也有能力修复环境并使其恢复平衡。在索尔格尔看来，技术实际上可以恢复因地质灾害、不受控制的人口增长以及森林砍伐和荒漠化等人为破坏而毁掉的原始自然状态，而不是将自然转变为一种全新的、前所未有的状态。在推动亚特兰特罗帕项目的过程中，索尔格尔不但试图重现曾经绿草茵茵、土壤肥沃的撒哈拉沙漠，还想通过直布罗陀海峡引发特大洪水，将地中海重新变成从前的湖泊。[18]

　　根据索尔格尔的说法，技术绝不会与自然对立，它只是工程师手中的一件工具，工程师可以用它来修复被破坏的环境，并根据自然界的诸多前提来寻求可能的改进措施。在描述计划在亚得里亚海地区建设的水库和发电站时，索尔格尔强调，亚特兰特罗帕项目只是沿着大自然规划好的道路在运转："在达尔马提亚群岛（Dalmatian Islands），大自然已经建造了水库所需的细长水坝，人类只需要本着自然的精神完成这项工作。"尽管亚特兰特罗帕项目将带来巨大的地质和气候变化，但索尔格尔从未认为这个项目是激进的或暴力的。这位工程师的任务不是将自己的意志强加给大自然，而是利用隐藏的自然潜力。在实践中，这意味着人们要仔细地分析物理世界，寻找与先前的环境条件和有利的自然特征相关的证据，并最终根据人类的设计，应用现代技术对地球加以改造，但改造的程度不应超出自然界的先例。用索尔格尔自己的话来说："工程师可以'厘正'自然。"[19]

虽然这些说法表明索尔格尔可能对技术的力量持相当谨慎的态度，并认为其能力受限，但从亚特兰特罗帕项目的规模来看，事实并非如此。索尔格尔主张在使用技术时关注某些自然条件和自然过程，但他似乎没有思考过技术是否有其内在的局限性。当被问及该项目的可行性时，索尔格尔只是简单地表示，在不断发展的过程中，总有能解决该问题的技术。他的合作者西格瓦特询问是否有必要在直布罗陀大坝前修建一个保护堰，从而在地中海盆地周围的土地露出海面之后，防止此处可能出现的特大洪水等地质灾害或军事袭击。对于这个疑问，索尔格尔似乎并不担心。他回答说，有一种尚未发现的建筑材料，只要有它，根本不需要保护大坝。在著作中，索尔格尔还重申了在未来如何解决项目中的技术问题，包括用于灌溉的高效海水淡化，以及在地中海周围建造更多的大坝。索尔格尔认为，每当这些障碍出现在眼前时，技术发展无疑会迎头赶上，同时给出解决方案。[20]

索尔格尔将技术视为一种自主的力量，它的发展与人类的意图无关，并且其发展速度比社会变革更快。"我们所生活的欧洲，其政治方面的基本轮廓形成于马车时代"，他在 1932 年如是写道，并强调了旧政治结构与 20 世纪技术奇观之间的内部矛盾。

索尔格尔写下这些话的时候，魏玛共和国正濒临覆灭。德国本就没有从第一次世界大战中完全恢复过来，这时又深深感受到经济大萧条带来的影响。无论是右翼还是左翼，激进派都在崛起，而天主教中心党（Catholic Center Party）的温和派总理海因里希·布吕宁（Heinrich Brüning）推出了一项极不受欢迎的财政高度紧缩政策。在幕后，强大的右翼政治派已经在策划推翻布吕宁的少数派政府。最终，1932 年 5 月，这个政府终于在巨大的压力之下垮台。在魏玛共和国衰落的岁月里，经济和政治的争论中弥漫着一种无处不在的危机感。[21]

在工程师群体中，索尔格尔认为政治现实没有跟上欧洲技术发展的观点得到了广泛认同。索尔格尔努力想要摆脱日复一日的政治纷争，他明确赞成让某种形式的技术理性来掌控局面。他在一篇关于工程学的杂志文章中指出，正是技术（经常被滥用）使人类"变得更加完美"："我们若想取得进步，就不能与技术和机器为敌，而是要与它们融合。"最终，工程师不仅会改变环境和地理条件，还会为新文化或新文明的兴起提供基础，从而使其与技术进步保持步调一致。[22]

索尔格尔的观点与 20 世纪 30 年代初蓬勃发展的技术官僚运动有着明显的相似之处。技术官僚的核心原则是以科学家取代政治家，用一种能量经济学取代货币估值。在世界经济危机爆发后，美国形成了一种格外容易接受技术官僚主义的氛围。当这场运动蔓延到同样遭受重创的德国时，索尔格尔当即就发现，其中的观点与他的想法不谋而合，因此能够为他在技术层面重构欧洲提供补充和支持。他很快就参与其中，为韦恩·帕里什

（Wayne W. Parrish）的重要作品《技术统治概论》（*An Outline of Technocracy*）的德语版写了序。帕里什在书中强调，文明是建立在能源之上的，任何试图理解经济结构的尝试都必须考虑这一事实，即只有能源才能客观地衡量劳动和价值。索尔格尔在序言中积极地回应了这一观点，他完全同意帕里什对能源的重视，同时表示支持技术官僚运动的核心要求。"不是技术必须适应经济体系"，他写道，"而是经济体系要适应技术，我们必须为机械工业的事实结果找到一个全新的社会秩序"。索尔格尔对政治进程的贬低与海外的技术官僚运动完全一致，但这也是其本国国内危机的产物。全球经济萧条和魏玛政府长期的动荡促使人们寻找新的替代方案，从而改善两次世界大战之间欧洲的惨淡状况，而亚特兰特罗帕项目可以被视为其中的一种选择。亚历山大·加尔在针对索尔格尔项目的研究中曾有过非常恰当的评价，他称这个项目是一个"危机中的乌托邦"。[23]

西方的没落

人们对现代社会存在根本性问题的认识肯定比大萧条以及分崩离析的魏玛共和国的最后一次动荡还要古老。两次世界大战期间，德国最受欢迎的文化悲观主义预言家是哲学家奥斯瓦尔德·斯宾格勒，他的《西方的没落》（*Decline of the West*）于1918年首次出版，对整整一代的德国思想家产生了巨大的影响。斯宾格勒的历史观是一种灾难不可避免说。同人类一样，文化也有一个生命周期，它逐渐发展、壮大，然后衰落，直至消亡。欧洲已经到了老龄化的阶段，"Untergang"（即"衰落"）即将到来。索尔格尔是斯宾格勒理论的狂热支持者，他将斯宾格勒的思想和术语融入了关于亚特兰特罗帕项目的文献中。在描述人类的破坏性倾向时，他引用了斯宾格勒经常用的"Raubtier Mensch"一词，也就是"人类猛兽"。无论是第一次世界大战，还是索尔格尔所描述的欧洲国家边界"笼子般"的局势，都是对这一说法的完美诠释。就连亚特兰特罗帕的座右铭——"要么西方衰落，要么亚特兰特罗帕成为转折点和新目标"——也是在致敬这位哲学家最著名的作品。[24]

　　然而，由于斯宾格勒的作品往往比较隐晦，可以有不同的诠释方式，因此，索尔格尔在阅读和理解时有自己独到的解读。1931年，斯宾格勒出版了《人类与技术》（*Man and Technology*）一书，在这本书中，他难得地对自己思想中晦涩难懂的部分加以阐释，但效果依旧十分有限。在书中，他针对技术表达了一种更为明确但更为悲观的态度："与自然的斗争毫无希望，但它将一直进行到最后。"对于索尔格尔坚信技术有潜力改变自然和文化的观点来说，没有比这种断言更为明确的反对声音了。关于世界的技术前景方面，斯宾格勒和索尔格尔的预测也有所不同。斯宾格勒哀叹理性主义和功利主义的自然观，批评现代人看问题的特定视角，比如只把瀑布当作是一种潜在的能量来源。然而，对于那些在斯宾格勒这位哲学家看来是文化衰落的不祥迹象的事物，这位建筑师（索尔格尔）却展现出了别样的热情，认为这是一个新时代到来的标志。他将作为"发电站"的地中海吹捧为亚特兰特罗帕项目的核心，而不是衰落的欧洲文化最后的遗迹。在他们各自对环境变化的看法中，两人在知识层面的差异也体现得十分明显：斯宾格勒认为"气候变化威胁到全体人口的农业生产"是技术占据支配地位而产生的有害影响，而索尔格尔承认荒漠化是人为造成的，他试图通过技术来对抗并扭转这种情况。[25]

　　索尔格尔非常坚定地相信技术有拯救人类的潜力，他以这种信念驳斥了斯宾格勒著名的格言——"乐观就是懦弱"。索尔格尔非常自信地认为，通过大规模的工程和大量能源的生产，欧洲可以转变为一个新的文化政治实体。可以肯定的是，斯宾格勒也有相对更加乐观的时刻，尤其是在他不情不愿地将自己的想法与德国反动右翼势力的政治计划同步的时候。然而，这种对西方文化的政治性表达很快就被卷入他最狂热的右翼读者的平民主义思想中。与之相反，索尔格尔坚持泛欧化的技术发展模式。事实上，欧洲国家之间开展合作是亚特兰特罗帕大型工程项目成功的重要前提。在他对项目的设想中，索尔格尔从未试图保护或强化任何现有的文化和政治结构。尽管如此，他还是大量借鉴了殖民主义、种族主义和技术官僚的意识形态话语。[26]

　　虽然他们对技术的看法不同，但索尔格尔试图将亚特兰特罗帕项目融入斯宾格勒的文化生命周期理念中。他强调，这个项目将找到一种与美国相反的"新文化"——因为他认为美国正在经历与欧洲相同的衰落过程。然而，索尔格尔并没有成为一个全心全意的斯宾格勒理论的追随者。在帕里什作品的序言中，索尔格尔明确与斯宾格勒划清了界限。索尔格尔提醒道，欧洲的衰落与其说是斯宾格勒著作中提出的意识形态问题，不如说是实践中的技术问题。[27]

斯宾格勒和索尔格尔在哲学方面的差异也指向了更广泛的现象。一般来说，人们很难区分欧洲在 20 世纪上半叶对技术的反应。一方面，人们普遍担心机械化和"非自然"的功利主义理性，另一方面，人们也希望技术能够解决人口过剩、能源短缺和失业等棘手问题。由于对技术的不同态度并没有清晰地分裂为政治阵营，情况变得更加难以区分。左翼和右翼都没有作出典型的反应。事实上，双方有一个共同的目标，那就是创造"新世界"或"新人类"。当时本就激进的社会和政治变革在呼唤更加激进的全面解决方案。[28]

从这个意义上说，尽管索尔格尔有着独特的泛欧主义信仰，但他对构建新世界的信心并非离经叛道。不过，他认为，在这个新世界出现之前，必须有足够的空间来展示现代技术的力量。用索尔格尔的话说，撒哈拉沙漠就是欧洲大门前的"真空地带"，是工程师实现这一设想的理想试验场。这里是世界上最大、最荒凉的沙漠之一，无论是改变这里的气候，还是把这里变成一片沃土，这一切最终都将证明现代工程的力量以及活跃的地缘政治的存在。1940 年，德国工程师协会（Verein deutscher Ingenieure）发表了一篇文章，将沙漠描述为对抗现代技术的最后一道防线。眼前的任务是克服这个"技术阻力区"，最终目标并非一定要实现完全的主宰，而是通过技术了解地球上最险恶的地貌，并对其加以控制。匈牙利犹太社会学家卡尔·曼海姆（Karl Mannheim）将"理性规划范围的不断扩大"描述为 20 世纪的一个独特特征，而沙漠最终将成为"社会进程的一个功能性部分"，或者换句话说，只是为满足人类需求而建立的一种景观。到了那个时候，才能说工程师取得了最终的胜利，而根据索尔格尔的计划，这也标志着亚特兰特罗帕项目的成功。[29]

南方 VS 东方

赫尔曼·索尔格尔只有 4 年的时间来宣传自己的项目（在无须担心审查的情况下）。1933 年希特勒上台后，索尔格尔的计划便陷入了混乱。自称拥护欧洲联盟的人必须时时小心这个新的德国政府，因为它公开支持民族主义，并且经常发动战争。然而，索尔格尔适应了当时的形势。与其说他是某种政治意识形态的坚定信徒，不如说他是一个"亚特兰特罗帕主义者"。索尔格尔在积极推动欧洲合作的同时，也试图在 20 世纪 20 年代末获得意大利法西斯主义者的支持。作为回应，墨索里尼通过意大利领事馆通知索尔格尔，说他本人对这个项目"非常感兴趣"。不过，他似乎只是这样说了，却没有任何后续的表示。纳粹在德国掌权后，索尔格尔（和他的许多同胞一样）在一段时间内不事声张。随后，他便展示了自己高超的机会主义技巧。[30]

在 1936 年的一篇报纸文章中，索尔格尔发表了他对新政权的看法，并试图使亚特兰特罗帕项目与国家社会主义的意识形态相兼容。当时，这位建筑师引用了纳粹思想家阿尔弗雷德·罗森堡（Alfred Rosenberg）的著作《二十世纪神话》（*Myth of the 20th Century*），来支持自己关于"白人新文化时代"兴起的理论。显然，索尔格尔在挑战纳粹德国种族歧视政策刚刚占据的主导地位，不过，他的言论有些令人困惑——他称只有当一个界定不明的国际机构去征服北非的新"生存空间"时，欧洲才能实现一种基于种族的秩序。在两年前发表的另一篇文章中，索尔格尔回避了建立"亚特兰特罗帕党"的想法（当时他已经放弃了这种想法），并明确写道，他打算让自己的想法符合"当前的思维模式"（Zeitströmung）。索尔格尔强调了亚特兰特罗帕项目中的社团主义和集体维度，这在某种程度上与纳粹的教条有所重合。[31]

事实上，索尔格尔的思想在其他方面对纳粹的意识形态形成了补充。尽管他不愿意参与政党政治，但这位德国建筑师在宣传工作的早期就表现出了反对民主、支持独裁的倾向。在一份未注明日期的说明中，他将"民主"描述为"普遍人权的反面"。当面对如何为建造直布罗陀大坝寻找劳动力的问题时，索尔格尔立即建议，让罪犯承担艰巨且具有潜在危险的工作。此外，亚特兰特罗帕计划一直是一个白人统治非洲人的项目。索尔格尔公开表达了种族主义观念，并写道，淹没刚果的大部分地区是一件幸事，因为这样做只会伤害当地的原住民。索尔格尔认为，如果没有这个项目，"（非洲人的）人口数量将会增加，直到他们最终吃掉这片土地上能产出的一切，使得没有任何东西能出口到其他地方"。[32]

索尔格尔的合作者西格瓦特在他们两人之间的信件交流中也表达了类似的观点，并对预计发生的气候变化进行了别样的解读。他写信给索尔格尔说，为了白人能够维持长久的统治，必须摧毁这个只有非洲人才能生存的景观。索尔格尔想要说服欧洲人相信他的设想有其必要性，因此，他将自己的计划定义为对"黑人种族"构成的威胁的回应。他声称，非洲的黑人具有强大的繁殖潜力和对热带疾病的抵抗力，除非欧洲人对非洲进行殖民和改造，否则他们将战胜白人。他写道："事实证明，在非洲大陆的全部历史中，黑人没有能力实现更高的文化发展，他们将永远保持这种状态。"这种当时在欧洲政界广泛传播的思想倾向显然与纳粹的种族等级观念不谋而合。[33]

索尔格尔在 1938 年发表的《三个大"A"》（*Die drei großen "A"*）一书与纳粹的意识形态建立了更直接的联系，这标志着索尔格尔讨好德国新领导层的努力达到了顶峰。这本书的副标题强调，"大德意志和意大利帝国"是"亚特兰特罗帕项目的支柱"。希特勒在《我的奋斗》（*Mein Kampf*）中用一句话强调了在规划中设定正确目标的重要性，而索尔格尔在《三个大"A"》中将这句话写入了绪论，希望这两个法西斯国家成为"亚特兰特罗帕项目的孕育之所"。在书中，索尔格尔明确表达了自己对城市化的反对态度。不过，很难说亚特兰特罗帕项目站在城市发展的对立面，毕竟，项目中包含在地中海周围建造新的特大城市的计划。但是索尔格尔认为，改造过的土地上将建设更加有机的新城市，它们不会那么拥挤。索尔格尔曾在自己 1938 年的书中预测，新亚特兰特罗帕大陆上的城市不像曼哈顿式的摩天大楼那般混乱，它将"自然"扩张，并且拥有足够的外延空间。[34]

在《三个大"A"》中，索尔格尔还试图与 20 世纪 20 年代末和 30 年代初亚特兰特罗帕项目宣传中的反战言论保持距离，并与和平主义泛欧运动创始人理查德·库登霍夫·卡尔吉（Richard Coudenhove Kalergi）划清界限，尽管索尔格尔在 1929 年仍将卡尔吉的思想视为一个主要但不完美的灵感来源。索尔格尔强调了实现亚特兰特罗帕项目所需的努力和实力，然而，这种试图将亚特兰特罗帕项目描绘成更具侵略性和战争性的尝试听起来并不完全真实可信。事实上，索尔格尔仍然认为，建立"欧洲合众国"（United States of Europe）是避免战争的唯一途径。即使在《三个大"A"》中，他也在呼吁建立一个"欧洲联盟"，只不过这个联盟由德意两国领导，而不是让所有欧洲大国以差不多平等的地位参与其中。[35]

　　虽然索尔格尔试图修改亚特兰特罗帕项目的宣传内容，使其对纳粹政府更有吸引力，但他很可能仍然没有得到纳粹的关注。不过，这个项目确实与纳粹的经济规划方式有一些共同之处。亚特兰特罗帕项目最基本的目标之一便是结束欧洲对国外必要资源的依赖。直布罗陀大坝、刚果发电站，还有将撒哈拉沙漠变为农田的计划，都是为了避免能源短缺，无论这种能源是以马力计算还是以卡路里计算。这种实现独立的努力（特别是在能源供应方面），也是第三帝国的战略核心之一：首先是在大萧条后重建德国经济，然后是为战争做好准备。"自给自足"成了国家社会主义经济的口号，长期以来，这一概念一直是德国经济思想的主要内容，但在第一次世界大战能源供应危机期间及之后，它成为一个特别受人关注的话题。与此同时，"自给自足"已成为地缘政治理论的核心术语，尤其是在瑞典地缘政治之父鲁道夫·克耶伦（central term）的著作中，纳粹理论家们在其中发现了一个与其民族独立思想相一致的概念。[36]

　　早在1933年，一本关于第三帝国即将进行经济体系重组的经济学专著就强调了"自给自足"，尤其是在粮食供应方面。这本书用索尔格尔式的话语说道："自给自足意味着独立于他国，进

而将带来经济和政治领域的自由。因此，即使是最后剩下的潜力
也必须被开发、扩大和利用。"在能源领域，自给自足尤为重要，
但也难以实现。弗里茨·托特（Fritz Todt）负责德国高速公路的
开发与建设，在他的指导下，纳粹德国开始了在阿尔卑斯山开发
水电的计划。德国在第二次世界大战中每况愈下，同时损失了在
俄罗斯和罗马尼亚的油田，合成油厂也遭到破坏。在此之后，纳
粹领导层争相寻找可用的燃料来源来维持战争机器的运转。这种
孤注一掷的行动拥有一个颇为奇怪的名字，叫作"Unternehmen
Wüste"，也就是沙漠行动（Operation Desert），其目标是让集中营
的战俘去挖掘斯瓦比亚阿尔卑斯山的页岩油。[37]

　　索尔格尔自己对于"自给自足"的理解一直以水力发电为中
心，但他的能源独立目标引起了纳粹领导层的兴趣。事实上，索
尔格尔曾与帝国空间规划局（Reichsstelle für Raumordnung）的官
员有过接触，该机构负责对德意志帝国的空间下达指令和制定规
划。这种职能定义其实相当模糊。空间规划局当时已经获知了索
尔格尔的想法，并于 1941 年计划委托索尔格尔调查欧洲的能源
供应及其与亚特兰特罗帕项目在空间层面的关系，不过，这一计
划中的合作最后似乎无疾而终。没有证据表明索尔格尔曾参与过
该项目，也没有证据表明纳粹官僚机构对此有进一步的兴趣。索
尔格尔与纳粹官僚机构还有一些其他接触，比如他曾试图接近在
海因里希·希姆莱（Heinrich Himmler）的民族强化委员会供职
的理查德·科赫尔（Richard Korherr），不过这种接触也只流于表
面，无非是双方互相打趣。事实上，索尔格尔讨好纳粹领导层的
努力只停留在了最初阶段。最终，亚特兰特罗帕项目与纳粹打算

在德国统治下建立新欧洲秩序的计划渐行渐远。[38]

不过，二者之间的主要区别在于地理位置。和纳粹规划者一样，索尔格尔对环境变化和气候变化的思考达到了前所未有的高度。除此之外，他也提到了"欧洲的东方问题"，并呼吁"建立一座对抗东方的堡垒"。但索尔格尔对纳粹政策重点中的"亚洲草原和沼泽"不感兴趣。他认为，德国必须以"阳光下的地方"为目标，并在南北方向上扩大领土和权力。在纳粹时期，索尔格尔很快便意识到，他所关注的将非洲作为未来殖民地的想法与纳

德国漫画家海因里希·克莱（Heinrich Kley）为亚特兰特罗帕项目所作的宣传画
资料来源：慕尼黑德意志博物馆档案馆。

粹政府的政策并不相符。他试图宣传自己项目的优势，并提到，从地缘政治的层面来看，南北方向的延伸对粮食生产和获取原材料，继而逐渐实现自给自足非常重要。索尔格尔认为："东西方向的扩张永远无法实现自给自足，因为它只能覆盖很有限的一部分区域，而南北方向的扩张则符合自给自足的要求，因为它涵盖了地球上所有区域的土地。"[39]

索尔格尔在自己的私人笔记和手稿中直言不讳地批评了纳粹在东方的计划。他谴责向东方扩张的方案是荒谬的，不符合自然规律，最终必将无功而返。他在一篇文章中强调，如果欧洲不积极地夺取并殖民非洲大陆，就将面临来自伊斯兰世界的威胁。早在 1931 年，他就警告过来自东方的"黄祸"，但并没有对这一问题加以强调。他认为，印度、中国和日本"对（白人）种族怀有敌意"，对此的解决办法是建立一个强大的非洲和欧洲联盟，以此来对抗亚洲日益增长的影响力。作为纳粹时期殖民政策焦点的俄罗斯则完全是另外一种情况。索尔格尔可能遵循了索科洛夫斯基的一些观点，并不认为俄罗斯有任何可能改变或转型的希望。他将俄罗斯描述为无法"创造文化"的地方，认为"从各种角度来看，俄罗斯现在以及未来都是一片贫瘠、消极、令人沮丧、带有虚无主义标签的土地"。索尔格尔似乎认为，在地中海和非洲沙漠中能够实现亚特兰特罗帕工程项目，但改造俄罗斯的自然环境却让人无能为力。[40]

索尔格尔对俄罗斯的消极看法显然没有改变纳粹政府的计划。更糟糕的是，20 世纪 40 年代初，索尔格尔在纳粹领导层面前似乎完全失宠了。早在 1939 年，索尔格尔就被告知，德国官僚机构的任何部门都"不可能"支持亚特兰特罗帕项目。两年后，纳粹的战时审查制度允许索尔格尔发表图书，但不得含有政治性的参考文献或暗中提及德国政府的实际殖民计划。同年，索尔格尔未能在巴伐利亚协会登记机构中注册亚特兰特罗帕协会。由于纳粹的审查制度，西格瓦特和索尔格尔不得不通过瑞士驻慕尼黑领事来相互寄送信件。同时，他们也被迫接受一个事实，那就是在当时的限制下，他们不可能自由地交换意见。1942 年，索尔格尔的情况变得更加糟糕：宣传部禁止他发表另一篇关于亚特兰特罗帕的论文，题目为《能量、空间、面包》(*Kraft*, *Raum*, *Brot*)，并最终禁止他传播自己的任何作品。一年后，盖世太保下令禁止任何以亚特兰特罗帕项目之名开展的宣传活动。在一份未发表的笔记中，索尔格尔抱怨了自 1933 年以来亚特兰特罗帕计划遭受的"敌意、反对和苛求"，尽管在抱怨的最后，他仍然引用了希特勒的话作为结束语。[41]

被人遗忘？

1943 年，慕尼黑遭受的空袭愈发严重。索尔格尔的房子遭到轰炸，因此他搬到了山区小镇奥伯斯多夫（Obersdorf）。这个小镇位于德国境内的阿尔卑斯山，他因此没有被敌对行动针对，也没被卷入德国战败之后的混乱之中。很快，美军进入德国境内，索尔格尔又开始了他的宣传活动。他利用免于纳粹审查的自由，开放了亚特兰特罗帕研究所，还从 1946 年起开始出版《亚特兰特罗帕通讯》(*Atlantropa Mitteilungen*)——一份宣传亚特兰特罗

帕项目的时事快报。从瑞士作家约翰·克尼特尔（John Knittel）
到自学成才的浮士德学者卡尔·泰恩斯（Karl Theens），索尔格尔
为他的项目召集了一批形形色色的支持者。在妻子的资助下，索
尔格尔设想着在松特霍芬（Sonthofen）的前纳粹干部学校建立一
所亚特兰特罗帕大学，但这一计划很快就化为泡影。[42]

　　作为一只"政治变色龙"，索尔格尔试图充分利用战争结束
后的新形势。他与驻扎在德国的盟军合作，同时极力谴责纳粹政
权。他希望这场第一次世界大战结束后 30 年又发生的第二次世
界大战最终能够为欧洲的和平统一带来有利的条件，但他仍然不
相信民主制度。当他呼吁建立一个由温斯顿·丘吉尔（Winston
Churchill）、扬·克里斯蒂安·斯穆特（Jan Christiaan Smuts）、萧
伯纳（George Bernard Shaw）、托马斯·曼（Thomas Mann）和阿
尔伯特·爱因斯坦（Albert Einstein）等代表组成的国际政府时，
他必然会强调，他们的作用是"要求和命令"，而不是"提议或
恳求"。此外，索尔格尔的"十二人理事会"名单中还包括教皇
庇护十二世（Pope Pius XII）、美国总统哈里·杜鲁门、印度总
理贾瓦哈拉尔·尼赫鲁、哲学家若泽·奥尔特加·加塞特（José
Ortegay Gasset）、战后欧洲一体化建筑师罗伯特·舒曼（Robert
Schuman）、美国外交官拉尔夫·邦切（Ralph Bunche），以及
（在一众杰出人物中有些令人意想不到的）奥地利作家兼记者安
东·齐施卡（Anton Zischka）等人。[43]

　　齐施卡曾负责第三帝国的宣传工作，他的理论显然与索尔格
尔的世界观完全一致。1938 年，齐施卡发表了一本书，讨论了在
他看来即将到来的世界饥荒危机。也正是在这本书中，他将自己

的视线投向了撒哈拉沙漠。他借用了索尔格尔的观点，即只要有水就可以使沙漠中的土地像古典时代（罗马时代）一样肥沃。齐施卡甚至明确指出索尔格尔的计划是未来的"伟大目标"。第二次世界大战结束后，齐施卡更加关注亚特兰特罗帕项目。1951 年，他又发表了一本书，提出建立一个"欧非共同体"（Eurafrica），从而摆脱自战争结束以来不断加剧的东西方紧张局势及其破坏性的影响。齐施卡又一次与索尔格尔不谋而合，他将非洲描述为"几乎空无一人的'原始大陆'"，并将地中海描述为欧洲的"湖泊"和"枢纽"。齐施卡强调了即将到来的"气候战争"，在这场战争中，经过工程改造的刚果湖将同其他类似的项目一样，在制衡苏联方面发挥重要的作用。[44]

在这里，齐施卡所指的可能是斯大林及苏联领导层的一系列计划，包括改变西伯利亚的河道，创建一个相当于西德大小的内海，从而提供大量能源并改善该地区的不利气候条件。1950 年，德国内部对这个项目进行了讨论，因为一些评论家担心德国战俘会被征用为该项目的劳动力。索尔格尔则利用这一机会来为自己打广告，特意强调了亚特兰特罗帕项目的优越之处。苏联当局显然也知道索尔格尔的项目，他们还试图拉拢这位建筑师加入他们的事业——至少 1951 年的一份报纸是这样报道的。不过，这些信息可能是索尔格尔本人散布的，目的是向德国政府和盟军施压，让他们支持亚特兰特罗帕项目。[45]

这种支持从未成真。核能的兴起以及从第二次世界大战中复苏的欧洲大陆成为新世界的标志。这个世界似乎不再有亚特兰特罗帕项目的容身之地。面对这种现实，索尔格尔处境艰难，但为

了庆祝项目创立二十周年，他拍摄了一部纪录短片并发表了一本
自己创作的亚特兰特罗帕项目诗歌纪念册，这也是这个项目在历
史上最后的辉煌一笔。亚特兰特罗帕项目研究所的主要角色是一
家宣传机构，1949 年西德的货币改革使其陷入了严重的财务困
境。由于未知的原因，几名成员于 1950 年公开宣布退出董事会。
同年，地理学家库尔特·希勒（Kurt Hiehle）在《法兰克福汇报》
（Frankfurter Allgemeine Zeitung）上发表了一篇文章，对该项目提
出了极其严厉的批评（早在 1948 年他就首次对该项目提出过批
评）。希勒认为，地中海周围的新造土地将与非洲海岸线一样无
法耕种，撒哈拉灌溉区将成为巨大的盐湖，而水位下降后较小的
地中海蒸发面可能引发有害的气候变化。"因此，直布罗陀项目
不但不能创造一个造福人类的乌托邦"，他总结道，"实际上还会
造成不可估量的损害"。[46]

　　大约在同一时间，亚特兰特罗帕项目研究所的内部法律顾
问冯·勒弗霍尔茨男爵（Baron von Loeffelholz）试图与官方建立
联系的努力也以失败告终。巴伐利亚政府和新成立的联邦政府
都不愿意为该项目提供支持。勒弗霍尔茨曾请求多个不同的部门
为他们提供财政支持，甚至设法联系上了新近当选的联邦总理康
拉德·阿登纳（Konrad Adenauer）的办公室，不过最后仍未能如
愿。令人绝望的是，勒弗霍尔茨给亚特兰特罗帕项目研究所和总
理府写了一封公开信，表示他将辞职，因为他看不到任何成功的
可能。他还强调，他得出的结论是，亚特兰特罗帕项目缺乏足够
充分的科学依据。作为曾经的支持者，勒弗霍尔茨的公开辞职对
索尔格尔和他的研究所来说是一个毁灭性的打击。[47]

一年后，1952 年 12 月，亚特兰特罗帕项目的创造者索尔格尔死于一场自行车事故。他的研究所继续存在了一段时间，但没有人能够（或愿意）接手这个项目。1960 年，该研究所的指定受托人汉斯·阿布里（Hans Aburi）清算了仅存的几笔资产，并发表了一篇题为《伟大创意的终结》(*The End of a Big Idea*) 的颂词，以此致敬亚特兰特罗帕项目。阿布里写道，尽管该研究所曾向人们许诺了有关气候与能源的诸多畅想，但在核能时代，索尔格尔的项目似乎已经过时了。1963 年，一本关于欧非团结与合作的杂志再次提到了"亚特兰特罗帕项目"这个名称，不过这份杂志没什么名气，存在时间也不长，相关内容与索尔格尔的项目几乎没有任何共同之处，无非也认为撒哈拉沙漠可以被人类开垦。在一个新的德意志共和国，索尔格尔的梦想很快被世人遗忘了。在毁灭性的战争后，这个国家开启了快速的经济增长，其最终参与的欧洲合作，与索尔格尔的设想相去甚远。[48]

文明与气候

索尔格尔的项目是特定时空下的产物，即 20 世纪 20 年代末和 30 年代初的德国，当时当地的人最深切地感受到了 20 世纪上半叶的危机，他们以一种千禧年的热情去寻求极端的解决方案。尽管亚特兰特罗帕项目未能如愿建立以水电为动力来源的新秩序，但这个项目仍以其他形式继续存在。多年来，索尔格尔的大多数想法呈现出显著的稳定性和持续性，但他确实越来越重视气候变化的各个方面，尤其是"自然"过程和工程改造。在第二次世界大战后，他在描述自己的项目时强调，气候改造是一种安抚世界的力量："总有一天……地球的气候会以出人意料的简单手段得以改善，人们因意见抗衡而紧绷的神经也可以松弛下来，到那时，人们或许无法理解我们曾经是多么无助。"[49]

索尔格尔很早就对亚特兰特罗帕的这一方面感兴趣。他认为自己的项目与鲁代雷的内海项目属于同一类，同时，他也采纳了这位法国工程师关于撒哈拉沙漠的干旱化以及沙漠可能恢复温和气候的观点。20 世纪 30 年代，索尔格尔加深了对气候变化和气候改造的了解。他收集了各种资料，研读了描述二氧化碳在调节温度时所起作用的文章——在斯万特·阿伦尼乌斯的发现被遗忘、忽视甚至无人问津几十年后，这个想法才为人们所接受。索尔格尔就非洲的气候条件做了充足的笔记，其中着重标注了撒哈拉沙漠的扩张。正如索尔格尔从一本关于非洲的畅销书中所引用的那样，干旱化是一个自然的过程，"人们缺乏判断力，还极度贪婪，这大大加快了环境恶化的速度"。此外，索尔格尔还了解了纳粹规划者在德国和东部占领区试行的气候改造理念。[50]

"二战"结束后，索尔格尔将这些信息纳入了他对亚特兰特罗帕项目的宣传之中。该项目的主要任务仍然是让欧洲人在非洲定居，只不过现在的重点略有转移，从灌溉沙漠转向"改善气候"，这是实现殖民目的最重要的先决条件。通过他的合作者泰恩斯，索尔格尔阅读了安东·梅特涅（Anton Metternich）的《沙漠威胁》(*The Desert Threatens*)，书中提了出对全球干旱和粮食短缺的严重警告。在索尔格尔看来，这本书"不过是在呼吁抓紧建造亚特兰特罗帕而已"。书中确实写了一些共同的主题，比如分析西方文化迫在眉睫的灾难，以及倡导迅速采取一致行动以避免灾难。索尔格尔认为，只有激进、积极的地缘政治以及大规模气候条件的转变，才能缓解梅特涅对沙漠扩张的担忧。[51]

气候改造工程也引发了战后关于亚特兰特罗帕项目的激烈争吵。索尔格尔试图解释非洲的内海工程将产生怎样的气候变化，但这个解释并不符合科学标准。一家重要的地理杂志刊发了一篇文章，抨击索尔格尔的计算在总体上非常模糊，同时批评其未能给出能够证明该项目可行性的气候和水文资料。这暴露了索尔格尔一直以来在亚特兰特罗帕项目上从未克服的主要弱点：缺乏科学、专业的知识和数据。事实上，索尔格尔对气候理论非常感兴趣，但他对气候学的细节却视而不见。当这篇期刊文章的作者指控他使用非洲的等温线图来营造一种深度的科学假象时，他们事实上击中了索尔格尔的"要害"。对索尔格尔的项目不够严谨的批评不止于此，地理学家特罗尔（Troll）、范·艾默恩（van Eimern）和道默（Daume）还补充道，索尔格尔高估了北非可以转化为耕地的土地面积，同时夸大了亚特兰特罗帕项目能够引起的气候变化规模。范艾默恩将扩大后的乍得湖与红海进行了比较，后者对气候的影响并没有超过海岸线；道默批评索尔格尔使用陈旧的数据来评估地中海水位降低所需的时间。[52]

对索尔格尔造成最大打击的大概当属赫尔曼·弗洛恩（Hermann Flohn），他是"二战"后德国最重要的气候学家之一，发表过第三帝国时期人为造成的气候变化以及气候改造相关的文章。1951 年，弗洛恩对索尔格尔的以下说法提出质疑，即地球干旱带的积水会导致明显的气候变化。此外，他认为，任何人类试图改变气候条件的行为（哪怕是仅限于当地的干预措施）都会产生无法预见的有害影响，比如地下水位的降低或土壤侵蚀程度的增加。弗洛恩问道："工程师在考虑宏观问题时，难道不应该从这些微观现象中对自然保持一种谦逊甚至敬畏的态度吗？"[53]

谦逊从来不是索尔格尔的强项，不过弗洛恩的批评也不完全合理。事实上，索尔格尔曾考虑过人为干预的负面影响。20世纪30年代，他密切关注"景观倡导者"阿尔温·塞弗特（Alwin Seifert）发起的关于荒漠化的讨论。塞弗特的主要观点是，人类水利工程方案扰乱了自然平衡。他认为，技术的无限制使用导致德国逐渐变得干旱，具体表现为地下水水位的下降以及气候缓慢但持续地向草原性气候转变。索尔格尔将塞弗特的专业术语写入自己的著作中。在《三个大"A"》中，他试图证明墨西哥湾流的方向改变之后会产生更温暖、更潮湿的气候，还声称欧洲正遭受荒漠化的影响。索尔格尔甚至在1937年写了一篇关于这一现象的文章，题目为《血与土》（Blood and Soil），在表述方面，其与纳粹所用的词语非常近似，同时还包含了对塞弗特文章的独特解读。这位建筑师承认干旱化正在发生，但他补充道，这个过程是自东向西移动的——这一认识在纳粹时期非常普遍，并不是塞弗特最初的主张。索尔格尔在文章的结尾再次呼吁大规模应用技术，宣称仅凭这些技术就可以防治荒漠化并拯救欧洲。[54]

索尔格尔的愿景最终未能实现：直布罗陀大坝从未开始修建，刚果河没有成为湖泊，欧洲和非洲也没有合并成亚特兰特罗帕大陆。人们可能很容易地便将整个事件视为20世纪历史中一个稀奇古怪但最终无关紧要的注脚。然而，这并非对亚特兰特罗帕项目的公正评价。索尔格尔技术至上的观点、积极的地缘政治思想，以及他对大规模环境和文化变革的热情，无疑在 20 世纪二三十年代引起了共鸣。尽管评论家们从政治角度批评他的项目不切实际，但它不只是一个雄心勃勃的德国建筑师所做的难以置信的殖民梦。亚特兰特罗帕项目在当时激起了短暂但激烈的讨论。虽然许多评论家认为这个项目作为一个整体而言规模太过巨大，难以实现，但其各个部分却在历史上留下了相对成功的一笔。诚然，亚特兰特罗帕项目的规模被夸大了，但它代表（并且折射出）了很多关于政治、社会和环境条件的公众讨论及学术讨论观点。为了解决当时的紧迫问题，以及让尽可能多的欧洲人相信他的愿景，索尔格尔将最流行的思想纳入他的项目宣传之中，包括对技术的盲目信仰和坚定的种族主义殖民想象。据称，这个项目一旦完成，将一举解决议会僵局、民族问题、国际对抗、地缘政治失衡、欧洲人口过剩和环境恶化等问题。

　　亚特兰特罗帕项目也展现了气候变化讨论的起伏，这场讨论在 20 世纪初似乎已经失去了动力，但在 20 世纪二三十年代迅速以另一种形式重新出现。虽然关于大规模气候变化和荒漠化的学术讨论花了相对更多的时间才达成了暂时的共识，即既没有确凿的证据，也没有合适的因果模型来解释全球单向性的干旱化过程，但讨论中出现的术语和概念已经引发了公众的兴趣。因此，当索尔格尔写到曾经肥沃的北非土地时，这不过是老调重弹罢了，不需要特地为读者进行详细的阐述。对很多欧洲人来说，地球、环境都可能发生巨大的变化，这类观点并不新奇。索尔格尔之所以利用气候变化的相关观点，不仅是为了解释已经发生的环境恶化，也是为了证明自己的殖民气候改造项目是合理的。如果宏观气候条件可能因自然或人为原因而发生变化，那么有什么理由反对人们使用现代技术让气候朝着期望的方向改变呢？虽然索尔格尔在亚特兰特罗帕项目中将这一观点发挥到了极致，但与此同时，他也反映出一种人们对气候工程更广泛的兴趣。即使对于库尔特·希勒这样的亚特兰特罗帕项目批评者来说，干旱景观的"风土驯化"似乎是最重要的任务，而"浮士德式的对抗沙漠的尝试"则是 20 世纪下半叶人类最有价值的努力。[55]

　　索尔格尔自称是这一"崇高"的环境工程目标的拥护者，他是当今地球工程倡导者的思想先驱之一，重视大规模的技术，但也忽视了其在实际应用中可能造成的后果。索尔格尔并不是唯一一个这样做的人。他所引发的关于气候变化、荒漠化和"草原化"的普遍讨论也激励了第三帝国的规划者考虑殖民地区规模空前的环境转型。只不过，索尔格尔一直将精力集中在非洲，而纳粹官僚却将东欧视为设计"日耳曼化"景观的适格空间。当德国占领了东方土地奥斯兰（Ostland，德语意为东疆）时，他们的关键时刻就此到来。

第六章

斯拉夫草原和德国花园：
第三帝国时期的土地荒漠化

在谈到父辈针对普鲁士王国最东部的定居计划时，腓特烈大帝（Frederick the Great）曾说道："我的父亲试图让这片沙漠变成宜居和受祝福的土地，这是一种真正的英雄主义。"事实上，腓特烈大帝深受父亲的启发，同时也继承并发扬了父亲的事业。大约150年后（1920年），年轻的德国景观建筑师海因里希·维普金-于尔根斯曼高度称赞了这位普鲁士国王，称其是"最伟大的德国殖民地开拓者"。起初，维普金的这种称赞似乎并不令人惊讶，也不值得注意，因为在经历了"一战"的战败和《凡尔赛条约》中苛刻条款的双重打击之后，德国国内政治动荡，经济失衡，很多德国人将目光投向过去，希望能够从中获得启发。因此，在魏玛时期政治激进的背景下，选择18世纪的开明君主腓特烈大帝作为借鉴对象，似乎是一个相对来说不会引火上身的选择。[1]但细看维普金的言论，就会发现他的观点与众不同。过去30年，在德国重新发现普鲁士历史的流行趋势中，腓特烈大帝几乎被塑造成了一个标志性的形象：身处莱茵斯贝格（Rheinsberg）绿树成荫的夏季住所，坐在庭院中的餐桌旁与他的朋友、同时也是记者的伏尔泰交谈。而在一篇短文中，维普金这位景观建筑师并没有描述腓特烈大帝的这种形象。相反，维普金将腓特烈大帝描述为德国东方殖民者的一员，强调其"德国血统"，言辞之中颇有不祥之感，通过这种方式预示着后来纳粹会将腓特烈大帝的功绩据为己有。在后续的几页文字中，维普金明确地将过去和当下联系起来，进而得出了一个据称不言自明的结论，即德国在东方的新定居点对于巩固国家"免遭萨尔马提亚人的野蛮侵袭"来说至关重要。[2]

在维普金的传记中，他对腓特烈大帝的刻画变得更加具有预示性。1912 年，他放弃了在汉诺威的建筑学学业，先是在一家著名的园林绿化公司实习，然后在那里工作。1922 年，维普金搬到柏林，在那里他自诩为建筑师。1934 年，他人生中的重要时刻到来了：通过与高等教育官僚机构的关系，他获得了柏林农业大学的花园和景观建筑教授职位。1941 年，海因里希·希姆莱征召维普金成为其"特别副手"，这是希姆莱的德意志民族性强化国家委员会（Reichskommissariat für die Festigung des deutschen Volkstums，RKF）中的一个高级职位，只不过这个机构的名称翻译过来稍显奇怪。[3]

维普金与他的直属上司康拉德·迈耶（Konrad Meyer）以及他在 RKF 的同事一起，负责下达命令、起草计划和收集信息，以彻底重组并改造纳粹在东部的占领区——他满怀热情地执行这项任务。在他为纳粹党卫军报刊《黑色军团》（Das Schwarze Korps）撰写的一篇文章中，他描述了亟待解决的问题："草原的幽灵（指草原主义者）以及人们的贪婪已经侵染了土地！为了人民，必须用尽一切手段来对抗这种幽灵。"这种将环境和文化的衰落融合在一起的观点与索尔格尔对欧洲全面衰落的担忧有些相似。和索尔格尔一样，维普金喜欢利用施本格勒的言论来预测"西方的毁

灭"。索尔格尔和维普金都提到了一点，那就是与他们同时代的
阿尔温·塞弗特关于荒漠化或"草原化"的理论；两人都在德
国政治边界之外寻找可殖民、可改变的土地——前者的目标在南
方，后者在东方。然而，与索尔格尔非常不同的是，维普金成功
地在纳粹政府中获得了一个职位，这使他得以靠近权力中心。当
德国军队占领波兰，然后进一步向东方推进时，维普金终于有了
机会，他在 1920 年描绘了伟大的东方草原殖民者形象，而现在
他可以成为自己所描绘的"英雄"。[4]

　　在接下来的两章中，我无意在国家社会主义意识形态那难
以理解的标准下审视 RKF 政策的起源，也不打算揭示决策过程
背后的官僚机制，而是将纳粹彻底重组东方的计划置于环境变化
的观念及其与文化发展相联系的背景下。正如蒂莫西·斯奈德
（Timothy Snyder）所说，纳粹的种族灭绝政策和扩张计划至少在
一定程度上是对感知到的生态危机的反应。维普金的传记、著作
以及他作为 RKF 成员的行动，对于理解这种危机感从何而来，及
其在 20 世纪 20 年代到 40 年代显现何种样态都很重要。[5]

　　第三帝国的理论家和规划者借鉴并发展了地质学、气候学以
及生命科学的概念。毕竟，他们关心的是"血"和"土"，而规
划者则通过"草原化"将二者联系起来，也就是草原和草原气候
的发展导致了环境的逐渐恶化。尽管纳粹对气候变化的理解与 19
世纪关于北非潜在干旱化的讨论相去甚远，但这两个历史时刻是
由概念、焦虑甚至个人而被联系在一起的。"草原化"的想法至
少部分源于 19 世纪的气候变化讨论，然而，它披着一种全新的、
激进的种族化和军事化的伪装出现在了纳粹德国。[6]

可以肯定的是，关于气候变化和气候工程的假设从来都不属于纯粹的科学和工程学领域——一个在任何情况下都只限于纸上谈兵的想象空间。事实上，正如我在前几章所表明的那样，气候和气候变化一直具有深刻的政治性。干旱化的想法起源于殖民地环境，而殖民地工程师打算改变这样的环境，为欧洲人的定居和社会转型腾出空间。然而，在第三帝国，对气候变化的政治性谴责达到了前所未有的程度。RKF 的规划者在文件中将积极的气候调整与军事占领、强制重新安置人口以及种族灭绝等政治项目结合在一起。

若要评估约尔根·季默雷尔（Jürgen Zimmerer）关于纳粹奥斯兰诞生于"殖民主义精神"的说法，关键在于看到与暴力深深交织在一起的殖民科学、技术及规划的实践和方法。气候变化、荒漠化和大规模环境转型（所有这些都是在 19 世纪的殖民背景下形成的）成了纳粹殖民理论、政策及其合法化的关键概念。在这个过程中，"荒漠化"或"草原化"本身的概念性质也发生了变化。现在，它完全脱离了地质学的学术家园，被吸纳到景观建筑师和"自然倡导者"（第三帝国创造的众多独特职业之一）的实践和应用领域。在这些新的景观专家中，最直言不讳的两位成员是海因里希·维普金和他的竞争对手阿尔温·塞弗特，20 世纪30 年代，后者因德国高速公路的景观美化工作而声名鹊起。尽管塞弗特和维普金在个性方面存在差异，但两人对"草原化"有着浓厚的兴趣，对他们来说，"草原化"成了一种被利用甚至被滥用的非德国景观的终极标志（在维普金的著作中尤其如此），必须通过大规模的计划来加以拯救。在维普京版本的纳粹意识形态中，"不匹配的生活"和"草原化"代表了日耳曼"血与土"的对立面，规划者不得不将这些不健康的沙漠和草原变成健康的日耳曼森林和田野，让德国人在东部蓬勃发展。[7]

虚构的"德国东方"

德国人对"草原化"和规划东方景观的兴趣并不是凭空产生的，这源于不同的思维方式与他们自己特定历史的融合。保守派和平民主义思想家越发痴迷于德国的"东进运动"（Drang nach Osten）[8]，长久以来，他们普遍认为德国人与自然有着特殊的关系，因而可以将二者结合起来；反过来，他们借鉴了各种各样的自然保护协会（或家园）的思想来说明德国人与自然的关系。这种结合已经为德国关于东方的主张明确地提供了环境维度的解释，其中常常涉及日耳曼人与自然的特殊联系。1920年，为了说明土壤干旱化和气候条件恶化从东部威胁着德国农业和德国文化，一些平民主义作家提出了相关的理论，同时也表达了对此的担忧。与此同时，右翼修正主义者将德国的"东进运动"从一种政治特权提升为事关德国存亡的环境层面（甚至文化层面）的必要行动。[9]

"东进运动"，即天生渴望在东方寻求新的殖民空间，这一想法本身当然并不是与历史无关的，相反，在20世纪上半叶，它是德国人对东欧和俄罗斯日益增长的关注中最突出、最具活力的部分。它展示了一种相当矛盾的"非理性的渴望和焦虑"的混合，将东方的土地描绘成一个潜在的天堂和一切邪恶的起源。地理学家在传播这些形象方面发挥了重要的作用。作为地理学的一

个子领域，气候科学在 19 世纪和 20 世纪之交已经成为德国关于
东方的讨论中的重要组成部分。1904 年，以研究地中海地区的地
理和气候工作而闻名的约瑟夫·帕尔奇发表了一本关于"中欧"
的书。在其早期的工作中，帕尔奇就已经认为是地区性原因和人
为原因导致北非环境发生变化，而现在，他将德国和斯拉夫地区
在景观方面所谓的差异归因于其居民的文化地位。他认为，在整
个历史上，尽管德国人"在每一个工作领域都很出色"，但现在
东方给中欧造成了越来越大的生存威胁。[10]

　　帕尔奇的焦虑并非凭空产生，因为对东方土地的关注并不是
在 20 世纪初新出现的。和其他人一样，帕尔奇的这种焦虑建立
在早期启蒙运动德国人和斯拉夫人文化边界的思想之上，这本身
就反映了更早的文化差异观念。对东方的执着在 19 世纪德国的
文化话语中变得更加根深蒂固。在第一次世界大战期间，在神话
般的坦能堡战役（Battle of Tannenberg）之后，德国开始初步向东
线推进，这种执着因而又积聚了更多的动力（同时还被赋予了一
种新的侵略色彩）。德国对大片土地的临时占领激发了人们对大
德意志扩张的幻想，希望其能延伸到欧洲东部的外围地区。从一
开始，这些幻想就以将秩序强加给这片土地的冲动为标志，因为
当时的著者认为，东方的土地是无序的、有缺陷的，甚至是道德
沦丧的。[11]

　　维哈斯·卢勒维丘斯（Vejas Liulevicius）曾根据目击者的陈
述记录道，当时的德国士兵对东方景观的落后程度和未开垦程度
感到惊讶。无论是官方还是非官方的规划者，都看到了按照自己
的准则重新整合东方土地的机会。在一份关于重整秩序后的新东

方土地的早期计划中，字里行间已经显示出对当地居民的极度不尊重和明显的独裁欲望。该文件将东方看作空白的、可塑的领域，其殖民主义倾向展露无遗。但规划者根本没有足够的时间：1918 年德国战败投降，1 年后签署了《凡尔赛条约》，他们的规划随即成为历史。[12]

　　然而，"坦能堡精神"中的某些东西一直延续到了战后，最终变得比以往任何时候都更强大。1914—1915 年德国入侵俄罗斯后，规划者们的热情很快就消失了，但战争的最终结果以及魏玛政府的政治实用主义带来的失望引发了人们对东方的全新兴趣。由于德国领土遭受的"不公正"损失，以及波兰在一些被移交领土上对德国人施暴的故事，保守派和平民主义作家深受刺激，发表了不少关于德国在东方的历史和文化小册子，他们在其中讲述了德国过去那英雄般的伟大，以及在第一次世界大战可耻的失败后复兴这种伟大的可能性。这些作品既有低劣的廉价小说，也有严肃的学术论文，但很多文献中的观点（无论是否明确陈述）都十分相似：德国现在的面积比以前更小，同时还被敌对国家包围，要实现经济上的自给自足只能靠自己，其中最重要的是实现粮食供应的自给自足，而达成这一目标的方式只有获得更多的农业用地。《凡尔赛条约》让德国失去了海外的殖民地，在此之后，殖民主义言论集中在将东方的平原作为新的殖民目标。一类快速增加的文献认为，自 13 世纪条顿骑士团时代以来，这些平原无论如何都是德国的。[13]

　　除了不断重复条顿骑士团那所谓的英雄主义和道德操守的故事，这些作者还通过各种合理化解释宣称对奥斯兰拥有主权。其中存在时间最长的是环境方面的观点，后来对海因里希·维普金和他在 RKF 的同事们产生了重要影响。为了论证其在东方所拥有的道德权利，德国作家们经常写道，在 15 世纪条顿骑士团（以及德国在这里的影响力）衰落之后，这片土地就陷入了一种道德败坏的状态。保守派历史学家卡尔·约瑟夫·考夫曼（Karl Josef Kaufmann）在 1926 年提出，在波兰人等斯拉夫人的统治下，这里的"田地长满了杂草，动物退化，人们的生活并不比与他们同住在破旧小屋里的动物好多少"。考夫曼的观点建立在其 19 世纪的著名前辈海因里希·冯·特赖奇克（Heinrich von Treitschke）的观点之上，后者曾将斯拉夫人对德国人的统治描述为一种"非自然的状态"，还提到了"波兰人的破坏性统治"。考夫曼进一步阐述了特赖奇克对土地状况的评价，他认为波兰人统治的土地已经变成了一片荒漠。[14]

这种叙事的寓意不言自明：不知道如何保护土地或森林的非日耳曼民族再次威胁到了德国人在《凡尔赛条约》中失去的景观。在 12 世纪和 13 世纪，茂密的森林一直是德国定居者通往东方的主要障碍，但在 20 世纪，平民主义作家却将草原和沙漠视为一种需要秩序、文明和改造的边疆地区。他们认为，如果没有德国人的统治和管控，这片宝贵的领土将退化为荒野，土地不再肥沃，最终成为一片野蛮的沙漠。考夫曼用了一段纲领性的话语作为结语："哪个民族对这片土地拥有合法的权利？是谁给这片土地带来了文化和繁荣，又是谁将它推向了毁灭和衰落，将其变成了沙漠？"因此，考夫曼认为，德国人不仅在历史和种族方面对这片土地拥有所有权，还对其拥有文化和环境方面的所有权。[15]

德国的自然，文化的土壤

考夫曼关于德国人有权在东方定居的观点基于这样一种信念，即德国人与自然有着特殊的关系，他们的日耳曼血统或血液中有某种东西使他们比其他民族或种族更充分地了解自然。考夫曼等人发展出的这一概念源自19世纪初约翰·戈特弗里德·冯·赫尔德（Johann Gottfried von Herder）和亚历山大·冯·洪堡等名流所宣称的独特国家"性质"或环境特征。具有民族意识的德国人坚持这些想法是为了弥补早期日耳曼文化中缺乏标志性历史遗迹的不足，因为早期日耳曼文化中没有产生像希腊神庙或埃及金字塔那样令人印象深刻的东西。在他们的说辞中，他们将古老的日耳曼部落那些简单而朴素的巨石墓夸大为德国文化的伟大成就，并将其与雅典卫城和吉萨大金字塔相提并论。巨石墓的"自然"外观与环境无缝融合，也因此被当作德国文化优越性的证据，其目的不是有意识地将文化强加给自然，而是像约阿希姆·沃尔施克–布尔马（Joachim Wolschke–Bulmann）所说的那样，"使文化适应自然"。[16]

在魏玛共和国时期，研究人员和作家经常将"荒凉"的东部景观与德国和自然的特殊联系进行对比。当他们将东方描述为已经为环境转型和殖民做好准备时，这片地区越来越具有边境的神秘感。与美国的边疆地区一样，德国东方的边疆除了狂野无序的景观，还有免于所谓的"文明弊病"的空间。因此，潜在的德国殖民者创造了一片理想的领土，它存在缺陷，但能够被改造。同时，德国人在魏玛共和国时期也积累了填海造地的实践经验，这些努力主要针对德国政治边界内的沼泽地和泥炭沼泽，而不是东方的沙漠或大草原。魏玛共和国政府从18世纪到19世纪一直致力于给水涝地排水，尤其是在德国北部。至于为什么要这样做，一方面是让泥炭沉积物可被收集，另一方面也满足了人们对更多可耕土地的需求，在1927年，这一需求有时甚至上升到了生存层面。然而，尽管说得天花乱坠，这些措施并没有实现既定的目标。根据魏玛政府收集的数据，德国的荒地面积在魏玛共和国时期实际上还有所增加。[17]

尽管这些开垦工程在魏玛共和国时期没有取得成功，但当时的人们已经预见到了未来。第一次世界大战期间，德国政府强迫战俘在沼泽地从事体力劳动，曾经一度有超过5万名劳工被强迫开垦荒地。"一战"后，德国仍然延续了这种做法，希特勒政府继续在沼泽地开垦土地并且强迫劳工劳动，只不过普通囚犯代替战俘成了劳工。魏玛共和国时期开垦土地的尝试也引发了另一个非常重要的结果，那就是关于沼泽地排水所带来的环境后果的辩论，这也最终导致了20世纪30年代充满争议的"草原化"的辩论。[18]

在两次世界大战之间的岁月里，荒漠化景观、德国人与自然之间的特殊关系以及德国文化在东方的悠久历史，这些思想最终在总部位于莱比锡的德国民族与文化土壤研究基金会（SdVK）找到了归宿。该机构的创始人包括约瑟夫·帕尔奇和他的朋友兼同事、德国著名的地理学家和气候学家阿尔布雷希特·彭克（Albrecht Penck）。两人在19世纪和20世纪之交的气候变化讨论中都发挥了重要作用。1926年，当时的彭克是柏林一位享有极高声誉的教授，他担任了 SdVK 的第一任主席。彭克是地质学家和沙漠探险家卡尔·阿尔弗雷德·冯·齐特尔的学生，在与自己的学生、气候学家爱德华·布吕克纳合作研究冰河时期的演替后，他已经是冰川学界的知名人物。彭克支持布吕克纳的工作以及他对气候周期性变化的发现，但与帕尔奇一样，对于美国地理学家埃尔斯沃斯·亨廷顿所宣扬的"全球正在逐渐变得干旱"这一耸人听闻的理论，他也持一种高度批评的态度。虽然同时代的一些同僚正在大力研究东欧的环境衰退和"草原化"理论，但是彭克并没有公开表示支持（也没有加以劝阻）。[19]

　　然而，彭克在发展"德国东方"的概念方面发挥了关键作用，维普金这样的纳粹景观建筑师和规划者后来都在详细阐述这些概念。在老师齐特尔的鼓励下，彭克很早就对地理学表现出了兴趣，并于 1907 年发表了一篇关于"德国民族和德国土壤"的政治性文章，证明了自己的平民主义潜力，同时也表达了对东方问题的兴趣。第一次世界大战后，他对拉采尔的人类地理学产生了兴趣，尤其是其关于"生存空间"的思想。彭克在拉采尔研究方法的基础上撰写了一篇文章，这篇文章经由沙漠地貌学家约翰内斯·沃尔瑟编辑，收录在一本合集中，而沃尔瑟当时已经成了德国自然科学家学会利奥波第那科学院（Leopoldina）的理事。彭克在 20 世纪 20 年代转向了更具政治色彩的地理学研究，这反映了德国境内对《凡尔赛条约》使德国失去领土的不满。SdVK 也明确持这一政治立场，尽管一些公开断言称该机构的工作"纯粹是科学的，没有任何偏见和政治手段"，但这些评判相当不可信。彭克详细阐述了拉采尔关于开放空间能够"维持生命"的观点，他还支持德国的领土主张，认为"成长中的民族需要空间"——而在东方能够找到这种空间。[20]

彭克并不只让拉采尔的理论与当代政治形势相适应。作为一名国际知名学者，彭克也为政治性辩论贡献了自己的想法，或者至少是自己的标志性话语。他借用植物学、农学以及布吕克纳著作当中的内容，将"民族土壤"（Volksboden）和"文化土壤"（Kulturboden）这两个术语结合在一起，这在后来成了平民主义思想家所使用的关键概念。根据德语使用范围划定的"民族土壤"可能会随着政治环境的变化而变化，而与土地紧密结合的德国"文化土壤"则更为稳定。彭克认为，在东方，几乎所有的地方，"文化土壤"都超过了"民族土壤"的范围，这为德国势力此前在该地区的存在及其文化活动提供了证据。彭克用一张地图说明了这一点，在这张地图上，德国的"文化土壤"延伸至东方其他地区，其中包括整个波希米亚（Bohemia）和摩拉维亚（Moravia）地区。[21]

彭克认为，就像德国与自然有特殊的联系一样，每个民族与土壤都有独特关联。因此，"文化土壤"可以提供明确的证据，来证明谁应对其改善或破坏负责。这其中隐含着对东方的"德国土地"的主张，只不过披着一层一般性理论的外衣。彭克认为，在东方，只要是德国人的定居点，土地就得到了很好的保护，透过火车的窗户就能清楚地看到德国景观和斯拉夫景观之间的差异。彭克赋予德国景观一种美丽又实用的风格化特征，把德国的"文化土壤"称赞为德国人民的最高成就。[22]

在魏玛共和国时期，SdVK 和其他东方研究者扩大了研究范围，并创建了研究中心。虽然并非所有机构都有扩张主义或修正主义的计划，但它们确实为纳粹及其学术合作者做出了贡献。彭克本人继续研究德国在东方的"文化土壤"，最终完成了庞大的"中欧德国人统计图集"项目（Statistical Atlas of the German People in Middle Europe）。1930 年，彭克和他在 SdVK 及普鲁士科学院（Prussian Academy of Sciences）的同事继续推进这个项目，这时的项目叫作"中欧德国生活空间图集"（Atlas of German Living Space in Middle Europe）。这些地图集展示了德国在东方所谓的"文化土壤"的范围，并于 1937 年及时出版，为纳粹德国发起战争做好了准备。虽然彭克在纳粹官僚机构中没有担任任何职务，也不支持将他的作品用于任何军事目的，但他（以及普鲁士科学院的其他成员）很快就准备好用图集和其他警告读者"世界的承载力有限"的出版物来为纳粹谋取利益，这也使得德国的帝国主义扩张成了一个更加紧迫的问题。[23]

血与土

希特勒的上台为东方研究者们提供了一个新的机会领域。研究"德国东方"问题的学者——比如历史学家赫尔曼·奥宾（Hermann Aubin）——为他们的修正主义世界观找到了一个有利的环境。德意志东方联盟（Bund Deutscher Osten）和东方大学（Ostuniversitäten）等机构在 20 世纪 30 年代蓬勃发展。在第三帝国成立的头几年里，东方研究者们摆脱了客观性的伪装，自觉成为一股政治力量，为纳粹的东方政治提供意识形态支持以及蓝图规划。尽管这个在魏玛时代就十分重要的扩张计划所定义的"东方"概念模糊、范围有限，但在当时通过"东方研究热"，德国人对东方土地投注了越发显著的关切。[24]

国社党对"东方"的范围和内容没有明确的认识，新政权对血统和土地的强调也造成了不安的紧张局势。在这种双重关注之下，德意志民族要么是一个永恒的血脉不变的民族，要么是一个由地理环境决定的民族，依赖土地等环境条件的特征和潜在变化。特别是理查德·沃尔特·达里（Richard Walterher Darré），他试图将纳粹意识形态中这两个潜在的矛盾部分结合起来。[25] 作为第三帝国的第一位食品和农业部部长，达里成为"血与土"意识形态的主要支持者，即认为血统（或者种族）和土地（或景观的特殊特征）决定了一个民族的福祉。达里在 20 世纪 30 年代发表的《血与土的新贵族》（New Nobility of Blood and Soil）一书中创造了这个短语（但并未给出最终的定义），而这本书也为制定农业和景观规划政策的纳粹分子提供了参考。除了控制和规范人类繁殖的优生学思想，达里还断言德国人拥有关爱自然的特殊天赋，这一说法与他自己的反资本主义烙印融合在了一起。1930 年，这种新保守主义、种族主义和伪社会主义的混合仍然只停留在理论层面。然而，作为纳粹政府的部长及第三帝国种族与安置办公室（Race and Resettlement Office）的创建者和负责人，达里在纳粹官僚机构中有着强大的影响力。他提出了一种基于种族主义和反资本主义的新平民主义农业模式，对于计划大规模人口移居以及改造东方环境的纳粹官员来说，这具有重要的参考意义。[26]

最终，达里本人并没有成为德国规划吞并和占领领土方面最关键的人物。在纳粹官僚机构不同部门和办公室之间无处不在的斗争中，希姆莱击败了其他竞争对手，控制了德国重组东方的大部分计划。1937 年，党卫军军官维尔纳·洛伦茨（Werner Lorenz）领导着德意志民族联络办公室（Volksdeutsche Mittelstelle），整合了与东方研究员打交道的各个机构和办公室，而希姆莱对整个过程进行了监督。1939 年，德国入侵波兰仅 5 周后，希姆莱就在他所担任的一长串职位中增加了"德意志帝国强化专员"（RKF）的头衔。在这个职位上，他创建了一个管理部门，以重新规划德国同年入侵并占领的东方领土。

RKF 主要的规划部门与土地部门由农学家康拉德·迈耶领导，他与他的"特别副手"——景观建筑师海因里希·维普金密切合作。[27] 迈耶是耶拿大学和柏林大学的教授，在纳粹官僚机构中迅速崛起，成为党卫军中最资深的规划师之一。在他的指导下，景观管理成了规划学的核心，统摄所有其他部门。正如维普金所说，迈耶的规划师内化了对"血统和环境"的重视。迈耶本人也基于纳粹对东方的土地、景观和气候的重视，为规划做出了贡献。1941 年，迈耶在其编辑的一本书中展示了德国和波兰定居区的航拍照片，前者有规整的田地和大片林区，图中文字将其描述为"根据自然环境进行了改造"；后者则被迈耶描绘成"随心所欲"和"不合时宜"的土地。为了赋予大规模的东方规划合法性，纳粹作家一直在努力用类似的叙述构建这种土地形象。[28]

德国和波兰定居区（1941年），航拍图下半部分为德国地区，上半部分为波兰地区

资料来源：康拉德·迈耶编，《农民的成长：关于新东方农村地区发展和乡村生活设计的材料》（ Landvolk im Werden: Material zum ländlichen Aufbau in den neuen Ostgebieten und zur Gestaltung des dörflichen Lebens，柏林：德国国家土地图书馆，1941 年），第 272 页。

Zwei Luftaufnahmen geben Ein-
blick in die bäuerliche Land-
schaft des Warthegaues. Frucht-
bare Felder wechseln mit Wäl-
dern und Seen ab. Es handelt
sich hier um eine ausgespro-
chen deutsche Kulturlandschaft.
Luftaufnahmen der östlich der
Reichsgrenze vor 1918 gelege-
nen, vornehmlich polnischen
Gebiete zeigen deutlich die un-
regelmäßige Anlage der Felder
und die schlechten Straßenver-
hältnisse. Schon im Grundriß
der Landschaftsgestaltung zeich-
nen sich die beiden Welten von-
einander ab: Deutsche Ordnung
und „polnische Wirtschaft".

"德国（上图）和波兰（下图）定居模式"，1941年

资料来源：弗里茨·瓦希特勒编，《东方的帝国》(*Reichsaufbau im Osten*，慕尼黑：
德国大众出版社，1941 年)，第 166 页。

　　这些图像并不能清晰地显示波兰人和斯拉夫人影响下的土地
到底出了什么问题。航拍照片和图纸指出波兰定居点、农场和田
地缺乏明确的结构，但没有提供太多关于地面环境条件的信息。
然而，附随的文本非常明确地表明了作者的立场：斯拉夫人的统

治使东方的大部分地区变成了一片贫瘠的荒野，这片荒野有时被描述为积水的沼泽地。纳粹声称，这表明斯拉夫人过于懒惰，或者他们无法安装排水系统以开展大型农业项目。一些文章甚至认为，"沼泽的形成"是东方的主要威胁，这是当地人不负责任地砍伐森林造成的。然而，人们在寻找干旱化的原因时，森林的破坏也是其主要关注点。[29]

纳粹的规划者显然没有注意到（或者至少没有公开承认）的是，他们的观点中有一些不一致之处，而且他们本可以参考 20 世纪 20 年代的文献来支持自己的主张。索科洛夫斯基向索尔格尔和达里提供了即将发生的环境灾难的图像，他在 1929 年写道，东方农业用地的破坏是由于"森林砍伐、荒漠化和沼泽化"。纳粹的描述反映了这一分析结果，称东方的景观要么太湿，要么太干，但无论如何都是有缺陷的。然而，在 RKF 中，景观的一个特殊缺陷成了最受关注的焦点。[30]

迈耶关于景观规划的合集中收录了维尔纳·容格（Werner Junge）的一篇文章，其中讨论了是什么能够让一片景观具有"德国化"特征，并用两幅图像对此进行了说明。一幅是"未来经过改造的德国文化景观"，上面有成片的森林和排列整齐的树木及树篱；另一幅是德国人到来前的"未成形的文化草原"，上面是一片荒芜，既无秩序，又无树木。

为了例证后一种景观如何变得更像前者，容格引用了阿尔温·塞弗特在德国高速公路建设中的"创造性景观设计"作为范例。也正是塞弗特推广了容格在其文章中着重使用的"草原"（Steppe）和"草原化"（Versteppung）两个概念。这些概念日后成为 RKF 对东方加以改造并推行"日耳曼化"计划的核心。[31]

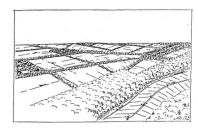

"成形的德国文化景观"和"未成形的草原文化景观"，1941 年

资料来源：维尔纳·容格，《德国本土的建筑元素》（*Aufbauelemente einer deutschen Heimatlandschaf*），载于《农民的成长：关于新东方农村地区发展和乡村生活设计的材料》，康拉德·迈耶编（柏林：德国国家土地图书馆，1941 年），106-107 页。

"草原化"

　　1939 年，当德军入侵波兰时，人们很快就明白了一件事：这不是一次普通的军事占领。20 多年来，东方研究者和德国平民主义作家已经为这一刻的到来做好了准备。在德国侵略者越过波兰边境之后，纳粹军官开始要求进行殖民，并且彻底改造东方。德国步兵甚至接受了一套标准说辞，证实了一种先入为主的观念，正如 1940 年一篇名为《新东普鲁士的设计任务》的文章所说：

　　　　当我们……从东普鲁士越过波兰边境……我们认为自己来到了一个不同的大陆，这里没有残破的小屋和由铁皮覆盖的棚屋，也没有肮脏的城镇，反而是一片几乎没有开垦过的草原，满目荒芜，完全没有任何美感可言。即使是最单纯的人也会觉得，这里缺少……一个发号施令的人，缺乏一种计划性和创造性的意愿。波兰是贫瘠的，因为它只是在滥用自然，从未负责任地探寻生命的内在规律。[32]

德国不但在军事和政治方面对东方施加控制，还控制着环境，试图主导对草原的改造。在第三帝国建立的最初几年，围绕东方著书立说的作者越来越多地将德国和非德国景观之间的差异表述为土地和相应景观质量的不同。人们（普遍）认为，在斯拉夫人的影响下，东方已经一片荒芜，或者更确切地说，变得"草原化"了。[33]

"草原"作为描述东方景观的一个术语，在 20 世纪 30 年代的德国逐渐为人所知。尽管这个词的使用越来越普遍，但其本身的定义仍然不够清楚。19 世纪初，亚历山大·冯·洪堡在德语中普及了这个描述中亚大片无树平原的词汇，但其词源还是比较模糊。洪堡并没有声称是他自己创造了这个词，也没有给出景观成为"草原"的确切定义。虽然不同国家的几代学者都会提到洪堡对这个词的使用，但目前还不完全清楚一片"草原"与其他自然环境的确切区别，以及为什么俄罗斯的粮食产区通常被称为草原，而具有相似环境特征的美国大平原却不在此列。在 19 世纪和 20 世纪之交，那些试图定义这个词的人通常将"草原"与其他景观等同起来，并赋予其截然不同的外在特征。根据土壤的肥沃程度，"草原"可以是草地、荒原，甚至可以用来指代沙漠。[34]

当地理学家罗伯特·格拉德曼（Robert Gradmann）参与到世纪之交关于德国南部景观的历史和人类定居的辩论时，"草原"一词的定义仍然模棱两可。在对"原始景观"（Urlandschaften）的研究中，格拉德曼假设欧洲的森林时期和草原时期是交替出现的，与冰河时期的寒冷环境条件有关。他试图给草原下一个"负面"的定义，使其与森林相对。沙漠地质学家约翰内斯·沃尔瑟对此并不认可，他在第一次世界大战后不久就参与进来，呼吁对草原进行更受限、更精确、更有用的定义，从而将其与沙漠区分开来。就在一年前，俄罗斯-德国气候学家弗拉基米尔·科彭（Vladimir Köppen）在其著名的分类方案中将"草原"作为一个独立的气候带引入，其与沙漠的区别在于草原的干旱程度较低。[35]

然而，到了 20 世纪 20 年代，之前稍稍明确的内容再次模糊了。当东方研究者借鉴这个词时，它的含义变得越来越难以捉摸，涵盖范围越来越广，最终可以表示任何一种贫瘠和"退化"的景观。尽管格拉德曼显然试图在第一次世界大战前客观地定义"草原"，但他在研究中加入了种族维度，将某些景观和土地使用方式与特定的种族特征联系起来，这实际上导致该词的含义越发含糊。通过这种方法，他逐步接近了彭克对"文化土壤"的研究，事实上，他在两次世界大战期间都参加了 SdVK 的会议，并在会上发表了自己的意见。[36]

20 世纪 30 年代，格拉德曼将"文化草原"（Kultursteppe）一词纳入了他的词汇表，用于表示因破坏性的土地使用导致草原出现的人为原因。正如格拉德曼本人在其著作中所说，他借用了弗里德里希·拉采尔的术语，后者在 19 世纪和 20 世纪之交就已经提到了东方的"文化草原"。格拉德曼将环境退化的评估层面明确纳入概念之中，从而进一步拉远了"草原"与其普遍定义的距离。然而，格拉德曼仍然试图控制概念上的模糊性，他遵循沃尔瑟的主张，通过将"草原"的特征与沙漠的属性进行对比，提出了另一个与"草原"相对的负面定义。但格拉德曼已经不再（或者更确切地说从未真正）掌控这个词。20世纪20年代，越来越多的东方研究者提到了东方的"草原"；1933年之后，官方宣传中的"草原"一词用于指代那些曾经肥沃、有序但现在已经恶化的土地，这个词本身也成为德属东方的一部分。[37]

阿尔温·塞弗特对"草原"及其相关词语"草原化"的过度使用负有责任，具有讽刺意味的是，他实际上关注的是德国的心脏地带，而不是东方那神秘的"德国"景观。塞弗特因其在弗里茨·托特领导下的高速公路建设中担任景观建筑师和"景观拥护者"而名声大噪。在极具影响力的朋友和雇主的支持与保护下，塞弗特得以传播他有争议的主张，即在改造过程中采用新的"有机"和整体的工程学手段；与此同时，还要转向"生物动态耕种"，这是一种由人智学创始人鲁道夫·斯坦纳（Rudolf Steiner）提出的有机耕种类型，至今仍为他的追随者所实践。

尽管塞弗特的同事们对他的诸多理论深表怀疑，有时甚至公开表示反对，但纳粹规划者和景观设计师对塞弗特这些有影响力的文章无法视而不见，后来这些文章都被收录在《活着的时代》（*Im Zeitalter des Lebendigen*）中。[38] 其中最具争议但也最具影响力的一篇文章是塞弗特于1936年发表的关于"德国的草原化"的讨论，这篇文章给赫尔曼·索尔格尔以及全国各地的工程师和规划者留下了深刻的印象。对中欧沙化景观的恐惧并非新鲜事，早在 1845 年，洪堡就宣布"饥荒"是普鲁士普遍存在的潜在问题。自 20 世纪 20 年代末以来，塞弗特本人一直在描述"气候恶化"对土壤和植物地理学的影响，早在 1932 年，他就已提及荒漠化的影响。塞弗特第一次涉足这一主题时，借鉴了 20 世纪 20 年代关于通过现代水利工程和土地复垦项目给德国景观"排水"的研究，这部分研究的灵感来源于新出现的水电工程、河流工程以及魏玛政府开垦沼泽的尝试。德国地质学家奥托·贾克尔（Otto Jaekel）也是成果丰富的教师和撒哈拉旅行者卡尔·冯·齐特尔（Karl von Zittel）的学生之一，1922 年，他已经提到了威胁德国的"干旱化的恶性循环"。[39]

　　另有一些研究也反映了人们对欧洲不可避免的气候恶化的担忧。气候学家保罗·凯斯勒（Paul Kessler）认为，甚至在第一次世界大战之前，类似荒漠化的现象就已经在干旱地区以外发生。20 世纪 20 年代，他指出，有一种趋向于大陆环境条件的气候变化正在发生，这是一种更干旱的气候，夏季和冬季、白天和晚上之间的温差更大。凯斯勒看到了气候向更加干旱的方向发展的总体趋势，他最后还严肃警告道，燃烧煤炭会增加大气中的二氧化碳，这可能会对俄罗斯和其他大陆地区产生"灾难性"的影响。以气候学家理查德·舍哈格（Richard Scherhag）为代表的评论家仍然假设全球气候条件存在周期性振荡，他们给出的例证包括欧洲温暖的冬天、冰岛的冰川融化以及北大西洋变暖的拉布拉多洋流。[40]

　　塞弗特的思想并非在回音室中产生，也并未消失在其中。尽管塞弗特很少引用关于气候变化的文献（或者说，就这一点而言，他不引用任何文献），但事实证明，他非常熟悉这场辩论。他支持关于大范围干旱的假设，并将目光投向更遥远的地方，如所谓的撒哈拉沙漠的向南扩张、非洲南部的日益干旱、俄罗斯湖泊的逐渐干涸，以及美国土地遭受的侵蚀，这些信息都是保罗·西尔斯（Paul Sears）在不久之前才发布的。事实上，美国尘暴地带（Dust Bowl）引发了人们巨大的兴趣和焦虑，也因此诞生了大量的文学作品，约阿希姆·拉德考（Joachim Radkau）认为，这些作品对美国及其他国家思考生态问题具有"划时代的意义"。西尔斯于 1935 年发表的《三月的沙漠》（Deserts on the March）一书成为 20 世纪 30 年代极具影响力的关于荒漠化和生态灾难的书籍之一。[41]

同他在国外的同僚一样，塞弗特很难找到沙漠扩张的明确原因。虽然他提到撒哈拉沙漠的扩张是非洲人民砍伐森林的结果，但他暗示气候变化有自然和人为两方面的原因。在叙述欧洲附近的事态发展时，塞弗特似乎遵循了同样的逻辑。他在 1935 年发表的一篇关于"草原化"的文章中指出，这些迹象很难被忽视，现在中欧的干旱与中世纪的情况极为相似。他强调，这种气候变化与布吕克纳发现的 35 年气候周期无关：他所说的气候变化更大、更持久，也更具威胁性。[42]

不过，塞弗特认为现在改变为时不晚。他确信，一种新的工程学意识至少可以抵消人为造成的气候变化，同时还能对抗甚至阻止荒漠化。鉴于尘暴地带已经被他归结为人为原因造成，塞弗特认为，包括第三帝国的工程措施在内的现代项目也在加剧欧洲的"草原化"进程。私下里，塞弗特直接谴责了纳粹不惜一切代价提高生产力的举措，即所谓的生产之战（Erzeugungsschlacht），据塞弗特说，这场"战争"对德国的景观造成了损害。在给托特的一封信中，塞弗特还批评德国沼泽地的民用排水措施使土地成了沙漠。即使在公开场合，塞弗特仍然激进且顽固，不过他从未反对过第三帝国的政治制度。1941 年，他再次挑起争议，声称德国的影响并没有阻止东方环境的恶化。他甚至认为，"草原化"不仅在受德国影响的地区发生，事实上，这种现象在那里还格外严重。即使在这场极具争议的讨论之后，托特仍然支持他的门生塞弗特，但他确实觉得有义务在介绍塞弗特的文章时提出一些警告和相对温和的评论意见。[43]

在那一刻，托特已经知道塞弗特会引发多大的麻烦。20 世纪 30 年代中后期，一些德国工程师和纳粹规划者将塞弗特对工程措施的批评视为对他们工作的攻击，他们还试图诋毁塞弗特，说他是一个保守的、与现实脱节的技术恐惧者。被塞弗特对纳粹政府经济措施的批评激怒，甚至连农业部部长达里（一位"有机"农业的拥护者）也加入了反击者的行列，他将塞弗特的作品揶揄为"执迷不悟的、充满幻想的胡写乱画"。塞弗特在 1935 年发表的那篇文章引发了长时间的争论，不过这篇文章已经被收录在专门的卷集之中为后人所纪念。编辑这本合集的托特试图澄清事实，但无法阻止人们对塞弗特论文的持续批评。塞弗特的批评者普遍指责他夸大了文中的案例。水利工程师乌登（Uhden）将"草原化"描述为一个"流行语"，倘若认真推敲，"草原化"的观点便会烟消云散，同时他还对塞弗特的实证例子的有效性提出了疑问。所有这些批评导致塞弗特在战后声称，他是一场有组织的"猎巫行动"的受害者，这场行动试图抹黑他的人格。[44]

塞弗特的话并非毫无道理。他从根本上并不仇视技术，对此，他的批评者也表示认同。尽管塞弗特确实警告了现代工程的陷阱及其意想不到的后果，但他从未提议放弃所有的技术手段，或者认为不能将环境恢复到工业化前的自然状态，毕竟，他曾主动推动了德国公路系统的建成。塞弗特所描述的景观始终是文化景观，人类一直在用手中的工具积极地塑造这些景观。塞弗特的部分观点不仅与纳粹规划的总体基调相吻合，而且与德国自然保护运动的观点类似——他主张采用一种尊重自然景观条件的技术。他对水力发电在满足德国日益增长的能源需求方面的潜力给予了高度评价。塞弗特接受了对东方那些被德国吞并和占领的土地进行大规模改造的计划，其规模如此之大，以至于只能通过大规模工程才能实现。在1940年一篇关于"德国东方景观的未来"的文章中，塞弗特分享了其他景观建筑师对"再开垦"土地和大规模变革潜力的热情，同时反问道："这将是我们这一代人所能实现的最高荣耀，谁能质疑这一点呢？"[45]

塞弗特谈到了种植灌木篱墙和东方景观的"日耳曼化"，但文章中的表述仍然相当粗略。塞弗特无疑渴望参与对东方的规划，但他（以及他直言不讳的批评者达里，还有纳粹官僚制度中由相互竞争的办公室组成的、混乱不堪的其他机构）在争夺东方新领土控制权的内部权力斗争中以失利告终。塞弗特曾将"草原化"一词带到聚光灯下，但现在掌控局势的是希姆莱，更具体地说，是由 RKF 的规划者提出重新规划东方并重建废弃景观的政策。具有历史讽刺意味的是，塞弗特的宿敌维普金最终成为这一规划过程的核心人物。

第七章

东方的沙漠：
"东方总计划"中的气候与大屠杀

在第三帝国臭名昭著的计划中，"东方总计划"（General Plan East）极为引人注目，因为它寻求的是对景观及其居民进行彻底而全面的改造。就其本身的内容而言，该计划的制订者希望将欧洲和亚洲之间定义不清的广大边界地区（"血色大地"）"日耳曼化"，其中包括今天的波兰、波罗的海三国、俄罗斯和乌克兰。计划中包含许多关于人口移居、种族灭绝、经济发展和环境转型的备忘录，破坏、转型和施暴的规模前所未有。弗朗索瓦·鲁代雷的撒哈拉海项目和赫尔曼·索尔格尔的亚特兰特罗帕项目已经提出了改造潜在定居区环境和气候的目标，其背后的出发点在于鲁代雷和索尔格尔相信当前的技术和组织水平能够支撑这种大规模的改造活动，这种逻辑与"东方总计划"别无二致。维普金及其参与 RKF 规划的同事同样声称，荒漠化和气候恶化的威胁是他们实施各自项目的正当理由。然而，纳粹规划者进一步利用了人们对环境恶化的普遍担忧，名正言顺地清除了被占领殖民地的历史、景观和人民。[i]

在 20 世纪 30 年代末关于塞弗特文章的争论平息后，"草原化"这个词仍然存在。这个原本被认为是种族和道德同时退化的材料证据，现在已经成为一个完全"杂交式"的术语，它将环境与文化过程紧密地联系在一起。这种环境和文化衰退的结合已经成为

19 世纪关于北非气候变化讨论中的一个元素，在 20 世纪初，这种趋势变得更加明显：埃尔斯沃斯·亨廷顿发表了关于气候和文明周期循环的文章，赫尔曼·索尔格尔也为了宣传其亚特兰特罗帕项目，借用了奥斯瓦尔德·斯宾格勒关于环境和文明全面衰退的思想。

第二次世界大战中，这种结合呈现出一种新的军事化形式。纳粹规划者试图在东方进行的"土地日耳曼化"事关人口、农业、园艺和造林。这些官员认为，为了在吞并和占领的地区为德国人创造新的"健康"生活，荒漠化的土地必须变成花园、森林和田地。RKF 的规划者强调，只有德国人（在种族和文化方面更加优越）才能完成这项艰巨的任务，也只有德国人才能继续并最终完成腓特烈大帝和他父亲在 18 世纪开创的工作。因此，对于奥斯兰的规划者来说，不断蔓延的大草原是敲响的警钟，是自身行动的合法化理由，或者正如德国国家社会主义作家威廉·佐奇（Wilhelm Zoch）在 1940 年所说："东方与其说是在呼唤人类，不如说是在呼唤拥有日耳曼血统的德国人。"[2]

维普金的规划景观

"二战"开始后，"草原化"辩论的煽动者阿尔温·塞弗特的命运开始走下坡路。他的导师弗里茨·托特于 1942 年死于飞机失事，他从此一蹶不振。与此同时，海因里希·维普金的职业生涯却走上了相反的道路。虽然他的第一份出版物几乎没有展示出强烈的政治信念，但在希特勒掌权后，维普金心甘情愿地在纳粹官僚机构为其工作。1934 年，维普金获得了柏林大学的教授职位，他为新政府的各种职能尽心竭力，包括成为柏林奥运村设计师团队的一员。他完全支持纳粹德国的扩张主义计划，尽管他私下对 20 世纪 30 年代末扩大军事基地的做法心存不满，因为他认为这种行动夺走了德国农民宝贵的土地。1939 年，德国入侵波兰后，维普金立即将德国在东方的殖民化描述为"我们的首要任务"。如果说他打算用这篇文章向纳粹规划办公室表达忠心，那他做得非常成功。1941 年，维普金成为规划官僚机构的一员，担任康拉德·迈耶在 RKF 的"特别副手"。在接下来的几年里，他将在行政部门担任更多的职务，例如林业部"新定居点景观维护"小组的负责人。拥有这些权力和地位，维普金终于可以宣传他的想法：东方的环境需要进行重新设计。[3]

尽管维普金和塞弗特在战争期间的职业生涯发展各不相同，但他们在景观规划的必要性和重要性的看法上却惊人地相似。"在上个世纪"，维普金在党卫军杂志《黑色军团》上写道，"地球表面由于过度开发和人类活动而形成荒漠化的地区，比以前所有时代真正由自然过程形成的都要多"。他认为，只有通过对自然进行更多、更有组织、更协调的人类干预，才能扭转这种局面——这一立场与塞弗特关于技术使用的观点非常接近。尽管他们主张的方法相似，或者可能正因为如此，维普金和塞弗特最终成了劲敌。[4]

他们之间的分歧始于 1931 年，起因是一场关于慕尼黑私人花园设计合同的普通争吵。1933 年后，他们的敌意有增无减，当时二人之间的冲突已经上升到个人在纳粹官僚机构中地位和影响

力的较量。1939 年，在一次言辞激烈的信件往来中，这场争端
开始转向对个人政治倾向的互相攻击，带有明显的反犹太主义色
彩。维普金和塞弗特都在信中指责对方与犹太人有联系，还对犹
太人有同情之心。争吵的原因既复杂又零碎，包括对其他德国景
观建筑师的价值和工作的争论，对花园设计文化根源的分歧，指
控对方任人唯亲，以及在德国园艺专业组织选举中涉嫌勾结。有
一次，塞弗特甚至向维普金提出挑战，要求在战争结束后进行决
斗。不过，决斗并未真正发生，塞弗特和维普金也没有找到其他
方法来解决他们之间的矛盾。[5]

　　尽管争吵仍在继续，但在 1938 年关于"草原化"的辩论中，
维普金站在了塞弗特这边，他们共同谴责"城市化科学家"对德
国景观状况一无所知。虽然维普金偶尔会将沼泽地称为"环境退
化的迹象"，但他呼应了塞弗特的告诫，即沼泽地的水往往排得
过于快了。当塞弗特提醒他的读者"'草原化'不仅是一个食物
供应的问题，也是一个事关灵魂的问题"时，维普金也在他的著
作中警告道，荒漠化景观会削弱"创造性的人类力量"。和塞弗
特一样，维普金也非常关注技术与工程之间的复杂关系。尽管他
提倡大规模的规划，但他也重申了某些未明确的技术危险，他声
称这些技术会将环境置于危险之中。维普金还批评了城市化，称
现代城市是"无情的沙漠"。他以美国的"尘暴地带"为例，说
明荒漠化对欧洲构成的威胁。维普金在"草原化"中找到了一个
恰当的概念，通过这个概念，他为自己大规模的环境改造设计找
到了合理的理由。在第三帝国时期，这也成了维普金作品中越
发重要的主题。在 1942 年的文章中，他用"草原对林地的侵蚀"

这一说法向他的读者发出警告，还附上了一张图，图中用从东方
深处伸出的黑色粗箭头指示荒漠化向西移动的方向。[6]

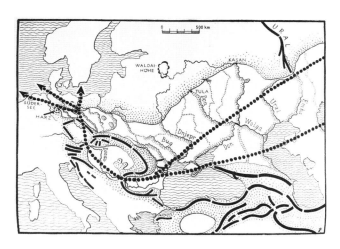

"草原对林地的入侵"，1942年

资料来源：海因里希·维普金-于尔根斯曼，《远东景观法》（*Das Landschaftsgesetz des weiten Ostens*），载于《新农民》（*Neues Bauerntum*）34, no. 1（1942）: 9。

　　经由维普金的宣传，"草原"和"草原化"成为 RKF 景观规
划部门的中心主题，这些术语也开始出现在备忘录和文章中。在
希姆莱的办公室里，"草原化"以及与之相关的关于气候变化和土
壤侵蚀的概念全面上升到政治层面。在国家社会主义规划界，"草
原化"比以往任何时候都更具有道德、文化和文明衰落的意涵。
这一点在"文化草原"一词中体现得尤为明显，拉采尔用此词描
述人为造成的荒漠化，而人为荒漠化恰是塞弗特在第三帝国时期
进一步传播的概念。[7]

　　维普金全面采纳了塞弗特的概念框架，因此，他也阐述了环境的道德维度。这不禁让人想起了索尔格尔坚定地认为环境恶化和文化衰落之间存在联系，而维普金认为，不仅环境，"甚至人类的思想都可能变得荒漠化"。为了避免这种命运，环境需要景观管理和气候管理，或者说是维普金和他的 RKF 同事所倡导的"对景观和气候的保护"。维普金再次明确地将提供这种保护的能力与德国文化联系在一起，不过这一次是从这个词的积极意义出发，与"经过计算的、机械的、一元论的、机器般的"文明形成了鲜明的对比，如果后者独霸欧洲，"创造性的想法"便无法产生。[8]

　　然而，维普金从未失去他对大规模规划和工程的偏爱。他公开反对德国的自然保护主义者，认为后者无法全面地思考问题，因此不适合从事规划和设计的组织任务。他甚至声称，自然保护主义者在组织层面和意识形态层面对林业部的影响是东方规划进程中最大的威胁之一。维普金认为，景观规划包括大型工程，而自然保护主义者对此持怀疑甚至完全敌对的态度。在维普金将景观描述为"可变的"和"易于架构的"时，这种关于人类干预自然的积极观点也很明显。他并不是唯一一个秉持此类观点的人，纳粹策划者中的很多人也坚定地支持大规模的技术解决方案。[9]

　　维普金一直认为自己更像是一个实干家，而不是一个理论学者。在担任柏林大学教授时，他写信给一位朋友，其中说到他认为自己的主要作用是加强"实践与大学"之间的联系，而"草原化"这个具有学术背景和内在行动号召的话题给了他一个完美的机会。像塞弗特一样，维普金开始将荒漠化问题与他周围的环境结合起来。他描述了在柏林瑞伯格公园（Rehberge Park）的沙丘上拍摄的一个以北非沙漠为背景的电影场景。他写道，甚至有可能在德国模拟出撒哈拉沙漠，这便可以当作干旱化进程加速的证据。在第二次世界大战之前，维普金还将干燥的东风称为“沙漠的气息”，正是它导致了气候恶化。20 世纪 30 年代末，维普金的关注点越来越多地转向东方地区。从对整个欧洲的自然威胁开始，荒漠化逐渐成为波兰定居区的一个问题。在维普金重新解释“草原化”——他现在似乎将其等同于“东方化”（Verostung）——一词时，他认为这不只是一个自然问题，还是一个既受人类影响、又影响人类的问题。[10]

在 RKF 工作期间，维普金使“草原化”（以及对环境变化进程的解释）越来越符合纳粹的意识形态核心——种族主义。在 1939 年的一篇文章中，他描述了德国人在东方取得的历史成就，他认为，德国人来之不易的田地受到了“外族血统”的威胁，它们“潜伏在松树丛、沙子、砾石、湿地和沼泽里”。维普金借鉴了 20 世纪二三十年代在德国出现并广为流传的说法——德国人与自然之间具有特殊关系，继而专注于景观的治疗学或医学内涵。根据他在《景观入门》（Landschaftsfibel）中提出的观点，景观直接反映了其居民的素质：“健康”的景观反映了强大种族的美德，而“病态”的景观则是“掠夺和游牧”民族的化身。这种因果关系反之亦然：“健康”的景观可以增强一个民族的力量。在维普金的著作中，荒漠化、干旱化和气候变化远非中性的地质过程，而是种族或道德高低无可辩驳的证据，它们甚至能直接彰显当地居民的道德和行为。比如他写道：“一片景观越是疏于看管并逐步退化，其居民犯罪频率就越高。”[11]

维普金在著作中反映并进一步启发了德国与自然文化（以及气候文化）相联系的思想，例如植物学家埃尔温·艾钦格（Erwin Aichinger）对植物和人类社会的类比。艾钦格认为，正如苔原上的植被不可能繁茂一样，贫瘠的土地也扼杀了人类发展的可能，这与维普金的观点非常一致。但维普金的观点也建立在自启蒙运动以来一直争论的气候、景观与民族或种族特征之间联系的早期理论之上。在德国，心理学家和政治家威利·赫尔帕奇（Willy Hellpach）在 19 世纪和 20 世纪之交后以一种新的角度延续了这个话题，他开始研究气候和景观特征对人们心理的影响。赫尔帕奇逐渐将种族作为一种分析范畴，从而发展了"特定种族环境"的概念。1939 年，他呼吁通过"有计划地创造气候"来增加人类福祉，提高生产力。几乎与此同时，RKF 的规划者也为他们在东方的气候工程设想定下了类似的目标，同时强调新的气候控制景观只能为德国人所有。这也意味着，首先必须将所有非日耳曼人从东方的土地上清除。[12]

"东方总计划"与东方的气候

第二次世界大战期间，RKF 规划者的做法反映了希姆莱对于规模不断扩大的项目的痴迷程度。战争初期，随着德国军队迅速向东方推进，他们已经夺取了实施这些计划所需的殖民地。虽然 1939 年德军对波兰的占领已经在呼唤规划者们采取行动，但希特勒在 1941 年袭击苏联的决定为殖民设计开辟了前所未有的可能性。在这些设计的制订过程中，景观规划与纳粹在全面的"东方总计划”草案中制订的影响深远的种族清洗和大规模屠杀计划密切相关，而这个“东方总计划”将是他们东方规划工作中最高的成就。该计划旨在以前所未有的规模进行摧毁和发展：规划者们精心策划了清除非日耳曼人口及其物理痕迹的方案，希望借此为创造全新的景观和气候奠定基础。[13]

　　“东方总计划”的名称于 1939 年或 1940 年首次出现。1940 年，康拉德·迈耶向希姆莱提交了最初的建议，迈耶也因此迅速成为该计划最重要的管理者。经过一年各部委间的协商工作，迈耶于 1941 年 7 月向希姆莱发送了“东方总计划”的第一版。在此之后，希姆莱领导的党卫队国家安全部（Reichssicherheitshauptamt，RSHA）制订了第二版，直到 1943 年年初，康拉德·迈耶收到希姆莱的命令，将计划名称修改为“总体解决方案”。无论是哪个版本，这一计划都包含了深远的目标。迈耶以编辑的身份在《形成中的农民》（*Landvolk im Werden*）一书（这本书是总计划的一本配套指南）中写道：“定居战略的目的是将整个空间，包括每一个小细节都日耳曼化。”这种全面的“日耳曼化”需要无与伦比的规划和管理。和维普金一样，迈耶对现代技术的使用持批评态度，但并不反对技术本身。他的主张不仅与维普金的立场相契合，也反映了党卫队的态度，党卫队正是要将技术乐观主义与前现代农业浪漫主义结合在一起。[14]

　　现代工程和技术具有无限的可能性，在这种背景下，总计划旨在为东方提供一种“全面的解决方案”，这与迈耶规划中“全面视角”的主张十分相似。最重要的一点是，这些计划包含德国在东方建立统治，以及确立一项意义深远的殖民议程，在未来的

25年内，将有大约550万德国殖民者在占领区定居。这也意味着需要将非日耳曼人迁移到西伯利亚，或将他们送往劳改营和死亡集中营，因为这片土地将被全面"日耳曼化"。1941年，一本关于德国在东方统治的书直接指出，波兰人或犹太人不得留在德国的领土上。作为对这些种族清洗政策的补充，RKF的东方计划还包括改造建筑、农业和环境等长远设想，这将最终成为重构新德意志帝国所有景观的典范。与纳粹统治下普遍的暴力政策一致，重新设计东方景观的计划要求囚犯和被迫劳动的非日耳曼劳工承担大部分工作。因此，总计划是与种族清洗、殖民、奴隶劳动和景观改造同步进行的，这在激进的党卫军书刊《次等人》（*Der Untermensch*）中得到了体现，其中通过宣扬"次等人不停地在将土地变为沙漠"以及德国"在景观上留下（积极）印记"的能力，来为德国的统治和暴力行径进行辩护。[15]

纳粹策划者还将东方的重组视为对德国人实现"伟大殖民地民族"理想的考验。计划的结果将决定德国人是否应该占领并保留东方的土地。他们用这种花言巧语夸大了这项任务的紧迫性和重要性。维普金担任"特别副手"之后，很快便成为RKF的主要景观规划师之一，负责参与规划过程的各个方面。他为东方设计的新村庄和新城镇将符合德国"绿色"、组织良好的"文化景观"（*Kulturlandschaft*）标准。需要再次说明的是，这种标准并非风格化的浪漫主义中世纪村庄，更非如维普金在1943年写的那样："好的农民一直是技术大师。"[16]

然而，维普金的主要关注点仍然是景观和环境——这是"平民主义的力量源泉"。在这方面，大规模工程和技术同样重要。

他在东方的计划包括开垦据称被流动的沙子所覆盖的肥沃土壤。因此，他瞄准了冰川冲积平原和沙丘，在他的评估中，这些地貌有可能堵塞河流和湖泊，因此应该被清除。在一次对"草原化"更全面的探讨中，他还主张通过建造人工湖以及种植森林和灌木篱墙来改变气候——后者是他一生钟爱的项目。

他在1942年写道："雨绝不是上帝独创的，毕竟，即使是气候也不过是天气原因和天气影响的总和。"维普金确实对大气候条件能否完全由人类控制有一定程度的怀疑。尽管如此，他相信，在一个包罗万象的规划过程中，他们至少可以朝着正确的方向前进。"在东方，我们不仅需要德国人"，他写道，"还需要树木、森林、云层和雨水"。维普金参加了在纳粹官员之间开展的关于气候变化和气候改善的持续性辩论，这在整个战争期间一直是规划办公室的关键事项。他明确指出，气候在变化，因此至少在理论上是可以人为调节的。大多数关于设计气候变化的研究都集中在东方景观上，比如乌克兰的草原。技术在东方具有"特殊地位"（特别是对工程项目的集权管理和独裁控制），这将允许人们进行更大规模的气候改造。[17]

一些关于气候控制的德国出版物大都无视惯常的反斯拉夫论调，反而承认俄罗斯人已经开始成功地对抗干燥和干旱，其中提及的"防风植物"常被 RKF 规划者坚定地誉为是德国人发明的。然而，人们依然对人为控制气候的实用性表示怀疑。1941年和1942年在德国各办事处之间流传的一份报告指出，人为设计的气候变化是可能实现的，但还需要更多的研究来评估气候变化的实际潜力。不过，尽管有这些告诫，研究数据也不够确切，规划者

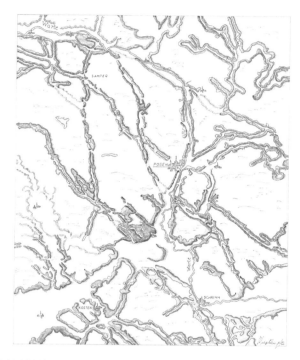

维普金绘制的地图显示了波兹南周围地区的重组计划，其中突出了灌木篱墙
（Staatsarchiv Osnabrück）的使用

资料来源：下萨克森州档案馆奥斯纳布吕克，K 2001/019，编号 96 H，未注明日期。

们依然呼吁对东方景观进行气候改造。此外，他们的宣传报告评
估称，在降水量不增加的情况下，东方景观的"发展潜力非常有
限"。这与维普金的观点不谋而合。报告还主张通过增加蒸发表
面积来增加降水量，并讨论了地下大坝控制自流地下水的潜力。
与维普金一样，该报告也将降水量的减少和"草原化"过程归因
于人为和"自然"原因的结合。[18]

在德国规划者关于气候变化的讨论中，维普金的 RKF 同事兼朋友埃尔哈德·梅丁（Erhard Mäding）是另一个有影响力的人物。他写了一篇景观变化会对一个地区的大气候（Gesamtklima）产生何种影响的文章。梅丁甚至提到了调节大气中的二氧化碳含量，并分析了此种控制机制的潜在好处，继而提醒他的读者注意燃烧化石燃料人为导致温室气体浓度增加的影响。总的来说，梅丁在气候方面的知识非常渊博。他不但引用了俄罗斯–德国气候科学家弗拉迪米尔·柯本（Wladimir Köppen）的观点，还就温德勒（Wendler）关于技术性气候变化的研究发表了意见。他在《关爱景观》（*Care for the Landscape*）一书中还提到了沃尔瑟、布吕克纳、彭克和格拉德曼。梅丁直接借用了赫尔帕奇的话，称气候工程是改变“肉体生活和精神生活境况—特定条件”的重要一步。放在东方，最重要的是德国需要将荒漠化的土地转变为森林和田野。[19]

改变气候和总体景观的尝试并没有因德国定居者的福祉而停下，不仅如此，东线的军事冲突还进一步推动了这样的尝试。虽然重新规划东方的行动实际上会分散军队的资源，但规划者们努力使自己的工作成为战争中必不可少的一部分，尤其是在战争的最后 3 年。特别是维普金，他用军事语言表达了自己的计划，将“军事政治信息”置于其他信息之上。早在 1935 年，弗里茨·瓦希特勒（Fritz Wächtler）就探索了德国重整军备中的“文化景观”与他所说的“防御性景观”之间的联系。[20]

维普金发展了这一想法，使其成为德国“防御性”或“军事化”（Wehrlandschaft）景观的概念——希姆莱欣然接受了这一想法。维普金在其他文件中还提到了"战斗森林"（Kampfwald）一词，但没有解释其究竟有何含义。然而，从描述中可以清楚地看出，德国"防御性景观"的特点是树木繁茂、绿意盎然，与草原开阔的空地形成了鲜明的对比。东方规划景观的田园风光将为军事单位、军工厂以及其他军事基础设施提供伪装。维普金将景观规划纳入战争规划的努力也有其局限性。其他纳粹办公室有时会质疑"防御性景观"在实践中的外观和运作方式。例如，维普金主张在柏林种植本土树木，因为这些树木有"军事政治方面的重要性"，而阿尔伯特·斯佩尔（Albert Speer）所在的办公室就尖锐地质疑道："一棵树有什么重要性？"尽管如此，德国"防御性景观"的概念在辩论中保留了下来，并一直是 RKF 规划文件中的一个术语。[21]

关于"草原化"、气候工程和"防御性景观"之间相互关联的思想都出现在《加强德国东方吞并地区景观设计专员 20/VI/42 法令》中，该法令便是《景观法案》（Landscape Law）的前身。这个法令既体现了"总计划"中阐述的思想，也代表了维普金的工作成绩，他的 RKF 同事迈耶和梅丁以及林业办公室代表汉斯·施温克尔（Hans Schwenkel）也对此做出了贡献。《景观法令》背后的主要思想是，必须保持特定种族的环境免受外来种族的影响。这一先决条件含蓄地表达了在东方进行种族清洗的主张，也因此明确驳斥了维普金在战后声称《景观法令》是"纳粹时期最和平的产物"这一说法。此外，引入"特定种族的环境"意味着要按照德国标准重塑东方景观。"草原化"（作为非日耳曼民族对景观带来危险的表现）是法令中所有规则、条例和措施的起源。法令的前两句话是这样写的："由于外来者（民族／种族）低劣的文化，他们对自然进行掠夺性的开发，导致那些从东方兼并而来的领土上的景观普遍受到忽视，同时也变得贫瘠和荒漠化。在很大程度上，它呈现出草原般的特征。"[22] 到目前为止，草原成了对"恶化"的东方景观的主要描述词，与之相比，沼泽和荒野等词都相形见绌。事实上，《景观法令》明确规定："只要有可能，水就应该留在当地。"[23]

　　《景观法令》延续了维普金的两个核心项目：种植灌木篱墙和森林以遏制草原，以及开凿湖泊和水库来缓和东方的气候并增加降水。文件中写道，必须对景观进行彻底的、不可逆转的改造，使其"保持原有的健康，永远充满生机，永远和谐"，从而成为适合德国新主人和居民的家园。与不少纳粹计划一样，该法令在细节上仍然模糊不清。它既没有揭示"原有的健康"的确切含义，也没有说明如何实现这一点。RKF 初步设计中的东方土地理想景观模型相当简略，只提供了一些概述，将某些类型的建筑风格和土地使用等同于"日耳曼化"，它们也因此是优质的，而忽略了对当地特殊性景观的细致观察。[24]

　　《景观法令》是维普金在 RKF 中最引人注目的成就，但它注定不会实现，因此也只能是"德国东方"历史上的一个旁注。与"东方总计划"一样，该法令本计划在德国军队战胜苏联后全面实施，然而，到 1942 年年底，战争的走向显然已经对德国不利。不过，这并不意味着 RKF 停止了工作。最初，RKF 的计划几乎完全没受到影响，即使在 1943 年，德国研究基金会（German Research Foundation，DFG）仍然为研究植树和树篱的影响提供资金。实现这些长远规划的准备工作也在进行，例如，党卫队克里米亚突击队（SS Commando Crimea）仍然在为德国人的定居做准备，并探索主动实施"气候控制"的可能性，直到 1944 年 4 月最后一刻方才撤离。由于 RKF 的规划工作被划定为"对战争至关重要"，因此该办公室继续制订着对东方进行日耳曼化的计划，直到 1945 年苏联红军只需要几周的时间便可攻占柏林。[25]

实施中的"总计划"

森林被誉为德国的原始景观，在 20 世纪 30 年代的纳粹话语中打上了意识形态和道德价值的烙印。纳粹思想建立在早期浪漫主义观念的基础上，即德意志民族与森林之间有着牢固的联系，但他们也发展了自己的特殊思想。他们认为森林是一个等级有序的空间，具有永续常新的能力，它也因此成为纳粹国家建立一个永恒或至少千年的帝国的象征。同样地，纳粹思想家采用了不同物种为争夺森林资源而不断进化斗争的形象，将其作为人类为争夺"生存空间"和资源而斗争的讽喻。除了这些意识形态上的争论，规划者们还认为，对于想要实现经济上的自给自足、从而为战争做好准备的德国来说，木材是十分必要的。20 世纪 30 年代，这种战略需求推动了德国植树造林的努力，但也导致了砍伐规模的稳步增加。在战争即将结束时，木材确实成了一种越来越重要的能源。然而，受纳粹规划者道德和种族观念的影响，关于森林的文献已经将树木的经济价值置于日耳曼民族为生存而进行种族斗争的意识形态之下了。[26]

因此，这也就能够解释，为什么在与东方草原的斗争中，RKF 规划者最紧迫的任务之一就是植树。他们因而设计了植树造林计划，既希望使景观更具德国特色，还想促进吞并区和占领区的气候变化。在"二战"开始的最初几年中，RKF 的规划者以及他们在林业部的同事已经判断出东方的森林资源普遍短缺——这是对德国人将要定居的地区进行广泛的气候地理调查之后得出的结果。例如，在马索维安省（Masovian Voivodeship）东南部的切哈努夫（Ciechanów）周围地区，RKF 估计只有 10% 的地区是森林——规划者将这种情况描述为波兰人过度开发土地的结果。[27]

总的来说，RKF 计划在东方吞并的地区种植一万多平方千米的树木，这将使森林面积增加 70% 以上。不过最后的成果相当可怜，因为 RKF 每年只能造林约 10 平方千米。这之中涉及各种供应问题，其中苗圃的种子和树苗短缺似乎是最普遍的问题。早在1940 年，在日维茨（Żywiec）的植树造林计划就遇到了严重的供应问题，该计划原本的宏伟目标是将"荒漠化的地区"转变为绿色、健康的景观。规划者和地方官员之间的沟通问题，以及土地保有权信息的普遍缺乏，进一步延缓了该项目的进展。RKF 一直就植树计划面临的困难与林业部保持着联系，同时呼吁参与植树造林的不同办公室之间开展协作。然而，责任划分之后并没有带来预期的结果。这些办公室并没有制订总体的规划，而是制订了各种不同的、往往相互矛盾的、零碎的植树造林方案。在整个德国占领期间，RKF 在东方的调查以及植树造林项目的进展仍然受到供应问题和组织缺陷的阻碍，这主要是由于 RKF 和林业部之间就各自的势力范围发生了争执，并且在关于东方的规划方法上一直无法达成一致。[28]

当 RKF 试图执行"总计划"的其他部分时，他们遇到了类似的组织问题。德国入侵波兰后，RKF 几乎立即迫使波兰民众离开家园。这些行动十分鲁莽且往往极其暴力，对当地的稳定造成了破坏，因而使其他工作的开展变得更加困难。例如，在波兰扎莫希奇（Zamość）附近，超过 11 万名非日耳曼居民被迫参与强制劳动或被残忍地转移到集中营，他们原有的家园被德国殖民者霸占，这也导致 1942 年至 1944 年爆发了旷日持久的扎莫希奇起义。然而，纳粹的规划者们并不担心，他们继续为向东殖民做着准备——接下来的目标便是苏联占领区。1939 年至 1943 年，约有 125 万德国人被"重新安置"在东方，其中大多数是所谓的"外来德国人"（Auslandsdeutsche），他们与纳粹德国有着不同程度的文化渊源。然而，这些数字并不能掩盖殖民行动未能按计划进行的事实。大多数德国定居者根本没有找到一个能够长久居住的新家园，他们只是不断地从一个临时营地转移到另一个而已。此外，当地游击队不断地袭击德国定居者，并且频率逐渐增多。在战争的最后两年，当德国定居者的安全无法得到保障时，纳粹当局再次将他们迁出。就连 RKF 也早在 1943 年就承认，关于定居点的尝试非常仓促。东方殖民地德国官员的态度也反映了这一判断，他们纷纷抱怨这一行动的负面后果。一位官员甚至警告道，德国人在该地区定居造成的人口过剩将导致更多的"草原化"地区。RKF 的计划与其实际做法造成的后果之间的矛盾也因此暴露在公众的视野中。[29]

事实上，当时的情况普遍比较混乱：各机构权力范围重叠，不同办公室的指令相互冲突，东方地区缺乏整体协调。梅耶尔早在 1941 年就批评了当时的状况，他呼吁对官僚机构进行全面改革。维普金雄心勃勃的计划在混乱中受挫，因此，他也对这种情况进行了批评，同时还向迈耶抱怨部门之间协调的官僚程序进展太慢。维普金特别讨厌的部门是林业部，但他的同事梅丁则不同，他对隶属空间规划办公室（Reichstelle für Raumordnung）和道路管理局（Reichsstraßenverwaltung）的部门（也是其竞争对手）表达了不满，因为在对东方占领地的规划过程中，这些部门也宣称自己拥有一定的权力。官僚机构的混乱情况一度变得非常严重，以致“东方总计划”的草案在办公室与办公室之间传递时整整一年无人问津。由于规划者们必须对东方改造进展缓慢的问题做出解释，他们甚至用所谓的“草原化土壤”作为借口。[30]

战争快结束时，随着德国军队撤退，规划者们遇到了一系列新的问题。尽管景观问题被归类为“对战争至关重要”，但后来也被迫在紧急的战事中退居次要地位。改造计划的规模一如既往地巨大，但实施这些计划的行动却慢慢停止了。这种结果也在意料之中，因为有的时候，景观规划者的愿景与战争的需求完全背道而驰，比如，迈耶就有将一些重要的农业用地用于植树造林的想法。随着战争即将结束，当时的状况越发不利于德国人，RKF 建立新的“日耳曼化”东方的计划也许随时都会走向失败。在整个东方，德国军官和政府官员都曾下令大规模砍伐树木作为燃料以及建筑材料，有时砍伐地点甚至位于特别保护区中。[31]

然而，德国规划者仍然在占领区中大肆破坏。虽然 RKF 无法实现他们日耳曼化东方的愿景，但混乱的人口迁移、植树造林计划以及战争的余波造成了大规模的破坏、暴力和死亡。历史学家于尔根·齐默勒表示，仅在白俄罗斯，就有四分之一的人口死亡，30% 的人失去了家园，工业产能下降了 90%，肥沃的土地减少了一半。在 RKF 与东方草原进行了 6 年的斗争后，该地区不仅以难以想象的人类苦难为代价陷入了彻底的混乱，而且土地也变得不再肥沃，或者（从时间角度来看）应该说更加贫瘠了。[32]

"草原化"的命运

在第三帝国时期，名为"草原化"的幽灵催生了一项关于东方环境和气候变化的计划，其规模堪比亚特兰特罗帕项目的预期效果。植树和开挖湖泊并非无害的景观美学干预，而是创造"德国东方"（以及这个词所包含的一切）的宏伟设想的组成部分。维普金和他的景观建筑师及规划师同事清楚地知道希姆莱办公室"重新安置"政策背后的原因，他们心甘情愿地为斯拉夫人和犹太人大规模流离失所以及被屠杀的结局做出自己的"贡献"。景观改造计划与种族清洗的联系并非仅是一场巧合：只有在"空旷"的殖民地景观中，才有可能进行维普金设想的整体规划。他设想在东方构建出一条边界，在边界之内，不会有阻碍德国文化扎根的破坏性因素。

所谓的东方"草原化"提供了景观破坏的物理表现形式，也为纳粹的人口迁移和景观规划提供了一个借口。维普金是这一概念最著名的推动者之一，他不仅借鉴了平民主义思想，还借鉴了 19 世纪末气候变化讨论中产生的术语。维普金的同事梅丁甚至将南方沙漠的扩张与东方草原相提并论。在规划者看来，将两种地貌联系起来十分自然，他们常将东方的一些地区称为"沙漠草原地区"（Wüstensteppengebieteor）。与此同时，科学家们仍在讨论大规模气候变化的影响，其中便包括纳粹规划者曾引证的东方地区荒漠化和土壤侵蚀的威胁。[33]

　　荒漠化从来不是一个政治中立的概念，19 世纪 70 年代以来，欧洲殖民者以此为借口，使自己在北非的所作所为具有一定的正当性；20 世纪 20 年代，索尔格尔用它来维护亚特兰特罗帕项目。然而，在纳粹的景观规划中，"草原化"的基调更加政治化，也更加具有恶毒的种族主义性质。"草原化"远远超出了对环境变化的描述，它以德语"文化"（Kultur）所暗示的双重意义来描述这一过程，即荒漠化既是外国非日耳曼种族与土壤堕落相关的表现，也是道德退化的明显标志。在 RKF 中，尤其是在维普金的著作中，德国人以荒漠化为主要理由，借此霸占和重新规划从东方吞并及占领的土地。对"草原化"的研究以及气候科学中的绝大部分内容，都开始从殖民科学转向了殖民政策。赫尔曼·雷特（Hermann Leiter）是科学辩论中北非非人为原因造成气候变化这一结论最坚定的支持者之一，在他身上便体现了这种从科学到政治的转向。1942 年，他为政府撰写了一篇官方论文，详细论述了乌克兰土地对"伟大的日耳曼民族"的经济价值，在文中，他乐观地将这块土地描述为"草原上的肥沃土壤"，等待德国农民前来开垦。[34]

　　根据 RKF 成员的逻辑，为了让草原变得肥沃，必须首先让德国进行军事占领，然后通过大规模的规划来实现这一点。荒漠化的想法早在纳粹之前就已出现，而且在当时也不是一个新鲜事物，环境转型的宏伟计划也是如此。历史学家约阿希姆·拉德考（Joachim Radkau）发现，20世纪初，德国工程师普遍主张"向伟大进发"，他们从技术集中、协同使用的角度来看待大规模工程的合理性。这种对大规模技术系统和规划的偏好也影响了环境工程和景观美化。维普金在《景观法令》中称"东方景观的再创造是没有先例的"，这话并不准确，因为"总计划"在德国以外关于水、景观和气候的工程项目中都有先例。毕竟，维普金提出的建造巨大的静态水体来进行人为气候改造的建议，与19世纪70年代弗朗索瓦·鲁代雷淹没阿尔及利亚撒哈拉低洼地区的计划有着惊人的相似之处。纳粹计划彻底改变东方地区的环境，其规模之大，与赫尔曼·索尔格尔降低地中海水位并灌溉撒哈拉的项目相比也不算天方夜谭。索尔格尔的项目和"东方总计划"非常相似，因为它们完全无视人民，好像在对一个空的、广阔的空间（堪比一张白纸）进行殖民主义假设，这一空间将走向何处则等待着规划者或者工程师的"命令之手"做出最后的判决。虽然亚特兰特罗帕项目只是一个未完成的愿景和计划，但"总计划"及其配套计划得到了纳粹官僚机构最高层的支持，并于20世纪40年代开始实施。20世纪20年代，技术和大规模工程已经成为平民主义话语的一部分，也成了第三帝国纳粹意识形态的组成部分。[35]

　　最终，德国军队的失败使得纳粹规划者无法继续实施"总计划"，同时也阻止了他们改变东方气候和景观的尝试。然而，值得注意的是，德国关于荒漠化、气候变化和气候工程的讨论并没有结束。首先，战后德国的景观规划领域没有"重新开始时刻"

（Stunde Null），其制度和思想都在第三帝国土崩瓦解时保留了下来。迈耶在纽伦堡受审，随后恢复了自由人的身份，继续在德意志联邦共和国从事规划方面的学术工作。维普金在西德的学术生涯也很成功。作为纽伦堡审判的见证人，他保留了旧思维模式，认为现在比以往任何时候都更需要进行让土地变得肥沃的斗争，因为"在过去的 100 年里，变得荒芜的土地比整个人类历史都要多"。维普金的老对手塞弗特在战后的职业生涯也很成功，他与维普金有着非常相似的想法。他在 1948 年写道："世界不仅在政治方面分崩离析，而且在社会学、道德、经济乃至总体层面上，包括在气象学上也是如此。我们正处于一个新时代的黎明阶段。"[36]

　　"草原化"的概念也得以幸存，甚至在 20 世纪 40 年代后半叶有了一次小小的复兴。人们仍用它来描述东方的景观，这些景观依然受到"草原扩张"的威胁，但现在这个词也开始出现在悼念东方"没有德国人的德国家园"的书籍中。[37]战后的德国，纳粹在俄罗斯和乌克兰进行的荒漠化研究也逐渐出版——多少有些姗姗来迟。安东·奥布里希（Anton Olbrich）延续了维普金在乌克兰"防风种植园"的工作，仍然在用"文化草原"和"人类一手创造的沙漠"这样的词句。在一场温和的关于文化的争论中，奥布里希将苏联防止土壤侵蚀的措施作为包括德国在内的其他国家应该效仿的对象。奇怪的是，在苏联，改变气候条件的宏伟计划似乎让人想起了纳粹所声称的对气候恶化的焦虑，以及纳粹改造气候和环境的一些计划。在德国，其他关于"草原化"的研究保持了纳粹时代环境威胁论的基调，但去掉了其种族主义色彩。沙漠人种志学家芬代森（Findeisen）在 20 世纪 50 年代警告说，

"沙漠气候向西发展"并"以楔形之势向欧洲迈进"。[38]

波美拉尼亚一个流动的沙丘中濒临死亡的森林

资料来源：卢茨·麦肯森（Lutz Mackensen）编,《德意志联邦：东德家乡》（*Deutsche Heimat ohne Deutsche: Ein ostdeutsches Heimatbuch*，布伦瑞克：G. 韦斯特曼，1951 年），第 9 页。

　　然而，随着铁幕逐渐收紧，德意志联邦共和国中关于东方草原和"草原化"的出版物数量急剧下降。甚至德意志民主共和国中关于"草原"的研究也再没出现过高峰。德意志联邦共和国的学术界重新建立了与西方科学家的联系。在非殖民化时期，荒漠化研究的焦点再次转向了撒哈拉沙漠。

尾声
全球荒漠化与全球变暖

第二次世界大战后，气候学家仍然不确定大规模气候变化背后的因果机制，而关于全球气候变化的方向（以及更根本的存在）问题，他们之间仍有分歧。一方面，通过持续的讨论，气候变化已经完全被确立为科学讨论和研究的主题；另一方面，积极改变宏观气候条件的尝试遭遇了严重挫折（至少当时如此）——纳粹德国的军事失败也意味着他们结束了对东方地区进行种族清洗和气候改造的宏伟计划。"东方总计划"反映了纳粹规划者对技术的盲目信任，这至今仍然令人警醒。叙述至此，似乎足以给前几章讲述的故事画上一个完美的句号。

自 20 世纪 50 年代以来，气候变化观点和气候工程计划相互关联的历史一直在延续，甚至愈演愈烈，然而尽管如此，人们依然很难得出一个统一的结论。在 20 世纪下半叶和 21 世纪初，气候在公共领域和政治方面发挥的作用比本书所述的还要大，因此，至少需要对最近几年气候学和气候改造的发展及动态轨迹进行简短的回望。虽然本书的主要目标是探索在环保主义和联合国国际气候变化专门委员会（IPCC）报告时代之前鲜为人知的"气候变化"史，但在接下来的几页中，我将跨越把人类世一分为二的惯例（一半是在人们普遍意识到人为原因会造成全球变暖之前，另一半则是在那之后），将故事情节串联起来。本章中，我不会全面介绍他人已经详述过的历史，而是将关注点转向 20 世纪荒漠化研究和气候改造发展中的一些联系和突破。[1]

在 20 世纪初关于气候变化、干旱化和"草原化"日益政治化的讨论中，气候学正在经历重新调整和重新定位。气候学领域的新方向和新方法最终将为 20 世纪下半叶发展起来的大气物理学以及基于计算机的气候学打开大门，这些学科的课程如今也已在大学中开设。这一新兴的"动态"气候学的实践者——成长于 19 世纪和 20 世纪之交奥地利和斯堪的纳维亚的研究方法——仍在研究气候的变化特点和变化过程，不同的是，他们更为关注高层大气以及气团循环现象。气候史学家马蒂亚斯·海曼（Matthias Heymann）将这一转向贴切地描述为"气候研究从归纳推理向演绎推理转变的一部分"，只不过这一转变过程十分缓慢。例如，"新"气候学越来越依赖全球大气环流模型（GCMs）和计算机模拟，从全球大气过程的影响中推导出局部天气和气候条件，而不是像 19 世纪的地理学家和地质学家在北非所做的那样，从局部现象推演全球过程。[2]

第二次世界大战后，各个学科的科学家都退出了关于土壤退化的高度政治化的辩论，同时普遍怀疑纳粹地缘政治中使用的方法，这加剧了方法论层面的转变。新的方法并没有一下子在整个气候学领域成为主导，相反，其导致了气候研究的分裂，这种分裂在 20 世纪 60 年代末变得格外明显。虽然马登—朱利安振荡（MaddenJulian Oscillation）、厄尔尼诺南方振荡（El Niño Southern Oscillation，ENSO）和人为全球变暖等全球大气现象成为新型气候科学的主要议题，但干旱和荒漠化（被描述为与特定土地使用方式相关的局部现象）仍是地理、地质和土壤科学领域的主题。20世纪90年代，对荒漠化的纯粹地区性解释受到了攻击，而全球变暖和局部气候影响之间的联系成为长期研究的对象。在此之前的几十年中，气候讨论的这两个方面完全相互独立，互不涉及。[3]

　　也正是在那时，大规模的气候改造计划迎来了复兴，这一次是以地球工程项目的名义，人们希望借此阻止甚至逆转人为的全球变暖。然而，即使在那之前，大型环境工程项目也没有完全消失。事实上，虽然公众对纳粹在东方的项目进行了全面清算，但是并没有影响环境工程的发展轨迹，因为德国日耳曼化东方的计划通常不被认为是纳粹的主要罪行。对于环境问题，工程师和广大公众希望通过技术来提供解决方案的信念有增无减。人们对气候变化的担忧从20世纪上半叶便开始存在，气候工程计划也是如此。事实上，大气气候科学的兴起激发了新一代工程师提出新的建议，比如通过云散播以及其他大气干预措施来改变天气，最终改变气候条件。与此同时，通过地面干预进行气候工程的古老想法仍然激发着人们设计大型工程计划的灵感。苏俄通过灌溉和建造水库引发气候变化，继而将大片干旱的土地变成沃土，正是这些项目将鲁代雷和索尔格尔的气候工程思想带入了20世纪下半叶。直到今天，人们在19世纪对撒哈拉海项目的设想也以各种形式相继再现。

荒漠化 2.0

　　气候学家在20世纪越来越关注高层大气中的动态现象，而关于荒漠化的辩论却成了土壤科学的一个主题，其中的重点是土地退化和土地侵蚀。研究人员经常将土地退化评估为一种全球性的威胁，但他们对于荒漠化的研究并没有从大气环流模型的全球化趋势出发，而是将重点放在了特定的地点或区域。与大气气候科学相反，西方对荒漠化的研究显然与其殖民主义根源有关。这一点不仅体现在研究人员对何地感兴趣（特别是刚刚独立的非洲国家），而且也体现在对非欧洲土地利用方式的关注，他们将其作为土壤退化的潜在来源，并且关注随之而来的土地环境控制方面的权力斗争。

20世纪60年代末，荒漠化问题再次成为公众讨论和科学辩论的前沿。这种关注的激增与撒哈拉南部边缘萨赫勒地区（Sahelian）的干旱密切相关，这场干旱导致了大规模的作物歉收、饥荒、人口死亡和地区混乱。虽然年降水量的减少是干旱的主要近因之一，但当地天气模式（甚至气候条件）变化背后的根本原因尚不清楚。20世纪70年代，气候学家已经发现了较能令人信服的证据，能够证明萨赫勒地区在过去几个世纪或更长时间里经历了每10年到20年的周期性干旱。但有关乍得湖历史水位的证据也表明，萨赫勒地区始于20世纪60年代末的干旱可能与过去一千年的气候事件一样严重。最近的一篇文章称，从20世纪50年代开始，萨赫勒地区的降水量稳步下降"可能是20世纪观测记录中最显著的降水变化"。这种异常现象急需人们解释其背后的原因，而对于该地区干旱原因的早期研究则将其归咎于地区内持续的荒漠化。相应地，当时的研究人员将这种超干旱气候条件的进一步恶化归因于人类，特别是萨赫勒地区牛的数量和人口的增加，以及随之而来的过度放牧和农业活动对土壤的过度开发。一些研究人员仍然采用一种殖民主义模式批评非洲人未能保护环境，不过，还有一些研究人员谴责殖民政权的破坏性措施，因为正是这些措施引发了最终造成环境破坏的内在动力。[4]

无论研究人员的观点如何，20世纪70年代人们达成的科学共识是，人类活动是土壤退化的根源，因此也是萨赫勒地区持续荒漠化的根源。这一解释建立在斯特宾在20世纪30年代发表的著作的基础上，正是这些著作激发了索尔格尔对非洲及其他地区土地利用方式可能造成"撒哈拉侵蚀"的严厉警告。斯特宾也是英法林业委员会（Anglo-French Forestry Commission）的幕后操纵者，该委员会于1936年至1937年在西非进行相关研究。奥布雷维尔（Aubréville）正是其中一员，他后来在1949年定义了"荒漠化"一词，从而为科学家和公众提供了一个合适的术语来构建他们的环境理论，以及内心的焦虑。然而，正是这一历史背景影响了20世纪70年代国际社会对萨赫勒干旱的反应。沙漠环境中出现地区性土地退化的普遍观点也得到了大量新的科学依据的支持。[5]

1974年，约瑟夫·奥特曼（Joseph Otterman）提出了他的荒漠化模型，后来在气候领域引发了巨大反响。他根据以色列-埃及边境的相关数据，假定过度放牧会导致植被覆盖的减少，从而显著增加反照率。奥特曼推断，这种地球反射系数的变化将导致土壤表面冷却，减少对流（或云的形成）过程，进而导致受影响地区的降水量减少。仅仅一年后，著名气象学家朱尔·查尼（Jule Charney）提出了一个类似的机制，他假设生物地球物理反馈回路可以使荒漠化过程永久存在并逐步加剧。这一理论为萨赫勒地区的局势描绘了一幅相当耸人听闻的画面，因为它暗示荒漠化可能会一直持续下去，或者至少持续很长一段时间，直到正反馈循环被其他力量或机制打断。[6]

国际政策制定机构，特别是联合国，很快就接受了一种说法，那就是荒漠化是人类造成的，且可能持续很长一段时间。联合国在成立之初就参与了对气候和干旱区的研究，并在 20 世纪 70 年代将荒漠化作为一个主要的环境问题。为了应对萨赫勒的干旱问题，联合国萨赫勒办事处（The United Nations Sahelian Office，UNSO）于 1973 年成立，一年后，联合国大会建议采取措施遏制荒漠化。这使得荒漠化大会（Conference on Desertification，UNCOD）在三年后于内罗毕（Nairobi）举行。大会的会议记录警告，33% 至 43% 的地球表面已经是沙漠或半沙漠地区，其他地区中 19% 的土地受到了荒漠化的威胁（分布在当时 150 个国家中三分之二以上的地区）。在对荒漠化形成原因的描述中，大会报告提到，更大规模的气候变化可能是其中的一个因素，但同时明确了主要责任，那就是"当人类利用土地时，自然的平衡很容易受到干扰"。[7]

这一评估促使与会代表们制订了《防治荒漠化行动计划》（*Plan of Action to Combat Desertification*，以下简称《行动计划》），其中强调，时间至关重要。如果说该计划有一个中心主题的话，那这个主题就是人们绝不能等到对复杂局势有了全面了解之后才开始行动。代表们认识到，人类需要应用现有知识立即采取行动，不仅要阻止荒漠化的物理过程，还要教育大众尽量减少现有的经济和社会活动，以免对脆弱的旱地生态系统造成伤害。[8] 显然,《行动计划》呼吁,在那些已确定正在经历或面临荒漠化威胁的地区(当时还没有任何确凿的证据能够说明这些地区为何会出现土地荒漠化),要制订更为长远的计划来改变土地利用方式。[9]

因此,1977 年的会议并没有让人们注意到这些结论缺乏证据,反而借此传播了一种观念,那就是荒漠化是当地土地滥用的直接后果。同样由于缺乏证据,联合国还普及了荒漠化的概念,暗示它在世界上所有半干旱地区都以类似甚至相同的方式发挥着作用。在联合国环境规划署(United Nations Environment Program,UNEP)随后对荒漠化的评估中,以及 1992 年联合国环境与发展会议(UN Conference on Environment and Development)的讨论中,同样的表述依然占据着重要的位置。当时,联合国还发现,人类在防治荒漠化方面没有任何明显的进展,会议报告指出,尽管联合国防治荒漠化大会定下了崇高的目标,希望到 2000 年彻底阻止荒漠化,但防治荒漠化的进程几乎与 15 年前完全一致![10]

1992 年时,人们对 1977 年《行动计划》所取得的成就进行了分析,但得出的结论并不理想,这也最终促成了 1994 年的《联合国防治荒漠化公约》(UN Convention to Combat Desertification,UNCCD)的诞生。《荒漠化公约》承认"气候变化"和"人类活动"是荒漠化的主要原因。在《荒漠化公约》拟定的防治荒漠化措施中,其行动计划至少在名义上更加重视权力下放和地方参与。然而,尽管《荒漠化公约》开始强调区域多样性和地区特异性,但其建议的政策仍然偏向于全球环境管理话语。联合国将荒漠化讨论制度化,并在过去几十年中发布了有关全球环境退化的报告和文章,借此维持这种常态化的讨论。人们在 20 世纪 90 年代对荒漠化产生的原因进行了更多的研究，然而在此之后，关于荒漠化的科学讨论变得更加关注地方性，同时也更加具有全球意识。这种看似矛盾的发展一方面是由于土地利用对土壤退化影响的一般性陈述受到了很多人的严肃批评，另一方面是因为人们也开始对源于人类活动的全球变暖开展研究。[11]

大约在1994年《荒漠化公约》签订的同时，自20世纪70年代以来就存在的关于荒漠化原因的科学共识开始破裂。一些关于荒漠化的研究证实，在20世纪，非洲超干旱地区的总体数量在统计学层面显著增加，但其他一些研究则对整个非洲大陆的荒漠化土地数量是呈线性增长趋势还是渐进式增长趋势持怀疑态度。20世纪90年代初，卫星图像使情况变得更加复杂，因为卫星图像揭示了撒哈拉边界的周期性波动，而不是查尼所预见的以及联合国评估所声称的那种单向增长的荒漠化。这使得研究人员开始关注沙漠的周期性环境循环和人类在局部地区的适应状况。虽然由此产生的研究并不一定与关于土地利用方式如何影响荒漠化的一般认识相矛盾，但也有一些研究开始对此提出疑问。[12]

随着联合国防治荒漠化措施的失败，以及越来越多的地方研究对日益不确定的科学共识提出质疑，一些研究人员开始对其他因果模型进行调查。他们特别关注萨赫勒地区的干旱与海洋海面温度变化之间的潜在联系，自20世纪80年代以来，人们便一直在研究这个问题。尽管科学家们还没有就海平面温度变化的起源得出定论（因此只是将因果关系问题转移到了另一个领域），但这种研究重心的转移标志着人们不再过分关注土地利用方式和当地人–地之间相互作用的影响。20 世纪 90 年代初，重新进行科学评估的呼声越来越高。1991 年一篇关于荒漠化的论文直言不讳地指出，到目前为止"真正对此进行的研究非常之少"。[13]

　　与此同时，科学界的另一部分人开始批评荒漠化一词的定义不够明确。1993 年的一篇论文认为，荒漠化只是一个"时髦术语"，没有任何真正的分析价值。一年后，地理学家大卫·托马斯（David Thomas）和尼古拉斯·米德尔顿（Nicholas Middleton）甚至质问道，荒漠化在总体上是否只是科学家和政策制定者以不断重复的片面而过时的研究结果来延续的荒诞观点。人们普遍认为植被（尤其是森林）可以阻止并逆转干旱化，这一观点也再次受到攻击。在 1999 年一篇关于 20 世纪印度"干旱主义话语"的文章中，瓦桑特·萨伯瓦尔（Vasant Saberwal）认为，将森林作为对抗环境和气候衰退的多功能武器的观点可以追溯到 20 世纪 20 年代，当时这种根深蒂固的观点主要源自美国林业局发布的研究结果，而这些结果是存在问题的，并不具备代表性。即使在 20 世纪末，仍然没有森林具有恢复环境作用的确凿证据，而在那些据称受到影响的诸多地区，也没有长期的数据来检测荒漠化的明确发展趋势。然而，由于荒漠化长期以来所具有的政治价值（以及由此产生的土地所有权问题），以及林业部门等官僚机构制定话语条件的权力，森林砍伐与荒漠化之间的联系在大众媒体中仍然非常流行。[14]

　　20 世纪 90 年代的一些研究人员也持有类似的观点，他们认为，迅速得出荒漠化原因的结论是西方科学界在理解非洲土地利用方面一次更大的失败。一方面，这种欧洲和美国对景观的"误读"与20世纪70年代环境均衡模型的盛行有关，该模型假设了稳态环境的存在。越来越多的研究指出该模型不适用于干旱地区，这也反映了生态学正以缓慢的步伐偏离环境均衡范式。另一方面，这种"误读"也反映了西方科学家未能对非洲土地利用方式中特定地点的社会背景提出更深刻的见解，并且他们过分夸大了人类引发的环境变化（如森林砍伐）的规模。这些批评导致学术界的一些人更加强烈地呼吁在荒漠化研究中采用跨学科的方法，将自然科学和社会科学结合起来。[15]

尽管人们对荒漠化的普遍理解反映了20世纪70年代对其过于简单的描述，但如今，对荒漠化原因的科学探索变得更加复杂。在荒漠化的研究中，研究人员很难找到直接的因果关系，但在过去的25年中，研究人员收集了越来越多的证据，表明地方性的荒漠化过程实际上可能与当地人口无法控制的全球大气现象有关。20世纪90年代初，科学家们开始研究全球大气环流和全球气候现象如何影响世界不同地区的荒漠化。他们的研究主要遵循两种不同但并不相互排斥的范式。[16]

一方面，气候研究开始在查尼早期的研究上扩展，逐渐引入新的方法来分析陆地–地表–大气间的相互作用。研究人员将生物地球物理反馈回路模型与最新的全球环流模型相结合，从而假设土地变化的局部过程与大气环流的全球过程之间的联系。这一研究方向确立的基础来源于《荒漠化公约》，其中将当地人类活动和气候变化视为荒漠化的潜在原因。另一项研究也因此开始：荒漠化地区上空低气压温度变化对更大范围内甚至全球气候模式的潜在影响。最近的一项研究甚至表明，当地植被环境的反馈信息可能引发从局部地区到全球的一系列扩大效应，可能在大规模气候系统中产生关键变化。虽然这仍然是一个有待详细研究的假设，但将当地环境条件与全球大气现象联系起来的趋势是最近一些荒漠化研究方法的核心。[17]

另一方面，气候学家利用现代化的全球气候模型研究了海洋与大气的相互作用，扩大了 20 世纪 80 年代对海平面温度变化的研究。这项研究将焦点从局部环境条件转移到了长期以及大规模的气候现象上。最近，后一种方法开始与生物地球物理反馈研究相结合，似乎成了一种最有希望探寻荒漠化背后机制的方式。海平面温度异常的根本原因仍未得到最终解释——硫酸盐气溶胶浓度、海洋变化和北半球的离散冷却事件都被认为是可能的原因。然而，到目前为止，研究人员已经证实，撒哈拉的降水水平与特殊的海平面温度异常之间存在联系。[18]

尽管解释模型十分复杂，但最新的荒漠化研究中有相当一部分显现出一种超越"标准化"地方背景的趋势。目前一些最令人信服的研究既涉及特定地区的环境特征和文化特征，同时也涉及全球大气现象，比如人为气候变革造成的影响。这种针对荒漠化的包容性调查并没有解开干旱环境条件起源的谜团，更不用说给出有效的对策了。然而，这种调查本身却在近期使得气候科学中的地理方法和大气方法达成了和解——这两种研究方法在 20 世纪下半叶逐渐割裂，直到这时方才在气候领域重新融合。这一进程也意味着，荒漠化（即使在全球范围内发生，长期以来也被认为是地方产生的）研究中又出现了一个"大气"维度，融合了土壤科学对于"地球"的关注。最后，荒漠化研究中涉及更广的研究方法给因果机制和因果关系带来了新的不确定性，这也导致可能会出现与 19 世纪和 20 世纪之交的气候学相似的情况。然而，二者间最直接的区别是，当时的科学家几乎没有长期数据，也没有令人信服的模型来解释全球范围内的气候过程，而今天的科学家拥有大量的异质数据和复杂模型，这些模型涵盖了从地区性产水量 ① 到全球大气环流等在内的诸多现象。[19]

撒哈拉海项目的漫长生命

20 世纪 60 年代末，现代环境运动兴起，萨赫勒地区的干旱和荒漠化状况不仅是国际组织和刚刚获得独立的非洲各国政府要面临的问题。随着人们对"地球太空船"（Spaceship Earth）② 上环境和有限资源之间的相互联系有了新的认识，荒漠化再次成了一个公共问题。人们过去对沙漠扩张和环境恶化的焦虑又出现在了报纸和杂志文章中，西方世界本就将沙漠视为一个不利于人类生产、荒凉贫瘠的环境，而这些文章也支持了这种普遍的印象：人们把撒哈拉沙漠描绘成一个恶棍，总是在"行进"或"悄悄"向南入侵肥沃的土地，带来摧毁世界森林的威胁。这种被认为来自

---

① 一定时间内某一区域内水文循环中水的净增量。——译者注

② 美国建筑师理查德·巴克敏斯特·富勒曾宣称地球是一艘太空船，人类是地球太空船的宇航员，以时速 10 万千米在宇宙中前进，必须知道地球如何正确运行才能幸免于难。——译者注

干旱环境的危险使得决策制定者重新对阻止并扭转沙漠扩张的方案设计产生了兴趣，他们提出了各种建议，小到在当地实施植树造林和灌溉项目，大到开展国际层面的全面行动计划。关于大型气候工程计划的旧想法再次被提起，新想法也层出不穷。[20]

从 19 世纪 70 年代到 20 世纪 40 年代，人们对环境不稳定及恶化的普遍担忧一直是气候工程项目的强大驱动力，它牢牢地掌控着大众的想象空间。一方面，20 世纪二三十年代，米卢廷·米兰科维奇（Milutin Milanković）发现了轨道变化及其对入射太阳辐射的影响，在这个发现之上，人们计算出了下一个全球冰川期，对即将到来的冰河时代的担忧再次出现。冷却假说的支持者还依赖于世界各地的各种温度记录，这些记录表明，从 20 世纪 40 年代开始，全球温度趋于平稳甚至下降。20 世纪 70 年代，科学家们仍然普遍认为地球大气层有冷却的趋势，不过这种假设基于的时间跨度较短，并且没有足够的证据。即将到来的新冰河时代的判断并不是学术界独有的：罗厄尔·庞特（Lowell Ponte）在 1976 年出版的《冷却》（*The Cooling*）一书以流行而生动的方式表达了这一想法，其中讨论了美国和俄罗斯的气候工程项目，同时对全球气候控制进行了反思。然而，就在此书出版的前一年，霍华德·威尔考克斯（Howard Wilcox）在《温室地球》（*Hothouse Earth*）中提出了相反的发展趋势，即全球正在变暖。同时，关于全球变暖的学术论文数量也在成倍增加。如 19 世纪末一样，20 世纪 70 年代的专业人士对全球气温的发展趋势存在分歧。[21]

人们对气候变化的持续讨论和焦虑，以及长期以来用技术解决气候问题的信念，有助于媒体和大众就气象工程和气候变化进

行公开辩论。此外，第二次世界大战催生了对天气和气候工程的
军事调查。战后，东西方军事机构的研究人员继续开展战时的云
散播实验，以此探查"修复天空"能带来的农业和军事效益。这
些试图通过干预大气来改变天气，甚至可能改变气候的尝试，与
基于计算机兴起的天气数值和气候分析密切相关：毕竟，只有足
够准确地预测云的移动及由此产生的天气模式，云散播才能成
功。此外，数值天气预报从一开始就自觉地与天气控制和气候
控制联系在一起：数学家约翰·冯·诺依曼（John von Neumann）
研究了第一个基于计算机的天气预报，他认为普林斯顿高等研究
所（Advanced Study in Princeton）的气象学项目迈出了"通过合
理的人为干预影响天气的第一步"。这些想法是应用气象学研究
项目的重要组成部分。1975 年的一项研究对人为影响天气的潜在
危害发出了警告，其中提到，已有 60 多个国家进行了这方面的
实验。[22]

通过改变地理条件和地质条件来改变气候的计划也依旧存
在。与 19 世纪末一样，规划者在沙漠环境中特别活跃，尽管在
19 世纪和 20 世纪之交存在各种乐观的言论，但沙漠环境并不符
合人们对于环境变化和气候变化的预测。北非仍然是人们关注的
焦点之一，因为它与欧洲距离较近，同时法国在阿尔及利亚实行
殖民统治。法国的海外帝国在战后土崩瓦解，但一些法国评论家
将撒哈拉沙漠夸大为"未来之地"，声称那里可能成为一个力量
更强大、技术更先进、组织更合理的帝国中心，只不过其规模较
小，形式上也不够正式。1957 年，人们在阿尔及利亚发现石油后，
这一言论再次甚嚣尘上。同年的一本书描述了一系列新项目，从

灌溉措施到矿产开采以及石油钻探，声称这些项目将把阿尔及利亚南部完全转变为拥有高度工业化中心的农田。制度的发展反映了开发撒哈拉的殖民动力。1957 年，在法国领导的撒哈拉地区组织（Organisation commune des régions sahariennes，OCRS）成立之际，法国科学院发表了庆祝演讲，一位发言人将撒哈拉的发展描述为"法国在 20 世纪最伟大的事业"。[23]

　　鲁代雷在撒哈拉挖掘内陆湖泊的项目依旧有人效仿。就在 20 世纪 50 年代初，当索尔格尔的亚特兰特罗帕项目最终被人遗忘时，法国工程师路易斯·科夫兰（Louis Kervran）成立了撒哈拉内海研究技术研究协会（Technical Research Association for the Study of the Saharan Inland Sea），为撒哈拉海项目的愿景注入了新的活力。如今，科夫兰因其在非常规生物演变理论方面的工作而为人所知，他曾想过利用地中海和盐湖盆地之间的斜坡进行水力发电。法国某科普杂志发表的一篇文章称，鲁代雷项目的这一最新演绎将建立在"坚实的基础上"。虽然科学界或政界完全没有认真考虑过科夫兰的计划，但这些计划本身确实引发了新一波类似的想法和项目。其中不少项目都遵循了鲁代雷对阿尔及利亚和突尼斯边境盐湖盆地的设计——有时这些项目会在撒哈拉海项目的基础上进行扩展，比如增加运河和隧道，甚至考虑改变尼日尔河的部分河道，使其流至加贝湾来填满盐湖盆地。1955 年，在一篇法语文章中，亚特兰特罗帕项目的评论家库尔特·希勒（Kurt Hiehle）公开反对进行鲁代雷计划的后续项目。他又一次提及了鲁代雷在 19 世纪 70 年代经常受到的批评，即海水会很快将被淹没的盐滩恢复到原来的状态——只不过平添更多的盐层罢了。[24]

尽管面临这些质疑，撒哈拉海项目依旧保持着强大的生命力，只不过后人对其的改动非常之大。1958年的一篇文章提到了美国和苏联的实验，其中认为，通过应用有针对性的地下核弹爆炸释放的热核能源，将使鲁代雷的计划（甚至对此计划的拓展）最终成为可能。然而，相较于鲁代雷最初设计的气候改变方案，上述项目几乎完全致力于创建一个进入撒哈拉的入口，然后用油轮将石油运出沙漠。就在这篇文章发表的前一年，撒哈拉沙漠研究技术协会成立了，该协会的主要目标是研究在盐湖盆地地区建造内海的可行性，借此开发通往内陆的通道，同时在本地区建立对人有利的小气候。最终的评估结果（如果有的话）至今仍是个谜。无论如何，撒哈拉沙漠研究技术协会本身也很快就被历史淘汰了。阿尔及利亚持续的殖民危机和1962年法国殖民统治的终结，阻碍了那些仿鲁代雷项目的后续行动以及针对撒哈拉沙漠的开发计划。法国政府为了提高声望而进行的项目现在主要集中在法国本土，比如建造核反应堆，从而满足本国日益增长的能源需求。这标志着关于撒哈拉海项目的第二波讨论就此结束，或者至少是暂时的结束。[25]

20世纪70年代，萨赫勒的干旱和对荒漠化的最新研究使得关于大型沙漠工程计划的讨论重点从撒哈拉北部地区转移到了南部地区。在人们对不断扩张的沙漠感到焦虑的背景下（无论是人为的还是自然发生的，无论是地区性的还是全球范围的），大规模环境规划和工程再次出现在西方媒体中。即使荒漠化防治措施不涉及明确的环境工程成分，人们仍然认为这些项目是无所不包的激进措施，它们会在不同的地区和国家引发全面的环境和社会变革。在 1974 年《纽约时报》的一篇专题文章中，马丁·沃克（Martin Walker）没有遵循荒漠化成因的研究范式，而是将萨赫勒的干旱描述为天气模式变化的结果。沃克认为，阻止撒哈拉扩张的快速解决方案几乎不可能存在，但他依旧呼吁实施一项新的带有殖民主义色彩的"大规模再教育项目"，从而"将游牧民族变成定居的农民"。[26]

　　还有一些评论家认为，大规模应用现代技术和工程措施可以解决荒漠化问题。20 世纪 70 年代的一项"让撒哈拉焕发生机的计划"使用了沙漠工程界可能早已被过度使用的陈词滥调，那就是通过搭建水泵网络灌溉撒哈拉沙漠。该计划呼吁开展一个试点项目，为建立更大规模的泵站提供蓝图，最终形成一条从塞内加尔到乍得的长达 2000 英里（约 3219 千米）的灌溉带，项目的支持者认为这将"阻止撒哈拉的猛攻"。使用森林或植被带来阻止沙漠的扩张在 19 世纪就曾成为讨论的主题，在 20 世纪 30 年代，它又成为斯特宾阻止沙漠侵蚀的建议的基础。事实证明，这一想法具有强大的生命力，一直激励着世界各地的干旱地区开展类似的项目。同样在非洲，横跨非洲大陆的绿色之墙如今仍然是一个讨论的话题，尽管其确切形式和位置尚未确定。就森林来说，它究竟是人们期待已久的能阻止沙漠威胁的一种补救措施，还是像前美国国际开发署的工作人员所说的那样，仅仅是一种"妄想"，还有待观察。无论如何，森林带的效用可能更多地在于其固碳的能力，而不是调节水文条件或在物理层面阻止不断扩张的沙漠。[27]

　　保护性的荒漠化防治带一般并不完全侧重于树木和植被。

20 世纪 80 年代，比利时生物学家、联合国教科文组织官员乔治斯·亨瑟（Georges Hense）制订了一项技术上更为复杂的计划：修建一条穿越撒哈拉的超长盐水运河，从毛里塔尼亚经尼日尔和乍得通往埃及和利比亚边境地中海沿岸。亨瑟提议在运河沿岸建造脱盐厂，为灌溉提供淡水。除此之外，他还希望这条盐水运河能为海洋生物提供适宜的生存环境，然后这些海洋生物能够成为撒哈拉居民新的食物来源。运河计划中有一些尚未解决的技术难题，比如运河的预计路线需要穿过撒哈拉中部提贝斯蒂山脉（Tibesti）海拔 500 米的山口，除此之外，该计划没有考虑到盐水可能污染拟建运河土壤下的淡水储备。与建造森林带的计划不同，除了非洲几个零星的大型水道项目，跨撒哈拉运河的想法并没有为人所接受。[28]

　　然而，大约在亨瑟计划的同一时期，鲁代雷的项目又一次卷土重来，这次是在阿尔及利亚和突尼斯两个独立国家的支持下。为了加强双边关系，两国于 1983 年签署了一项条约，其中包括成立一个研究在盐湖盆地地区建立内海的协会（SETAMI）。一年后，突尼斯–阿尔及利亚联合委员会求助于瑞典研究小组 SWECO，对撒哈拉海项目的气象、气候、水文、水动力、农学和经济方面进行计算。计算结果令人震惊，据 SWECO 估计，该项目的高成本与尚不确定的收益完全不成正比，项目所期望的经济和农业方面的收益无法确定。对这项研究来说也许最为重要的一点是，撒哈拉海项目造成的气象和气候影响几乎可以忽略不计。[29]

　　因此，SETAMI 在正式成立之前就受到了沉重的打击，阿尔及利亚-突尼斯项目从未启动。然而，撒哈拉海的故事还没有完全结束。2011年，著名的施普林格出版社出版了一篇关于阿尔及利亚和突尼斯"人工海湾形成计划"（Artificial Gulf Formation Scheme）的文章。这篇文章的三位作者之一是性格古怪而成果丰硕的大工程学倡导者理查德·卡斯卡特（Richard Cathcart），他在1980年发表了一本关于"工程师"赫尔曼·索尔格尔的传记，呼吁重新评估索尔格尔的计划。30年后，卡斯卡特在与其他人合作制订的阿尔及利亚-突尼斯盐湖盆地方案（Chotts Algeria Tunisine Scheme，CATS）中采纳了鲁代雷的计划，他们将其描述为"景观恢复大工程项目"（在文章的另一处，他们使用了一个更加令人困惑的描述，称这是一个"可行的理想大工程项目"）。拟议中的方案包括修建特里托尼斯港——一个位于新撒哈拉海边的新大型工业港口。为了坚定地推行该计划，方案还将盐湖盆地当作溢流池，从而抵消全球变暖导致的海平面上升。[30]

超越撒哈拉海

卡斯卡特重新构想的大工程学新水体至少到目前为止尚未实现，但近年来，阿拉伯半岛沙漠湖泊的数量有所增加。不过，这些湖泊并不是精心策划的产物，因此在一开始确实引起了一些困惑。据美国国家公共广播电台（NPR）的《万事皆晓》（*All Things Considered*）栏目报道，这些湖泊实际上是该地区的现代供水系统带来的意外结果：来自海洋的水脱盐后被输送到内陆城市，供居民的日常饮食和起居使用，之后，这些水经过处理再次于花园和公园中使用。然后，水渗入地下，以类似于绿洲形成的方式，在一定距离外重新渗透形成一个湖泊。阿拉伯联合酋长国的艾因市（Al Ain）附近，距离大海约 150 英里（约 241 千米）的绵延沙丘之间，一个湖泊正在形成。虽然这个湖泊尚未（至少目前还没有）对气候条件产生显著的影响，但它已经改变了当地的生态系统。一些物种（如拟食虫虻）已经从湖面附近的地区迁走，而另一些物种，如鸟类，甚至鱼类，则在沙漠中部找到了新的家园。无论最终对这一过程作出怎样的评估，由于新湖泊的产生，当地的生态系统显然正在经历快速的变化。正如大多数关于人类干预会彻底改变环境的故事一样，这种变化无论是否有意，都有其益处和代价。但无论如何，气候变化总是难以预测的。[31]

以阿拉伯沙漠中一个神秘湖泊的规模来看，这种变化可能相当有限，也相对可控。虽然拟食虫虻可能不会再回到该地区产卵，但广阔的沙漠为昆虫的繁殖提供了理想的条件。湖中及其周围鸟类数量的增加，如苍鹭、鸬鹚和铁鸭等，甚至可以被视为朝着维持其种群数量迈出的积极一步。不过，这些鸟类对周围沙漠生态系统的影响仍有待观察。对人们来说，来自海洋的脱盐水有可能让他们在艾因市定居、生存和生活，而这个新的、意想不到的湖泊只是沙漠景观中一个偶然的意外，甚至可能给人带来美学上的舒适感。湖泊带来的长期影响很难以任何程度的确定性来加以预测。它也许能提高当地的湿度，并稍稍降低周围地区的干旱程度。然而，从世界各地干旱地区使用灌溉措施之后的结果来看，淡水的沥水效应（Leeching Effect）更有可能调动土壤中的盐分，然后使土地逐渐盐碱化，最终形成盐湖或盐滩，与突尼斯南部的盐湖盆地并无二致。[32]

　　与地方干预的这些潜在后果相比，全球大气工程项目的受益规模和随之而来的意外后果要大得多。如今，这些大型地球工程项目在如何缓解全球变暖的讨论中占据着重要的地位。不过，在20世纪，气候学已经从大地科学转向了大气科学，因此气候工程的愿景也越发关注固定的大气条件，而不是地质或地理条件。事实上，地球工程几乎已经成为试图改变大气参数的代名词，比如，美国国家科学院就将该术语定义为"为了对抗或抵消大气化学变化的影响而对我们的环境开展的大规模工程"。[33]

　　今天讨论的大多数地球工程项目旨在抵消大气中二氧化碳以及其他温室气体含量增加而造成的影响。这些方法大致可分为两类：第一类的关注重点在于通过各种机制从大气中去除碳，固碳方式既包括植树造林，也包括海洋中的铁肥料效应；第二类方法侧重于通过各种方式减少太阳的影响来调节太阳辐射，比如向大气中注入化学物质，相当于在沙漠甚至外层空间安装了多个大型镜子。《纽约客》的一篇文章尖锐地批评道，在这两类方法中，各种具体措施"有的看似合理，有的荒谬可笑"。[34]

　　各国领导人似乎无法就减少温室气体排放的方式甚至必要性达成一致。在这样一个世界里，减少大气中二氧化碳的努力以及减少太阳辐射影响的尝试都可以带来希望。但即使有办法立即减少碳排放，世界也无法免受气候变化带来的潜在深远影响。联合国政府间气候变化专门委员会在第五次报告中曾经预测，即使立即停止碳排放，气候变化所造成的影响也将持续几个世纪。面对这种相当悲观的前景，哈佛大学地球工程倡导者大卫·基思（David Keith）正在积极地证明地球工程研发的合理性，并在碳捕获技术上投入了资金。剑桥大学启动了平流层注入粒子的气候工程项目（Stratospheric Particle Injection for Climate Engineering Project，SPICE），至于开展这个项目的原因，工程学教授休·亨特（Hugh Hunt）提出了一个相当无奈的理由："这不是什么灵丹妙药，但它很可能是一种最不坏的选择。"[35]

地球工程的支持者当然有他们的道理。然而，对于正在进行的减少温室气体排放和开发新的无排放或减排技术来说，接受"最不坏的选择"也可能分散并浪费其中的资源。即使在模型中测试或只是小规模的测试，地质工程的具体风险根本难以预测。哪怕是最新一代的全球气候机制也是如此。尽管基于计算机的气候模型在过去 30 年中取得了巨大的发展，但它们并不是准确无误的预言家。事实上，气候模型现在面临的困境是，它们要么有助于以一种简化的方式描述气候变化，要么就是过于复杂，无法发挥实际作用。尽管一开始看起来很矛盾，但这两种可能性实际上是一枚硬币的两面。正如迈克·胡尔姆（Mike Hulme）所说，预测性自然科学描绘了一种未来情景，在其中，起决定性作用的几乎完全是气候及依赖气候的力量。虽然这样的情景包括全球气温上升造成的环境变化，但往往没有考虑到历史学家所关注的社会、政治、经济或文化发展的偶然性方面。然而，倘若将这些维度纳入方法更全面的气候模型，就需应对数据可用性和可公度性以及应用规模等重要问题。包容性模型的复杂性也导致了更多潜在的误差源，这使得我们更难知道地质工程干预措施在实践中会产生何种影响。[36]

受过大气科学训练的历史学家吉姆·弗莱明（Jim Fleming）在其对地球工程的重要观点中警告说，直到今天，我们仍然必须依赖那些粗略的计算以及简单的计算机模型。不过，即使有复杂的气候模型，地球工程学仍然是一片未知的领域，从军事化和技术官僚对国际政治的重塑，到深刻改变人类与自然的关系，地球工程学为一系列潜在的危险打开了大门。2009 年，弗莱明在美国国会发表声明时补充道："在应用地球工程学时，我们的决策不应该基于我们认为'现在'和不久的将来可以做什么。相反，我们的知识是由我们过去已经做过和没有做过的事情决定的。这才是做出明智决策的方式。"[37]

弗莱明的这段声明可以作为本章一个恰当的结语，或者是这篇关于 20 世纪下半叶荒漠化研究和气候工程历史简短概述的另一种解读。尽管如此，我最后还是想暂时回到 19 世纪，回到北非，在巴尔特、菲舍尔和鲁代雷的世界与我们目前的局势之间建立一些初步的联系。在这项研究中，我提到了"气候变化""干旱化"和"荒漠化"，有时我甚至会互换使用这些术语，因为它们的定义总是在不断变化并且有所重叠。然而，像雷特这样的科学家所思考的大规模气候变化显然与我们今天所说的"全球变暖"不同。在雷特自己的分析中，他无法确定气候变化的原因，而且他关注的是北非的地面环境，而不是大气气体和环流模型。尽管人为原因造成的变暖确实在 19 世纪迅速发展的工业化中兴起，甚至在当时开始被理论化，但直到 20 世纪下半叶人们才看到其全部的影响，它也因此成为一种广为接受的理论。同样，尽管雷特和他的同事们已经假设了全球干旱和气候变化的过程，但直到过去的 50 年里，全球环境互联（在其中气候可能成为一种全球现象）的想法才得到了充分的发展。

　　然而，19 世纪潜在的大规模气候变化和环境变化引发的焦虑和恐惧，依然以一种熟悉的旋律在我们耳边回响。对气候灾难，甚至是全球灾难的担忧，其历史可以追溯到 20 世纪下半叶，当时，这种担忧通常被置于日益高涨的环境运动和人们发现全球变暖的背景之下。然而，这并不是说当时以及现在的焦虑有着相同的基础或同等的可信性，甚至，如一种恶意解读所说的那样，今天的恐惧只是环境和气候恐慌漫长历史中又一次夸张的过度反应。事实上，人类的过去是一个陌生的领域。19 世纪和 20 世纪之交的科学家们对大规模气候变化及其潜在的机制有着各式各样不同的看法，并且始终无法达成一致，但如今，大规模全球气候变化背后的机制得到了科学共识强有力的支持，这一共识实际上比当前大多数科学问题所达成的共识都要强大。高度复杂的现代全球大气环流模型仍然会面临规模问题，同时，它们常常不够完整或者其中出现各种异构数据集，但很难否认人类对大气条件（以及随之而来的气候条件）的巨大影响（尽管许多人仍然试图狡辩）。越来越明显的是，那些否认气候变化的群体更关心政治利益和个人经济利益，而不是完整的科学实践。[38]

　　然而，我们和那个时代之间仍存在一些潜在的联系。一方面，气候科学再次显示出方法上更加包容的迹象，不仅越来越多地考虑大气因素，同时还考虑长期气候变化中的陆上因素。气候科学方法的多样化，加上该领域越来越重视气候变化的社会和文化层面，这为跨学科方法提供了肥沃的孕育土壤，当然，这一过程也许很难忽略地理学家的重要作用。除了内部的学科动态，气候学的过去和现在之间也存在着联系，其与社会背景有关。正如艾米·达汉（Amy Dahan）所说，自 20 世纪 90 年代以来，气候并没有从"复杂的科学问题"转变为"热门的政治问题"。气候科学和气候工程从一开始就高度政治化，无论是从殖民地到后殖民地，还是从国家到国际，向来如此。[39]

　　然而，这并不意味着要普遍放弃气候科学及其全部发现，而是要密切关注该领域的研究问题和实践。批判性地检验气候研究与直接拒绝研究结果确实不同（而且确实要更负责任），这一点有时会在当今美国关于全球变暖的激烈公开辩论中被人忽略。其他更具历史意义的联系也可以阐明当前气候变化讨论的一些动态：一些对气候趋势的最新预测表明，部分科学家在 19 世纪末担心的北非干旱，在全球变暖的推动下，实际上正在 21 世纪发生着。在这种背景下，政策制定者以及地方和国际利益相关者对全球荒漠化的焦虑仍在持续，这一点不足为奇。尽管气候学界已经达成共识，认为全球变暖既是真实的，也是人为的，但气候变化的地方性和社会政治性影响仍然是极具争议的辩论主题。即使是最新的气候模型也无法在非常短的时间范围内准确预测全球气温上升对特定地区的影响。对非洲及其他地区气候变化、干旱化和荒漠化背后的各种潜在机制的研究仍在继续。在可预见的未来，气候变化带来的焦虑和寄希望于气候工程技术获取安全的故事仍将继续。

注释

🪶 绪论

1   Heinrich Barth, *Reisen und Entdeckungen in Nord- und Central-Afrika in den Jahren 1849 bis 1855*, 5 vols. (Gotha: Justus Perthes, 1857), 1:209-18; 另请参阅Steve Kemper, *A Labyrinth of Kingdoms: 10,000 Miles through Islamic Africa* (New York: Norton, 2012); 关于利比亚的岩石上的艺术，参阅Francis L. van Noten, *Rock Art of the Jebel Uweinat* (Graz: Akademische Druck- und Verlagsanstalt, 1978); Jan Jelínek, *Sahara: Histoire de l'art rupestre libyen: découvertes et analyses* (Grenoble: J. Millon, 2004).

2   Barth, *Reisen und Entdeckungen*, 1:214-15.

3   在关于北非的气候变化和气候工程的讨论中，欧洲人发挥了非常突出的作用。大约在同一时间，美国也有类似的关于干旱和气候变化的讨论，但其并不具有欧洲那般有利的制度背景。直到20世纪初，气候学及其相关内容才进入美国大学，成为一个学术领域。参阅Kristine Harper, "Meteorology's Struggle for Professional Recognition in the USA (1900-1950)," *Annals of Science* 63, no. 2 (April 2006): 179-99.

4   Eduard Brückner, *Klimaschwankungen seit 1700, nebst Bemerkungen über die Klimaschwankungen der Diluvialzeit*, Geographische Abhandlungen 4 (Vienna: Ed. Hölzel, 1890), 34; 英文翻译借自Eduard Brückner, "Climate Change since 1700," in *Eduard Brückner: The Sources and Consequences of Climate Change and Climate Variability in Historical Times*, ed. Hans von Storch and Nico Stehr (Dordrecht: Kluwer, 2000), 115. 针对

环境焦虑，贝蒂给出了一个恰当的定义："当环境不符合欧洲人对其自然生产力的先入之见时，或者当殖民主义引发了一系列意想不到的环境后果，继而威胁到欧洲的健康发展和军事力量，乃至农业发展和社会关系的方方面面时，欧洲人对环境所产生的担忧。"详见 James Beattie, *Empire and Environmental Anxiety: Health, Science, Art and Conservation in South Asia and Australasia, 1800-1920* (Houndmills, Basingstoke: Palgrave Macmillan, 2011), 1. 关于焦虑对殖民规划和殖民暴力的意义，可参阅 Mark Condos, *Insecurity State: Punjab and the Making of Colonial Power in British India* (Cambridge: Cambridge University Press, 2020); Amina Marzouk Chouchene, "Fear, Anxiety, Panic, and Settler Consciousness," *Settler Colonial Studies* 10, no. 4 (2020): 443-60; Harald Fischer-Tiné, *Anxieties, Fear and Panic in Colonial Settings: Empires on the Verge of a Nervous Breakdown* (Cham: Palgrave Macmillan, 2016).

5　关于气候方面的描述，可参阅以下论文：Richard Hamblyn, Sverker Sörlin, Michael Bravo, and Diana Liverman introduced by Stephen Daniels and Georgina H. Endfield, "Narratives of Climate Change: Introduction," *Journal of Historical Geography*, Feature: Narratives of Climate Change 35, no. 2 (April 2009): 215-22. 关于气候衰退的叙述，参阅 Peter Burke, "Tradition and Experience: The Idea of Decline from Bruni to Gibbon," *Daedalus* 105, no. 3 (1976): 137-52; Richard Grove and Vinita Damodaran, "Imperialism, Intellectual Networks, and Environmental Change: Origins and Evolution of Global Environmental History, 1676-2000," *Economic and Political Weekly* 41, no. 41-42 (October 2006): 4345-54, 4497-4505. 关于气候及气候变化的文化层面，参阅 James Rodger Fleming and Vladimir Jankovic, "Introduction: Revisiting Klima," *Osiris* 26, no. 1 (January 1, 2011): 1-15.

6　在这里，我要反驳迈克尔·奥斯本关于"殖民企业如何改变科学的部署和内容"的观点，参见 Michael A. Osborne, "Science and the

French Empire," *Isis* 96, no. 1 (March 1, 2005): 87. 关于 "殖民科学" 的问题，参阅Helen Tilley, *Africa as a Living Laboratory: Empire, Development, and the Problem of Scientific Knowledge, 1870-1950* (Chicago: University of Chicago Press, 2011), 7-11. 论气候学的殖民 维度，参阅Deborah R. Coen, "Climate and Circulation in Imperial Austria," *Journal of Modern History* 82, no. 4 (December 1, 2010): 839-75; Deborah R. Coen, "Imperial Climatographies from Tyrol to Turkestan," *Osiris* 26 (2011): 45-65.

7　Cf. Fabien Locher and Jean-Baptiste Fressoz, "Modernity's Frail Climate: A Climate History of Environmental Reflexivity," *Critical Inquiry* 38, no. 3 (2012): 579-98.

8　关于气候变异与荒漠化的早期观点，可参阅 Clarence J. Glacken, *Traces on the Rhodian Shore: Nature and Culture in Western Thought from Ancient Times to the End of the Eighteenth Century* (Berkeley: University of California Press, 1967), 659-63; Diana K. Davis, *The Arid Lands: History, Power, Knowledge, History for a Sustainable Future* (Cambridge, MA: MIT Press, 2015), 49-79; Lee Alan Dugatkin, "Buffon, Jefferson and the Theory of New World Degeneracy," *Evolution: Education and Outreach* 12, no. 1 (June 6, 2019): 15; Jean-Baptiste Fressoz and Fabien Locher, *Les révoltes du ciel: une histoire du changement climatique (XVe-XXe siécle)* (Paris: Éditions du Seuil, 2020); Richard H. Grove, *Green Imperialism: Colonial Expansion, Tropical Island Edens, and the Origins of Environmentalism, 1600-1860*, Studies in Environment and History (Cambridge: Cambridge University Press, 1995); Richard H. Grove, *Ecology, Climate and Empire: Colonialism and Global Environmental History, 1400-1940* (Cambridge: White Horse Press, 1997); Grove and Damodaran, "Imperialism, Intellectual Networks, and Environmental Change"; Kenneth Thompson, "Forests and Climate Change in America: Some Early Views," *Climatic Change*

3, no. 1 (1980): 47-64; Gregory T. Cushman, "Humboldtian Science, Creole Meteorology, and the Discovery of HumanCaused Climate Change in South America," *Osiris* 26, no. 1 (January 1, 2011): 16-44; Lydia Barnett, "The Theology of Climate Change: Sin as Agency in the Enlightenment's Anthropocene," *Environmental History* 20, no. 2 (April 1, 2015): 217-37; Lydia Barnett, *After the Flood: Imagining the Global Environment in Early Modern Europe* (Baltimore: Johns Hopkins University Press, 2019). 关于20世纪下半叶的全球干旱化研究，参阅 Marc Elie, "Formulating the Global Environment: Soviet Soil Scientists and the International Desertification Discussion, 1968-91," *Slavonic and East European Review* 93, no. 1 (January 2015): 181-204.

9　Mary Louise Pratt, *Imperial Eyes: Travel Writing and Transculturation*, 2nd ed. (London: Routledge, 2008). 通俗一点来说，"行星意识"的出现也可以被描述为"地球系统问题框架"的发展，肯·维尔克宁在研究沙尘的远距离运输史时使用了这个术语。可参阅Ken Wilkening, "Intercontinental Transport of Dust: Science and Policy, Pre-1800s to 1967," *Environment and History* 17, no. 2 (May 2011): 313-39; Deborah R. Coen, *Climate in Motion: Science, Empire, and the Problem of Scale* (Chicago: University of Chicago Press, 2018).

10　Davis, Arid Lands; 关于北非和中东的环境史，可参阅Alan Mikhail, ed., *Water on Sand: Environmental Histories of the Middle East and North Africa* (New York: Oxford University Press, 2013); Sam White, *The Climate of Rebellion in the Early Modern Ottoman Empire* (Cambridge: Cambridge University Press, 2013).

11　近来的文献广泛讨论了当前全球变暖讨论中的政治层面，其中极具见地的分析，参阅Amy Dahan-Dalmedico and Hélène Guillemot, "Changement climatique: dynamiques scientifiques, expertise, enjeux géopolitiques / Climatic Change: Scientific Dynamics, Expert Evaluation, and Geopolitical Stakes," *Sociologie du travail* 48, no. 3 (July 1, 2006):

412-32; Amy Dahan-Dalmedico, "Climate Expertise: Between Scientific Credibility and Geopolitical Imperatives," *Interdisciplinary Science Reviews* 33, no. 1 (March 2008): 71-81.

12　Emil Deckert, *Die Kolonialreiche und Kolonisationsobjekte der Gegenwart: kolonialpolitische und kolonialgeographische Skizzen* (Leipzig: P. Frohberg, 1884), 116.

13　Georges-Louis Leclerc Buffon, *Histoire Naturelle, Générale, et Particulière*, 5 vols. (Paris, 1788), 5:244; 引自Locher and Fressoz, "Modernity's Frail Climate," 579.

14　关于此词，德克特最初使用的德语词是"korrigieren"。

15　关于早期的现代气候工程项目，可参阅Sara Olivia Miglietti, "Mastering the Climate: Theories of Environmental Influence in the Long Seventeenth Century" (PhD diss., University of Warwick, 2016); Anya Zilberstein, *A Temperate Empire: Making Climate Change in Early America* (New York: Oxford University Press, 2019); Sara Miglietti and John Morgan, eds., *Governing the Environment in the Early Modern World: Theory and Practice* (London: Routledge, 2017).

16　可参阅Bruno Latour, *We Have Never Been Modern* (New York: Harvester Wheatsheaf, 1993); Richard White, *The Organic Machine* (New York: Hill & Wang, 1995).

17　William Cronon, "Foreword," in *Mountain Gloom and Mountain Glory: The Development of the Aesthetics of the Infinite*, by Marjorie Hope Nicolson (Seattle: University of Washington Press, 1997), xii; David Edgerton, *The Shock of the Old: Technology and Global History since 1900* (Oxford: Oxford University Press, 2007), XV.

第一章

1　关于玛乔丽·霍普·尼科尔森将山脉重新想象为崇高之美的经典

研究，参阅*Mountain Gloom and Mountain Glory: The Development of the Aesthetics of the Infinite* (Seattle: University of Washington Press, 1997). 关于对冰川的浪漫向往，可参阅Robert Macfarlane, *Mountains of the Mind: A History of a Fascination* (London: Granta, 2003), 103-36. On the connections between mountaineering and glaciology. 关于登山与冰川学的联系，参阅Garry K. C. Clarke, "A Short History of Scientific Investigations on Glaciers," *Journal of Glaciology*, Special Issue (1987): 4-24; Bruce Hevly, "The Heroic Science of Glacier Motion," *Osiris* 11 (January 1, 1996): 66-86. 关于对沙漠环境的浪漫向往，参阅Cian Duffy, *The Landscapes of the Sublime 1700-1830: Classic Ground* (Houndmills, Basingstoke: Palgrave Macmillan, 2013), 135-73; Uwe Lindemann, *Die Wüste: Terra incognita, Erlebnis, Symbol: Eine Genealogie der abendländischen Wüstenvorstellungen in der Literatur von der Antike bis zur Gegenwart* (Heidelberg: C. Winter, 2000), 112-44. 关于荒漠的文化史，参阅Vittoria Di Palma, *Wasteland: A History* (New Haven, CT: Yale University Press, 2014); Diana K. Davis, *The Arid Lands: History, Power, Knowledge, History for a Sustainable Future* (Cambridge, MA: MIT Press, 2015).

2   Arthur Stentzel, "Die Ausdorrung der Kontinente," *Naturwissenschaftliche Wochenschrift* 4, no. 45 (1905): 712-16. 关于干旱化和荒漠化研究以及焦虑，请参阅Gregory T. Cushman, "Humboldtian Science, Creole Meteorology, and the Discovery of Human-Caused Climate Change in South America," *Osiris* 26, no. 1 (January 1, 2011): 16-44; Clarence J. Glacken, *Traces on the Rhodian Shore: Nature and Culture in Western Thought from Ancient Times to the End of the Eighteenth Century* (Berkeley: University of California Press, 1967); Richard H. Grove, *Green Imperialism: Colonial Expansion, Tropical Island Edens, and the Origins of Environmentalism, 1600-1860*, Studies in Environment and History (Cambridge: Cambridge University Press, 1995); Richard

H. Grove, *Ecology, Climate and Empire: Colonialism and Global Environmental History, 1400-1940* (Cambridge: White Horse Press, 1997); Richard Grove and Vinita Damodaran, "Imperialism, Intellectual Networks, and Environmental Change: Origins and Evolution of Global Environmental History, 1676-2000," *Economic and Political Weekly* 41, no. 41-42 (October 2006): 4345-54, 4497-4505.

3   Louis Agassiz, *Études sur les glaciers* (Neuchâtel: Jent et Gassmann, 1840), 225.

4   James Rodger Fleming, *Historical Perspectives on Climate Change* (New York: Oxford University Press, 1998), 11-20; Franz Mauelshagen, "The Debate over Climate Change in Historical Time, c. 1750-1850," *History of Meteorology* (forthcoming); Fredrik Albritton Jonsson, "Climate Change and the Retreat of the Atlantic: The Cameralist Context of Pehr Kalm's Voyage to North America, 1748-51," *William and Mary Quarterly* 72, no. 1 (January 1, 2015): 99-126; Edward Gibbon, *The History of the Decline and Fall of the Roman Empire*, 2nd ed., vol. 6 (London: Strahan and Cadell, 1788), 519; Roberto M. Dainotto, *Europe (in Theory)* (Durham, NC: Duke University Press, 2007), 84-86; Martin J. S. Rudwick, *Bursting the Limits of Time: The Reconstruction of Geohistory in the Age of Revolution* (Chicago: University of Chicago Press, 2005); Ivano Dal Prete, "'Being the World Eternal...': The Age of the Earth in Renaissance Italy," *Isis* 105, no. 2 (2014): 292-317. 人们关于地球年龄的观念曾发生过巨大的变化，通过各个时代的视觉呈现可以描绘其变化轨迹，参见Anthony Grafton and Daniel Rosenberg, *Cartographies of Time* (New York: Princeton Architectural Press, 2010). 关于18世纪和19世纪冰河时期理论的发展，参阅Tobias Krüger, *Discovering the Ice Ages: International Reception and Consequences for a Historical Understanding of Climate* (Leiden: Brill, 2013).

5   Louis Agassiz, *Des glaciers, des moraines et des blocs erratiques,*

discours prononcé à l'ouverture des séances de la Société helvétique des sciences naturelles, à Neuchâtel le 24 Juillet 1837 (Neuchâtel: Société helvétique des sciences naturelles, 1837); 另请参阅Jean-Paul Schaer, "Agassiz et les glaciers. Sa conduite de la recherche et ses mérites," Ecologae geologicae Helvetiae 93, no. 2 (2000): 233-34; Martin J. S. Rudwick, Worlds Before Adam: The Reconstruction of Geohistory in the Age of Reform (Chicago: University of Chicago Press, 2008), 517-34.

6   Jean-Baptiste Joseph Fourier, "Extrait d'une mémoire sur le refroidissement séculaire du globe terrestre," Annales de chimie et de physique 13 (1820): 418-33; Jean-Baptiste Joseph Fourier, "Remarques générales sur les températures du globe terrestre et des espaces planétaires," Annales de chimie et de physique 27 (1824): 136-67. 关于莱尔的均变说理论，可在以下文献中找到最完整的表达：Charles Lyell, Principles of Geology; Being an Attempt to Explain the Former Changes of the Earth's Surface by Reference to Causes Now in Operation, 3 vols. (London: J. Murray, 1830). 关于阿加西斯对进化论的坚决反对，参阅Edward Lurie, "Louis Agassiz and the Idea of Evolution," Victorian Studies 3, no. 1 (September 1, 1959): 87-108; Louis Agassiz, "Observations sur les glaciers," Bulletin de la Société géologique de France 9 (1838): 443-50.

7   HLHU MS Am 1419, Series I: Agassiz to Buckland, n.d. [probably 1838], 107. 阿加西斯的理论预示了"雪球地球"假说的出现，这一假说于1992年首次提出，详情可参阅Joseph Kirschvink, "Late Proterozoic Low-Latitude Global Glaciation: The Snowball Earth," in The Proterozoic Biosphere: A Multidisciplinary Study, ed. J. William Schopf and Cornelis Klein (Cambridge: Cambridge University Press, 1992), 51-53. 对于"雪球地球"假说的概述，可参阅Paul F. Hoffman and Daniel P. Schrag, "Snowball Earth," Scientific American 282 (2000): 68-75. 关于冰川理论对19世纪中期地质学思想主要发展脉络的影

响的总结，请参阅Dennis R. Dean, *James Hutton and the History of Geology* (Ithaca, NY: Cornell University Press, 1992), 248-51.

8 开尔文满怀自信地宣布，他的研究结果推翻了莱尔提出的所有均变说原则，而这些原则当时得到了大部分专业地质人士的支持。参见William Thomson Kelvin, "The 'Doctrine of Uniformity' in Geology Briefly Refuted," *Proceedings of the Royal Society of Edinburgh 5 (1865)*: 512-13. 有关开尔文对地球年龄的计算以及后续的争论，以下文献进行了更深入的探讨：Stephen G. Brush, *The Temperature of History: Phases of Science and Culture in the Nineteenth Century* (New York: B. Franklin, 1978), 29-44; Joe D. Burchfield, *Lord Kelvin and the Age of the Earth* (Chicago: University of Chicago Press, 1990); Frank D. Stacey, "Kelvin's Age of the Earth Paradox Revisited," *Journal of Geophysical Research: Solid Earth* 105, no. B6 (2000): 13155-58. 关于傅立叶对开尔文的影响，参阅T. Mark Harrison, "Comment on 'Kelvin and the Age of the Earth,'" *Journal of Geology* 95, no. 5 (September 1, 1987): 725-29; Crosbie Smith, "Natural Philosophy and Thermodynamics: William Thomson and 'The Dynamical Theory of Heat,'" *British Journal for the History of Science* 9, no. 3 (November 1, 1976): 305-9.

9 William Thomson Kelvin, "On the Age of the Sun's Heat," ed. David Masson, *Macmillan's Magazine* 5, no. 29 (1862): 393；另请参阅 William Thomson Kelvin, "On the Secular Cooling of the Earth," *Transactions of the Royal Society of Edinburgh* 23 (1864): 160。19世纪80年代，开尔文试图将他关于天体冷却的理论与过去证明冰河时代存在的证据相结合，参阅Burchfield, *Lord Kelvin and the Age of the Earth*, 41-42。太阳可能最终停止发光、发热的想法在19世纪之前就已经为人们所探讨，参阅Frank A. J. L. James, "Thermodynamics and Sources of Solar Heat, 1846-1862," *British Journal for the History of Science* 15, no. 2 (July 1, 1982): 155-56.

10 John Tyndall, "On the Absorption and Radiation of Heat by Gases and Vapours and on the Physical Connexion of Radiation, Absorption and Conduction," *Philosophical Transactions of the Royal Society of London* 151 (1861): 1-36; Fourier, "Remarques générales sur les températures du globe terrestre et des espaces planétaires"; Jean-Baptiste Joseph Fourier, "Mémoire sur les températures du globe terrestre et des espaces planétaires," *Mémoires de l'Académie royale des sciences* 7 (1827): 569-604. 关于廷德尔及其科学研究的描述，参阅Ursula DeYoung, *A Vision of Modern Science: John Tyndall and the Role of the Scientist in Victorian Culture* (New York: Palgrave Macmillan, 2010); Roland Jackson, *The Ascent of John Tyndall: Victorian Scientist, Mountaineer, and Public Intellectual* (Oxford: Oxford University Press, 2020); Svante Arrhenius, "Über den Einfluss des atmosphärischen Kohlensäuregehalts auf die Temperatur der Erdoberfläche," *Bihang till Kongl. Svenska Vetenskapsakademiens Handlingar* 22, no. 1 (1896): 1-102—the English version appeared as Svante Arrhenius, "On the Influence of Carbonic Acid in the Air upon the Temperature of the Ground," Philosophical Magazine 41, no. 251 (1896): 237-76. 也可参阅Elisabeth Crawford, "Arrhenius' 1896 Model of the Greenhouse Effect in Context," *Ambio* 26, no. 1 (February 1, 1997): 6-11; Elisabeth T. Crawford, *Arrhenius: From Ionic Theory to the Greenhouse Effect* (Canton, OH: Science History Publications, 1996). 其他关于冰河时代发生原因的假设，还包括詹姆斯·克罗尔的天文学理论（后来成为米卢廷·米兰科维奇关于轨道变化研究的基础），参阅Krüger, *Discovering the Ice Ages*, 399-440; Svante Arrhenius, "Naturens värmehushållning," *Nordisk tidskrift* 14 (1896): 11.

11 Agassiz, *Études sur les glaciers*, 237-38.

12 Adolphe D'Assier, "Glacial Epochs and Their Periodicity," *Scientific American Supplement*, no. 632 (February 11, 1888): 10097-98; 这篇文

章最初以法语发表，参见Adolphe D'Assier, "Les époques glaciaires et leur périodicité," *Revue scientifique*, 3, 24, no. 18 (October 29, 1887): 554-60. Hermann Fritz, *Die wichtigsten periodischen Erscheinungen der Meteorologie und Kosmologie* (Leipzig: Brockhaus, 1889); Charles Austin Mendell Taber, *The Cause of Warm and Frigid Periods* (Boston: George H. Ellis, 1894). 目前有一份关于小冰河期的重磅文献，突出了社会、经济和政治方面的一些例证，参阅Wolfgang Behringer et al., *Kulturelle Konsequenzen der "Kleinen Eiszeit"—Cultural Consequences of the "Little Ice Age"* (Göttingen: Vandenhoeck & Ruprecht, 2005); Geoffrey Parker, *Global Crisis: War, Climate Change and Catastrophe in the Seventeenth Century* (New Haven, CT: Yale University Press, 2017).

13　Macfarlane, *Mountains of the Mind*, 128; Henry H. Howorth, *The Glacial Nightmare and the Flood: A Second Appeal to Common Sense from the Extravagance of Some Recent Geology* (London: Sampson Low, 1892); John Tyndall, "On the Conformation of the Alps," *Philosophical Magazine* 4, 28, no. 189 (1864): 264; Peter H. Hansen, *The Summits of Modern Man: Mountaineering after the Enlightenment* (Cambridge, MA: Harvard University Press, 2013), 180-86.

14　若想了解罗斯金在塑造维多利亚时代社会、环境和气候观念方面起到的作用，请参阅Vicky Albritton and Fredrik Albritton Jonsson, *Green Victorians: The Simple Life in John Ruskin's Lake District* (Chicago: University of Chicago Press, 2016).

15　有关巴尔特旅程的完整描述，参阅Steve Kemper, *A Labyrinth of Kingdoms: 10,000 Miles through Islamic Africa* (New York: Norton, 2012). "英雄科学"（heroic science）一词借用自Hevly, "Heroic Science of Glacier Motion." 关于探险家形象的浪漫主义起源，参阅Carl Thompson, *The Suffering Traveller and the Romantic Imagination* (Oxford: Oxford University Press, 2007); Gustav von Schubert, ed., *Heinrich Barth, der Bahnbrecher der deutschen Afrikaforschung* (Berlin:

D. Reimer, 1897), Ⅲ. 关于19世纪德国探索中的民族主义维度，参阅Matthew Unangst, "Men of Science and Action: The Celebrity of Explorers and German National Idenity, 1870-1895," *Central European History* 50, no. 3 (2017): 305-27.

16   Mungo Park, *Travels in the Interior Districts of Africa: Performed under the Direction and Patronage of the African Association, in the Years 1795, 1796, and 1797* (London: W. Bulmer, 1799); Mungo Park, *The Journal of a Mission to the Interior of Africa, in the Year 1805*, 2nd ed. (London: J. Murray, 1815); Friedrich Hornemann, *Tagebuch seiner Reise von Cairo nach Murzuck, der Hauptstadt des Königreichs Fessan in Afrika, in den Jahren 1797 und 1798*, ed. Carl König (Weimar: LandesIndustrie-Comptoir, 1802). 有关霍恩曼旅程的更多信息，参阅Jos Schnurer and Herward Sieberg, eds., *F. K. Hornemann (1772-1801): "Ich bin völlig Africaner und hier wie zu Hause": Begegnungen mit West- und Zentralafrika im Wandel der Zeit* (Hildesheim: Universitätsbibliothek Hildesheim, 1999); Heinrich Barth, *Travels and Discoveries in North and Central Africa: Being a Journal of an Expedition Undertaken Under the Auspices of H.B.M.'s Government, in the Years 1849-1855*, 5 vols. (London: Longman, Brown, Green, Longmans & Roberts, 1857); Heinrich Barth, *Reisen und Entdeckungen in Nord- und Central-Afrika in den Jahren 1849 bis 1855*, 5 vols. (Gotha: Justus Perthes, 1857). 关于皇家地理学会的相关内容，参阅Felix Driver, *Geography Militant: Cultures of Exploration and Empire* (Oxford: Blackwell, 2001), chap. 2.

17   Humboldt to Barth, February 26, 1859; cited in Rolf Italiaander, ed., *Heinrich Barth: Er schloß uns einen Weltteil auf. Unveröffentlichte Briefe und Zeichnungen des großen Afrika-Forschers* (Bad Kreuznach: Pandion, 1970), 155.

18   Heinrich Barth, *Wanderungen durch das punische und kyrenäische Küstenland oder Mâg'reb, Afrikîa und Barka* (Berlin: Wilhelm Hertz,

1849), 1:425-26 and 504-7; Barth, *Reisen und Entdeckungen,* 1:216. 巴
尔特对北非环境和气候变化的评估是准确无误的。然而，相对潮
湿的环境条件只在全新世早期和中期（距今约6000至4000年）存
在；参阅Alfred Thomas Grove and Oliver Rackham, *The Nature of
Mediterranean Europe: An Ecological History* (New Haven, CT: Yale
University Press, 2001), 209-20.

19   Paul Ascherson, "Reise nach der Kleinen Oase in der Libyschen Wüste
im Frühjahr 1876," *Mitteilungen der Geographischen Gesellschaft in
Hamburg* 1-2 (1876-77): 68. 关于格哈德·罗尔夫斯的生活和工作，
参阅Anne Helfensteller and Helke Kammerer-Grothaus, eds., *Afrika-Reise:
Leben und Werk des Afrikaforschers Gerhard Rohlfs, 1831-1896* (Bonn:
PAS, 1998); Erwin von Bary, "Über den Vegetationscharakter von Aïr.
Schreiben des Dr. Erwin v. Bary an Prof. P. Ascherson," *Zeitschrift
der Gesellschaft für Erdkunde zu Berlin* 13 (1878): 351-55; Gerhard
Rohlfs, "Zur Charakteristik der Sahara," *Zeitschrift der Gesellschaft für
Erdkunde zu Berlin*14 (1879): 368-74.

20   Gerhard Rohlfs, *Quer durch Afrika: Reise vom Mittelmeer nach dem Tschad-
See und zum Golf von Guinea* (Leipzig: F.A. Brockhaus, 1874), 110; Karl Alfred
von Zittel, *Die Sahara: Ihre physische und geologische Beschaffenheit* (Kassel:
Theodor Fischer, 1883), 38-39. 另请参阅Theobald Fischer, "Zur Frage der
Klima-Änderung im südlichen Mittelmeergebiet und in der nördlichen
Sahara," *Petermanns Mitteilungen aus Justus Perthes' Geographischer
Anstalt* 29 (1883): 3-4. Theobald Fischer, *Studien über das Klima der
Mittelmeerländer*, Ergänzungsheft zu Petermanns Geographischen
Mitteilungen 58 (Gotha: J. Perthes, 1879), 44; Hermann Leiter, *Die
Frage der Klimaänderung während geschichtlicher Zeit in Nordafrika*,
Abhandlungen der k. k. Geographischen Gesellschaft in Wien 8 (Vienna:
R. Lechner, 1909), 95; 杜维里耶和纳赫蒂格尔也继续着巴尔特对沙
漠岩画和壁画的探索，参阅Paul G. Bahn, *The Cambridge Illustrated*

History of Prehistoric Art (Cambridge: Cambridge University Press, 1998), 45.

21　这位英雄探险家的形象在19世纪的欧洲科学文化中发挥了重要的作用。这种文化高度重视亲身经历和第一目击者的叙述，具体可参阅 Driver, *Geography Militant.* 对于在冰川环境中工作以及研究冰川环境的科学家们来说也是如此，参阅Hevly, "Heroic Science of Glacier Motion." 关于在帝国背景下通过"中间人"收集信息的重要性，参阅Simon Schaffer et al., eds., *The Brokered World: Go-Betweens and Global Intelligence, 1770-1820* (Sagamore Beach, MA: Science History Publications, 2009); Dane Kennedy, *The Last Blank Spaces: Exploring Africa and Australia* (Cambridge, MA: Harvard University Press, 2013), 159-94; Kapil Raj, "Go-Betweens, Travelers, and Cultural Translators," in *A Companion to the History of Science*, ed. Bernard Lightman (Chichester: Wiley-Blackwell, 2016), 39-57. 关于殖民地景观、欧洲人和原住民三者之间互动的平衡问题，参阅Andrew Sluyter, *Colonialism and Landscape: Postcolonial Theory and Applications* (Lanham, MD: Rowman & Littlefield, 2002), 11-27, 211-32.

22　Gerhard Rohlfs, *Reise durch Marokko, Uebersteigung des grossen Atlas. Exploration der Oasen von Tafilet, Tuat und Tidikelt und Reise durch die grosse Wüste über Rhadames nach Tripoli*, 4th ed. (Norden: Hinricus Fischer Nachfolger, 1884), 118-19, 256；罗尔夫斯提到了阿拉伯人的"抵抗"，但他关于全面欧洲化的阿尔及利亚的想象，以及"为了全人类的进步，总有一些民族必须为其他民族腾出空间"的信仰，清楚地表明了其思想的深层内涵。

23　Leiter, *Die Frage der Klimaänderung während geschichtlicher Zeit in Nordafrika*, 99; Wilhelm R. Eckardt, *Das Klimaproblem der geologischen Vergangenheit und historischen Gegenwart* (Braunschweig: F. Vieweg und Sohn, 1909), 122. 尽管受到批评，但传教士的报告仍然是非洲气候变化讨论的重要来源，参阅Georgina H. Endfield and David J. Nash, "Missionaries and Morals: Climatic Discourse in NineteenthCentury Central Southern Africa," *Annals of the Association of American Geographers* 92, no. 4 (December 1, 2002): 727-42.

24 Cf. Matthias Heymann, "Klimakonstruktionen," *NTM Zeitschrift für Geschichte der Wissenschaften, Technik und Medizin* 17, no. 2 (May 1, 2009): 171-97.

25 关于早期气候理论和概念发展的殖民主义背景，参阅Grove, *Green Imperialism; Grove, Ecology, Climate and Empire*. 关于对格罗夫论文的批评，特别是他声称生态观念是在殖民地发展起来的，包括保护主义和可持续发展的理念，请参阅Joachim Radkau, *Natur und Macht: Eine Weltgeschichte der Umwelt* (Munich: Beck, 2000), 198-201. 关于干旱化研究的殖民主义起源，参阅Georgina H. Endfield and David J. Nash, "Drought, Desiccation and Discourse: Missionary Correspondence and Nineteenth-Century Climate Change in Central Southern Africa," *Geographical Journal* 168, no. 1 (March 1, 2002): 33-47. 关于撒哈拉的生态历史，参阅M. A. J. Williams, *When the Sahara Was Green: How Our Greatest Desert Came to Be* (Princeton, NJ: Princeton University Press, 2021); William R. Thompson and Leila Zakhirova, eds., *Climate Change in the Middle East and North Africa: 15,000 Years of Crises, Setbacks, and Adaptation* (New York: Routledge, 2022).

26 关于地理学作为一门殖民主义科学的发展过程，参阅David N. Livingstone, *The Geographical Tradition: Episodes in the History of a Contested Enterprise* (Oxford: Blackwell, 1993); Anne Godlewska and Neil Smith, eds., *Geography and Empire* (Oxford: Blackwell, 1994); Morag Bell, Robin A. Butlin, and Michael J. Heffernan, eds., *Geography and Imperialism, 1820-1940* (Manchester: Manchester University Press, 1995); Driver, *Geography Militant*. 关于彼特曼出版社，参阅Heinz Peter Brogiato, "Gotha als Wissens-Raum," in *Die Verräumlichung des Welt-Bildes: Petermanns geographische Mitteilungen zwischen*

"explorativer Geographie" und der "Vermessenheit" europäischer Raumphantasien, ed. Sebastian Lentz and Ferjan Ormeling (Gotha: Klett-Perthes, 2000), 15-29. 关于生态学帝国主义，参阅Peder Anker, *Imperial Ecology: Environmental Order in the British Empire, 1895-1945* (Cambridge, MA: Harvard University Press, 2002). 关于气候学作为一门帝国主义科学的发展过程，参阅David N. Livingstone, "Climate's Moral Economy: Science, Race and Place in Post-Darwinian British and American Geography," in *Geography and Empire*, ed. Anne Godlewska and Neil Smith (Oxford: Blackwell, 1994), 132-54; Richard H. Grove, "Imperialism and the Discourse of Desiccation: The Institutionalization of Global Environmental Concerns and the Role of the Royal Geographic Society, 1860-1880," in *Geography and Imperialism, 1820-1940*, ed. Morag Bell, R. A. Butlin, and Michael J. Heffernan (Manchester: Manchester University Press, 1995), 36-52; Katharine Anderson, *Predicting the Weather: Victorians and the Science of Meteorology* (Chicago: University of Chicago Press, 2005), 231-84; Martin Mahony, "For an Empire of 'All Types of Climate': Meteorology as an Imperial Science," *Journal of Historical Geography* 51 (2016): 29-39; Ruth A. Morgan, "Climate and Empire in the Nineteenth Century," in *The Palgrave Handbook of Climate History*, ed. Sam White, Christian Pfister, and Franz Mauelshagen (London: Palgrave Macmillan, 2018), 589-603; Philipp Lehmann, "Average Rainfall and the Play of Colors: Colonial Experience and Global Climate Data," *Studies in History and Philosophy of Science Part A*, Experiencing the Global Environment 70 (August 1, 2018): 38-49. 关于19世纪的气候适应科学，参阅Michael A. Osborne, "Acclimatizing the World: A History of the Paradigmatic Colonial Science," *Osiris*, 2nd Series, 15 (January 1, 2000): 135-51.

27　Fleming, *Historical Perspectives on Climate Change*, 33-44; Paul N. Edwards, "Meteorology as Infrastructural Globalism," *Osiris*, 2nd Series, 21

(January 1, 2006): 229-50. 关于19世纪法国和德国气象观测的发展，
参阅Fabien Locher, *Le savant et la tempête: étudier l'atmosphère et prévoir le temps au XIXe siècle* (Rennes: Presses universitaires de Rennes, 2008); Klaus Wege, *Die Entwicklung der meteorologischen Dienste in Deutschland* (Offenbach am Main: Deutscher Wetterdienst, 2002). 奥地利气候学家朱利叶斯·汉恩撰写了该领域的标志性作品，可参阅Julius von Hann, *Handbuch der Klimatologie*, 1st ed. (Stuttgart: J. Engelhorn, 1883); 英文翻译可参阅Julius von Hann, *Handbook of Climatology*, trans. Robert DeCourcy Ward (London: Macmillan, 1903). 关于汉恩对现代气候学的贡献，参阅Peter Kahlig, "Some Aspects of Julius von Hann's Contribution to Modern Climatology," in *Geophysical Monograph Series*, ed. G. A. McBean and M. Hantel, vol. 75 (Washington, DC: American Geophysical Union, 1993), 1-7.

28 Herodotus, *Herodot's von HalikarnaßGeschichte*, trans. Adolf Schöll (Stuttgart: J. B. Metzler, 1828), 1:548ff. 希罗多德是否真的去了北非，这一问题仍然存疑，可参阅Detlev Fehling, "The Art of Herodotus and the Margins of the World," in *Travel Fact and Travel Fiction: Studies on Fiction, Literary Tradition, Scholarly Discovery, and Observation in Travel Writing*, ed. Zweder von Martels (Leiden: Brill, 1994), 1-15. 关于巴尔特对希罗多德的依赖，参阅Henri Paul Eydoux, L'exploration du Sahara (Paris: Gallimard, 1938), 11-12. 希罗多德对北非特里托尼斯湖的描述对弗朗索瓦·鲁代雷的撒哈拉海项目产生了重要的影响，下一章中将详细介绍撒哈拉海项目。

29 Fleming, *Historical Perspectives on Climate Change*, 16; Diana K. Davis, *Resurrecting the Granary of Rome: Environmental History and French Colonial Expansion in North Africa* (Athens: Ohio University Press, 2007); Andrea E. Duffy, *Nomad's Land: Pastoralism and French Environmental Policy in the Nineteenth-Century Mediterranean World* (Lincoln: University of Nebraska Press, 2019). 关于"罗马粮仓"叙事长

期以来产生的重要影响，参阅Yves Lacoste, *Ibn Khaldun: The Birth of History and the Past of the Third World* (London: Verso, 1984).

30　事实上，这在今天仍然是一个极具争论的话题。人们一致认为，尽管罗马时代北非和中东的气候有些潮湿，但气候条件与全球变暖开始前的19世纪相似，可参阅H. H. Lamb, *Climate, History and the Modern World*, 2nd ed. (London: Routledge, 1995), 157. 另请参阅Grove and Rackham, *Nature of Mediterranean Europe*, 142-43. 相较之下，伊萨尔认为，在距今4000年、3800年和1400年左右发生了全球变暖事件，尤其对地中海盆地的干旱和半干旱地区产生了影响，详见：Arie S. Issar, "The Impact of Global Warming on the Water Resources of the Middle East: Past, Present, and Future," in *Climatic Changes and Water Resources in the Middle East and North Africa*, ed. F. Zereini et al. (Berlin: Springer, 2008), 145-64. 另请参阅A. Issar and Mattanyah Zohar, *Climate Change: Environment and Civilization in the Middle East* (Berlin: Springer, 2004).

31　Eckardt, *Das Klimaproblem der geologischen Vergangenheit und historischen Gegenwart*, vii.

32　Davis, *Resurrecting the Granary of Rome*; 另请参阅Andrea E. Duffy, *Nomad's Land Pastoralism and French Environmental Policy in the Nineteenth-Century Mediterranean World* (Lincoln: University of Nebraska Press, 2019).

33　Carl Nikolaus Fraas, *Klima und Pflanzenwelt in der Zeit. Ein Beitrag zur Geschichte beider*(Landshut: J. G. Wölfe, 1847), 41-49; 也可参阅Radkau, *Natur und Macht*, 160-64; Oscar Fraas, *Aus dem Orient* (Stuttgart: Ebner & Seubert, 1867), 1:213-16.

34　戴维斯写道，1853年欧内斯特·卡雷特关于北非起源及其主要部落的研究成果发表后，法国作家将该地区所谓的环境恶化归咎于7世纪时阿拉伯人的入侵，详见：Davis, *Resurrecting the Granary of Rome*. 另请参阅Ernest Carette, *Recherches sur l'origine et les migrations des principales tribus de l'Afrique septentrionale et particulièrement de l'Algérie*, vol. 3, Exploration scientifique de l'Algérie (Paris: Imprimerie impériale, 1853); 关于19世纪60年代之后，英法国殖民地热带地区在森林学家、地理学家和自然科学家中兴起的干旱主义思想，参阅Grove and Damodaran, "Imperialism, Intellectual Networks, and Environmental Change," 4346-49.

35　1904年，殖民地的种族主义立法以及对非洲西南地区赫雷罗人的种族灭绝，足以证明德国人对非洲人缺乏仁慈，可参阅Jürgen Zimmerer and Joachim Zeller, eds., *Völkermord in Deutsch-Südwestafrika: Der Kolonialkrieg (1904-1908) in Namibia und seine Folgen* (Berlin: Links, 2003); Isabel Hull, *Absolute Destruction: Military Culture and the Practices of War in Imperial Germany* (Ithaca, NY: Cornell University Press, 2005). 关于德国在非洲西南部的殖民主义气候学，参阅Harri Olavi Siiskonen, "The Concept of Climate Improvement: Colonialism and Environment in German Southwest Africa," *Environment and History* 21, no. 2 (2015): 281-302.

36　关于西奥博尔德·菲舍尔的研究，参阅Karl Oestreich, "Theobald Fischer. Eine Würdigung seines Wirkens als Forscher und Lehrer," *Geographische Zeitschrift* 18, no. 5 (January 1, 1912): 241-54. 虽然菲舍尔的气候学研究已经基本被遗忘，但布劳德尔认为他是地中海地区气候研究最重要的贡献者之一，可参阅Fernand Braudel, *The Mediterranean and the Mediterranean World in the Age of Philip II*, trans. Richard Lawrence Ollard, vol. 1 (Berkeley: University of California Press, 1995), 267-75; Fischer, *Studien über das Klima der Mittelmeerländer*, 41-42.

37　可参阅的文献包括：Eduard Brückner, *In wie weit ist das heutige Klima konstant? Vortrag gehalten auf dem 8. Deutschen Geographentage zu Berlin* (Berlin: W. Pormetter, 1889), 102; Henri Schirmer, *Le Sahara* (Paris: Hachette, 1893), 121; Wilhelm Sievers, *Afrika: eine allgemeine*

Landeskunde (Leipzig and Vienna: Bibliographisches Institut, 1895), 167. 虽然菲舍尔本人并没有解释这一过程，但他终其一生都对沙漠扩张问题十分关注；他还激发了人们研究沙漠形成的地质学原因，可参阅Theobald Fischer, "Über Wüstenbildung," *Dr. A. Petermann's Mitteilungen aus Justus Perthes' geographischer Anstalt* 57 (1911): 132; Lino Camprubí and Philipp Lehmann, eds., "Experiencing the Global Environment," *Studies in History and Philosophy of Science Part A* 70 (2018).

38　关于利用桉树防治荒漠化的全球历史，参阅Brett M. Bennett, "A Global History of Australian Trees," *Journal of the History of Biology* 44, no. 1 (February 1, 2011): 125-45; Brett M. Bennett, "The El Dorado of Forestry: The Eucalyptus in India, South Africa, and Thailand, 1850-2000," *International Review of Social History* 55, suppl. S18 (2010): 27-50. 关于通过植树造林来应对气候变化的一些观点，参阅Oskar Lenz, *Timbuktu: Reise durch Marokko, die Sahara und den Sudan, ausgeführt im Auftrage der Afrikanischen Gesellschaft in Deutschland in den Jahren 1879 und 1880* (Leipzig: Brockhaus, 1884), 2:359-73; Louis Carton, "Climatologie et agriculture de l'Afrique ancienne," *Bulletin de l'Académie d'Hippone* 27 (1894): 1-45; Louis Carton, "Note sur la diminution des pluies en Afrique," *Revue tunisienne* 3 (1896): 87-94; Aleksandr Ivanovich Woeikof, "Der Einfluss der Wälder auf das Klima," *Petermanns Mitteilungen aus Justus Perthes' Geographischer Anstalt* 31, no. 3 (1885): 81-87; Eckardt, *Das Klimaproblem der geologischen Vergangenheit und historischen Gegenwart*, 128-29.

39　Franz von Czerny, *Die Veränderlichkeit des Klimas und ihre Ursachen* (Vienna: A. Hartleben, 1881), 4-5.

40　Brückner, *In wie weit ist das heutige Klima konstant?* 关于中亚的干燥化研究，参阅David Moon, "Agriculture and the Environment on the Steppes in the Nineteenth Century," in *Peopling the Russian*

Periphery: Borderland Colonization in Eurasian History, ed. Nicholas B. Breyfogle, Abby M. Schrader, and Willard Sunderland (London: Routledge, 2007), 81-105; David Moon, "The Debate over Climate Change in the Steppe Region in NineteenthCentury Russia," *Russian Review* 69, no. 2 (April 1, 2010): 251-75; David Moon, *The Plough That Broke the Steppes: Agriculture and Environment on Russia's Grasslands, 1700-1914* (Oxford: Oxford University Press, 2013); Philippe Forêt, "Climate Change: A Challenge to the Geographers of Colonial Asia," *RFIEA Perspectives*, no. 9 (2013): 21-23; Deborah R. Coen, "Imperial Climatographies from Tyrol to Turkestan," *Osiris* 26 (2011): 45-65.

41 Prince Kropotkin, "The Desiccation of Eur-Asia," Geographical Journal 23, no. 6 (June 1904): 722-34. 关于克罗波特金的文章，还有一些更为著名的回应，具体参阅Prince Kropotkin, John Walter Gregory, and Edmond Cotter, "Correspondence: On the Desiccation of Eurasia and Some General Aspects of Desiccation," *Geographical Journal* 43, no. 4 (1914): 451-59; Lev Berg, "Ist Zentral-Asien im Austrocknen begriffen?," *Geographische Zeitschrift* 13 (1907): 568-79.

42 Nils Ekholm, "On the Variations of the Climate of the Geological and Historical Past and Their Causes," *Quarterly Journal of the Royal Meteorological Society* 27, no. 117 (1901): 1-62; Johan Gunnar Andersson, "Das spätquartäre Klima: Eine zusammenfassende Übersicht über die in dieser Arbeit vorliegenden Berichte," in *Die Veränderungen des Klimas seit dem Maximum der letzten Eiszeit, eine Sammlung von Berichten unter Mitwirkung von Fachgenossen in verschiedenen Ländern*, ed. Johan Gunnar Andersson (Stockholm: Generalstabens Litografiska Anstalt, 1910), lvi.

43 Joseph Partsch, "Über den Nachweis einer Klimaänderung der Mittelmeerländer in geschichtlicher Zeit," in *Verhandlungen des VIII. deutschen Geographentages* (Berlin: W. Pormetter, 1889), 116-25. 大约

在同一时间，朱利叶斯·汉恩表达了类似的怀疑，可参阅Nico Stehr and Hans von Storch, "Klimawandel, Klimapolitik und Gesellschaft," in *Eduard Brückner—Die Geschichte unseres Klimas: Klimaschwankungen und Klimafolgen*, ed. Nico Stehr and Hans von Storch (Vienna: Zentralanstalt für Meteorologie und Geodynamik, 2008), 16. 对极端天气问题的关注仍然是当今气候变化讨论中的一个议题，可参阅Nico Stehr and Hans von Storch, "The Social Construction of Climate and Climate Change," *Climate Research* 5, no. 2 (1995): 103.

44 Cushman, "Humboldtian Science"; Partsch, "Über den Nachweis einer Klimaänderung der Mittelmeerländer," 122-24; Hermann Vogelstein, Die Landwirtschaft in Palästina zur Zeit der Mišnâh. 1. Teil: Der Getreidebau (Berlin: Mayer & Müller, 1894). 公元前2世纪至3世纪成书的《密西拿》（希伯来语写作משנה）是公元前6世纪至公元1世纪犹太人口传传统的第一份主要书面记录，参见Andrew Ellicott Douglass, *Climatic Cycles and Tree-Growth: A Study of the Annual Rings of Trees in Relation to Climate and Solar Activity*, 3 vols., vol. 1 (Washington, DC: Carnegie Institution, 1919).

45 朱利叶斯·汉恩在气候学方面极具影响力的作品是这一共识日益达成的的核心；可参阅Deborah R. Coen, "Climate and Circulation in Imperial Austria," *Journal of Modern History* 82, no. 4 (December 1, 2010): 846; Deborah R. Coen, *Climate in Motion: Science, Empire, and the Problem of Scale* (Chicago: University of Chicago Press, 2018), 160-217; Sluyter, *Colonialism and Landscape*, 223-27.

46 相关竞争性理论的简要概述，参阅Spencer Weart, *The Discovery of Global Warming* (Cambridge, MA: Harvard University Press, 2003), 1-18. 另请参阅Nico Stehr and Hans von Storch, *Klima, Wetter, Mensch* (Opladen: Barbara Budrich, 2010), 77-79; Robert P. Beckinsale, Richard J. Chorley, and J. Dunn, eds., *The History of the Study of Landforms, or, the Development of Geomorphology*, vol. 3 (London: Routledge, 1991),

48-56. 在书中，贝金赛尔和乔利列出了1890年至1920年关于气候变化机制的主要陆地理论，这些理论与天文学理论和太阳理论同时存在，具体包括：（1）大陆漂移；（2）陆地和海洋分布的变化；（3）陆地海拔的变化；（4）海洋环流的变化；（5）大气中二氧化碳的长期减少；（6）火山尘埃的增加（54—55页）。有关天文学理论的概述，参阅André Berger, "A Brief History of the Astronomical Theories of Paleoclimates," in *Climate Change*, ed. André Berger, Fedor Mesinger, and Djordje Sijacki (Vienna: Springer, 2012), 107-29.

47   Eduard Brückner, *Klimaschwankungen seit 1700, nebst Bemerkungen über die Klimaschwankungen der Diluvialzeit*, Geographische Abhandlungen 4 (Vienna: Ed. Hölzel, 1890), 240-43. 贝吕克纳面临的难点是，他提出的气候周期不符合太阳黑子的周期，后者的周期更短。自19世纪中期海因里希·施瓦贝的研究以来，太阳黑子已经成为气象学界一个非常有趣的现象，参阅Samuel Heinrich Schwabe, "Sonnenbeobachtungen im Jahre 1843," *Astronomische Nachrichten* 21 (February 1, 1844): 233; 另请参阅Michael Bean, "Heinrich Samuel Schwabe, 1789-1875," *Journal of the British Astronomical Association* 85 (1975): 532-33; Douglas V. Hoyt and Kenneth H. Schatten, *The Role of the Sun in Climate Change* (New York: Oxford University Press, 1997); Anderson, *Predicting the Weather*, 264ff.; Karl Hufbauer, *Exploring the Sun: Solar Science since Galileo* (Baltimore: Johns Hopkins University Press, 1991), 42-80. 1901年，威廉·洛克耶再次强调了太阳黑子在气象学和气候学思想中的重要性，他假设了大约35年的二阶太阳黑子周期，这与布吕克纳提出的气候周期非常吻合，但人们对太阳黑子影响的怀疑从未完全消失。关于洛克耶的假设，参阅William J. S. Lockyer, "The Solar Activity 1833-1900," *Proceedings of the Royal Society of London* 68 (January 1, 1901): 285-300. 20世纪60年代，查尔斯·阿博特仍在研究太阳黑子和太阳常

数变化对天气和气候的影响，可参阅Charles Greeley Abbot and F. E. Fowle, "Volcanoes and Climate," *Smithsonian Miscellaneous Collections* 60, no. 29 (1913): 1-24; Charles Greeley Abbot, "Precipitation in Five Continents," *Smithsonian Miscellaneous Collections* 151, no. 5 (1967): 1-30; 另请参阅David DeVorkin, "Defending a Dream: Charles Greeley Abbot's Years at the Smithsonian," *Journal for the History of Astronomy* 21 (1990): 121-36.

48   Grove and Damodaran, "Imperialism, Intellectual Networks, and Environmental Change," 4348; W. F. Hume, "Climatic Changes in Egypt during Post-glacial Times," in *Die Veränderungen Des Klimas Seit Dem Maximum Der Letzten Eiszeit*, ed. Johan Gunnar Andersson (Stockholm: Generalstabens Litografiska Anstalt, 1910), 421-24; Henry Hubert, "Le dessèchement progressif en Afrique occidentale," *Bulletin du Comité d'études historiques et scientifiques de l'Afrique occidentale française* 3 (1920): 401-67.

49   Leiter, *Die Frage der Klimaänderung während geschichtlicher Zeit in Nordafrika*, 142; 另请参阅Alfred Philippson, *Das Mittelmeergebiet: seine geographische und kulturelle Eigenart*, 4th ed. (B. G. Teubner, 1922), 123-31; John Walter Gregory, "Is the Earth Drying Up?," *Geographical Journal* 43, no. 2 and 3 (1914): 307.

50   如今看来，西奥博尔德·菲舍尔及其追随者显然高估了过去两三千年发生的气候变化。在人为全球变暖开始之前，北非的气候实际上保持了相当稳定的状态，其影响只有在20世纪才能加以评估。然而，巴尔特发现的岩石雕刻和岩画并没有说谎。事实上，北非内陆曾经有过牛等大型哺乳动物以及更多的水。不过，菲舍尔发现的大规模气候变化发生在大约6000年前。

51   参阅John Imbrie and Katherine Palmer Imbrie, *Ice Ages: Solving the Mystery* (Cambridge, MA: Harvard University Press, 1986), 61-175. 只有在米兰科维奇的理论为人所接受后，布吕克纳对气候周期的研

究才迎来了一次复兴（至今仍在继续），参阅Wolfgang H. Berger, Jürgen Pätzold, and Gerold Wefer, "A Case for Climate Cycles: Orbit, Sun and Moon," in *Climate Development and History of the North Atlantic Realm*, ed. Gerold Wefer et al. (Berlin: Springer, 2002), 101-23. 关于19世纪和20世纪之交人们对北非地理知识状况的评论，参阅Theobald Fischer, "Aufgaben und Streitfragen der Länderkunde des Mittelmeergebiets," *Petermanns Mitteilungen aus Justus Perthes' Geographischer Anstalt* 50 (1904): 174-76. 关于飞机在撒哈拉沙漠探险中的重要性，参阅Lindemann, *Die Wüste*, 43. 匈牙利探险家拉斯洛·阿尔马西是"英国病人"的原型，他在撒哈拉沙漠的技术探索中发挥了特别重要的作用，率先在探险过程中使用了汽车和飞机。他参与了沙漠中环境变化和气候变化的讨论，并与利奥·福贝尼乌斯一起发现了更多的岩画，参阅László Almásy, *Schwimmer in Der Wüste: Auf Der Suche Nach Der Oase Zarzura*, ed. Raoul Schrott and Michael Farin (Innsbruck: Haymon, 1997), 126, 132-34, 197-200.

52 Stehr and Storch, "Klimawandel, Klimapolitik und Gesellschaft," 12; Nico Stehr, "The Ubiquity of Nature: Climate and Culture," *Journal of the History of the Behavioral Sciences* 32, no. 2 (1996): 151-59.

53 Ellsworth Huntington, *The Pulse of Asia: A Journey in Central Asia Illustrating the Geographical Basis of History* (Boston: Houghton Mifflin, 1907); Ellsworth Huntington, *Palestine and Its Transformation* (Boston: Houghton Mifflin, 1911); Ellsworth Huntington, "Changes of Climate and History," *American Historical Review* 18, no. 2 (January 1, 1913): 213-32; Ellsworth Huntington, *Civilization and Climate*, 3rd ed. (New Haven, CT: Yale University Press, 1924). 关于亨廷顿的传记，参阅Geoffrey J. Martin, *Ellsworth Huntington: His Life and Thought* (Hamden: Archon Books, 1973).关于亨廷顿提出的环境和气候决定论，参阅Kent McGregor, "Huntington and Lovelock: Climatic Determinism in the 20th Century," *Physical Geography* 25,

no. 3 (January 1, 2004): 237-50. 德语单词"Geist"具有与英语单词
"spirit"（既意指"精神"，也可指"酒精饮料"）相同的双重
含义，参阅Joseph Partsch, Palmyra, eine historisch-klimatische Studie
(Leipzig: B. G. Teubner, 1922).

54 斯特尔和斯托奇提到了20世纪初气候变化讨论的"消失"，参阅
Stehr and Storch, Klima, Wetter, Mensch, 79. 然而，尽管人们的兴
趣有所减弱，但关于渐进性和周期性气候变化的讨论仍在继续。
以下20世纪20年代分别用法语、英语和德语写成的相关文章，参
阅C. Rivière, "L'invariabilité du climat en Afrique du Nord depuis le
début de la période historique," *Revue d'histoire naturelle appliquée*
1 (1920): 71-79, 136-40, 163-76, 197-202, 234-38, 263-67, 302-4;
Ellsworth Huntington and Stephen Sargent Visher, *Climatic Changes:
Their Nature and Causes* (New Haven, CT: Yale University Press, 1922);
Paul Kessler, *Das Klima der jüngsten geologischen Zeiten und die Frage
einer Klimaänderung in der Jetztzeit* (Stuttgart: Schweizerbart, 1923).

55 Grove and Damodaran, "Imperialism, Intellectual Networks, and
Environmental Change," 4347.

56 Johannes Walther, *Das Gesetz der Wüstenbildung in Gegenwart und
Vorzeit*, 2nd ed. (Leipzig: Quelle & Meyer, 1912), 99. 关于沃尔瑟，
参阅Ilse Seibold, *Der Weg zur Biogeologie, Johannes Walther, 1860-
1937: ein Forscherleben im Wandel der deutschen Universität* (Berlin:
Springer-Verlag, 1992). 关于气候变化中这一特别乐观的观点，参阅
Czerny, Die Veränderlichkeit des Klimas und ihre Ursachen, 75.

57 Fischer, *Studien über das Klima der Mittelmeerländer*, 41.

58 可参阅的文献包括：Czerny, *Die Veränderlichkeit des Klimas und ihre
Ursachen*, 74; Partsch, "Über den Nachweis einer Klimaänderung der
Mittelmeerländer," 123-24; Brückner, *Klimaschwankungen seit 1700*, 12.

🐚 第二章

1   起初，易卜生并没有打算将《彼尔·金特》搬上舞台。1867年，他将这首作品写成了一首戏剧诗，几年后，他同意为剧院编写一个删节的版本，爱德华·格里格（Edvard Grieg）创作了剧中的音乐。

2   Henrik Ibsen, *Peer Gynt: A Dramatic Poem, trans. Charles Archer and William Archer* (New York: Walter Scott, 1905), 154-55.

3   Jules Verne, *L'Iinvasion de la mer*, Voyages extraordinaires 54 (Paris: Hetzel, 1905); 英文翻译版参阅Jules Verne, *Invasion of the Sea*, ed. Arthur B. Evans, trans. Edward Baxter (Middletown, CT: Wesleyan University Press, 2001).

4   Jean-Pierre Picot, *Le testament de Gabès: l'invasion de la mer (1905), ultime roman de Jules Verne* (Pessac: Presses universitaires de Bordeaux, 2004). 儒勒·凡尔纳在其1877年的小说《太阳系历险记》（*Hector Servadac*）中已经介绍了鲁代雷的项目，参见Jules Verne, *Hector Servadac: voyages et aventures à travers le monde solaire* (Paris: Hetzel, 1878); Edwin E. Slosson, "Plans to Restore the City of Brass," *Science News-Letter* 14, no. 401 (December 15, 1928): 367.

5   François Élie Roudaire, "Une mer intérieure en Algérie," *Revue des deux Mondes* 44, no. 3 (May 15, 1874): 343.

6   Lucien Lanier, *L'Afrique. Choix de lectures de géographie*, 4th ed. (Paris: E. Belin, 1887), 146-49. 根据扎米奇的描述，在法国殖民之初，阿尔及利亚有大约500万公顷的森林，这只占阿尔及利亚919595平方英里表面积的2%多一点，参阅S. E. Zaimeche, "Change, the State and Deforestation: The Algerian Example," *Geographical Journal* 160, no. 1 (1994): 51; A. Mtimet, R. Attia, and H. Hamrouni, "Evaluating and Assessing Desertification in Arid and Semi-Arid Areas of Tunisia," in *Global Desertification: Do Humans Cause Deserts?*, ed. J. F. Reynolds and D. M. Stafford Smith (Berlin: Dahlem University Press, 2002), 198;

Jean-François Troin et al., *Le Maghreb: hommes et espaces* (Paris: A. Colin, 1985), 21-22; René Arrus, *L'eau en Algérie de l'impérialisme au développement, 1830-1962* (Alger: Presses universitaires de Grenoble, 1985), 13; CGIAR CSI Consortium for Spatial Information, "Global Aridity and PET Database"; European Commission Joint Research Centre, "World Atlas of Desertification".

7　关于北非人民抵抗法国在阿尔及利亚殖民企图的历史，包括被动抵抗和主动抵抗，参阅Julia A. Clancy-Smith, *Rebel and Saint: Muslim Notables, Populist Protest, Colonial Encounters: Algeria and Tunisia, 1800-1904* (Berkeley: University of California Press, 1994). 关于法国在撒哈拉实施的殖民主义暴力活动，参阅Benjamin Claude Brower, *A Desert Named Peace: The Violence of France's Empire in the Algerian Sahara, 1844-1902* (New York: Columbia University Press, 2009), 27-90. 关于法国思想中认为撒哈拉"不确定的、未完成的、经常矛盾的"环境表征，参阅George R. Trumbull, "Body of Work: Water and the Reimagining of the Sahara in the Era of Decolonization," in *Environmental Imaginaries of the Middle East and North Africa*, ed. Diana K. Davis and Edmund Burke (Athens: Ohio University Press, 2011), 87-112. 关于法国在阿尔及利亚殖民地的第一个项目，参阅Arnaud Berthonnet, "La formation d'une culture économique et technique en Algérie (1830-1962): l'exemple des grandes infrastructures de génie civil," *French Colonial History* 9, no. 1 (2008): 39-41.

8　Berthonnet, "La formation d'une culture économique et technique en Algérie," 41-42; Arrus, *L'eau en Algérie*, 38-39.

9　John Ruedy, *Modern Algeria: The Origins and Development of a Nation*, 2nd ed. (Bloomington: Indiana University Press, 2005), 55-68; James McDougall, *A History of Algeria* (New York: Cambridge University Press, 2017), 49-85; Charles-André Julien, *Histoire de l'Algérie contemporaine, la conqûete et les débuts de la colonisation, 1827-*

1871 (Alger: Casbah éditions, 2005); Arrus, *L'eau en Algérie*, 46, 63-64; Fabienne Fischer, *Alsaciens et Lorrains en Algérie: histoire d'une migration, 1830-1914* (Nice: Gandini, 1999), 63-114.

10 Dominique Tabutin, Jean-Noël Biraben, and Eric Vilquin, *L'histoire de la population de l'Afrique du Nord pendant le deuxième millénaire* (Louvain-la-Neuve: Université catholique de Louvain, Département des sciences de la population et du développement, 2002), 9; cf. Dorothy Good, "Notes on the Demography of Algeria," *Population Index* 27, no. 1 (January 1, 1961): 7; Ruedy, *Modern Algeria*, 80-98; McDougall, *History of Algeria*, 86-129. 关于法属阿尔及利亚的法律史，参阅Allan Christelow, *Muslim Law Courts and the French Colonial State in Algeria* (Princeton, NJ: Princeton University Press, 1985).

11 Diana K. Davis, *Resurrecting the Granary of Rome: Environmental History and French Colonial Expansion in North Africa* (Athens: Ohio University Press, 2007); Caroline Ford, "Reforestation, Landscape Conservation, and the Anxieties of Empire in French Colonial Algeria," *American Historical Review* 113, no. 2 (April 2008): 341-62; Caroline Ford, *Natural Interests: The Contest over Environment in Modern France* (Cambridge, MA: Harvard University Press, 2016), 138-63; Andrea E. Duffy, "Civilizing through Cork: Conservationism and la Mission Civilisatrice in French Colonial Algeria," *Environmental History* 23, no. 2 (April 1, 2018): 270-92. 19世纪森林砍伐率的上升反映了世界范围内的整体趋势，参阅J. F. Richards and Richard P. Tucker, eds., *Global Deforestation and the Nineteenth-Century World Economy* (Durham, NC: Duke University Press, 1983), xi-xii; James Fairhead and Melissa Leach, *Misreading the African Landscape: Society and Ecology in a Forest-Savanna Mosaic* (Cambridge: Cambridge University Press, 1996). 虽然北非和地中海地区的气候总体上没有持续恶化，但也并不稳定，其短暂稳定和变化的交替时期，可以用古气候学方法回

溯整个过程，可参阅的文献包括Michael McCormick et al., "Climate Change during and after the Roman Empire: Reconstructing the Past from Scientific and Historical Evidence," *Journal of Interdisciplinary History* 43, no. 2 (October 2012): 169-220; Brent D. Shaw, "Climate, Environment, and History: The Case of Roman North Africa," in *Climate and History: Studies in Past Climates and Their Impact on Man*, ed. T. M. L. Wigley, M. J. Ingram, and G. Farmer (Cambridge: Cambridge University Press, 1981), 379-403; Kyle Harper and Michael McCormick, "Reconstructing the Roman Climate," in *The Science of Roman History: Biology, Climate, and the Future of the Past, ed. Walter Scheidel* (Princeton, NJ: Princeton University Press, 2018), 11-52. 关于法国在阿尔及利亚的殖民主义林业政治，参阅Andrea E. Duffy, *Nomad's Land: Pastoralism and French Environmental Policy in the Nineteenth-Century Mediterranean World* (Lincoln: University of Nebraska Press, 2019); Henry Sivak, "Legal Geographies of Catastrophe: Forests, Fires, and Property in Colonial Algeria, *Geographical Review* 103, no. 4 (October 2013): 556-74.

12   ANOM GGA P/59: Ligue du Reboisement, "Appel aux Algériens," 1883. 有关重新造林联盟的更多信息，参阅Davis, *Resurrecting the Granary of Rome*, 108-23; Louis Carton, "Climatologie et agriculture de l'Afrique ancienne," *Bulletin de l'Académie d'Hippone* 27 (1894): 1-45; Louis Carton, "Note sur la diminution des pluies en Afrique," *Revue tunisienne* 3 (1896): 87-94.

13   有关法国国内政治和殖民主义政治背景下鲁代雷项目的详细说明，参阅René Létolle and Hocine Bendjoudi, *Histoires d'une mer au Sahara: utopies et politiques* (Paris: Harmattan, 1997); Jean-Louis Marçot, *Une mer au Sahara: mirages de la colonisation, Algérie et Tunisie, 1869-1887* (Paris: Différence, 2003). 关于19世纪法属撒哈拉探索背景下鲁代雷项目的简介，参阅Numa Broc, "Les Français face

à l'inconnue saharienne: géographes, explorateurs, ingénieurs (1830-1881)," *Annales de Géographie* 96, no. 535 (1987): 325-29.

14 来自阿拉伯语，意思是河岸或堤岸。

15 François Élie Roudaire, *La mer intérieure africaine* (Paris: Imprimerie de la Société anonyme de publications périodiques, 1883), 3; Roudaire, "Une mer intérieure en Algérie," 325; Roudaire, *La mer intérieure africaine*, 4-7; AAS "Commission des chotts": Ferdinand de Lesseps, "M. Roudaire. Rapport sur la mission des Schotts" (manuscript), December 11, 1876.

16 以西拉克斯的名义出版的《地中海周航记》可能不是由公元前6世纪的希腊旅行者和希腊地理学家所写，它是公元前4世纪多位旅行者的旅行记录合集。

17 Roudaire, "Une mer intérieure en Algérie," 327-34; Roudaire, *La mer intérieure africaine*, 14-22.

18 Thomas Shaw, *Travels, or Observations Relating to Several Parts of Barbary and the Levant*, 2nd ed. (London: A. Millar and W. Sandby, 1757), 126, 148; James Rennell, *The Geographical System of Herodotus Examined and Explained by a Comparison with Those of Other Ancient Authors and with Modern Geography* (London: W. Bulmer, 1800), 659-67; Konrad Mannert, *Geographie der Griechen und Römer*, 10 vols. (Nuremberg: E.C. Grattenauer, 1799). 关于鲁代雷计划的争论中，有一份经过大量编辑的法语删节版本，参阅Konrad Mannert, *Géographie ancienne des États barbaresques d'après l'allemand de Mannert*, ed. Ludwig Marcus and F. Duesberg (Paris: Librairie encyclopédique de Roret, 1842). 鲁代雷对古典文献的强调以及对古代环境条件的重新创造便是一个明显的例子，当时的普遍倾向是通过将现代科学方法和古典地理学相结合，以"（赋予）宏伟愿景形式和可信度"，参阅Veronica della Dora, "Geo-Strategy and the Persistence of Antiquity: Surveying Mythical Hydrographies

in the Eastern Mediterranean, 1784-1869," *Journal of Historical Geography* 33, no. 3（July 2007）: 516. 关于古典模式（尤其是古罗马时期）在法国殖民阿尔及利亚和突尼斯时的重要性，参阅Jacques Frémeaux, "Souvenirs de Rome et présence française au Maghreb: Essai d'investigation," in *Connaissances du Maghreb. Sciences sociales et colonisation, ed. Jean Claude Vatin* (Paris: CNRS, 1984), 29-46; Patricia M. E. Lorcin, "Rome and France in Africa: Recovering Colonial Algeria's Latin Past," *French Historical Studies* 25, no. 2 (April 1, 2002): 295-329; Nabila Oulebsir, *Les usages du patrimoine: monuments, musées et politique coloniale en Algérie, 1830-1930* (Paris: Maison des sciences de l'homme, 2004), 159-62. 关于法国在北非殖民的古罗马环境模式，参阅Diana K. Davis, "Restoring Roman Nature: French Identity and North African Environmental History," in *Environmental Imaginaries of the Middle East and North Africa*, ed. Diana K. Davis and Edmund Burke (Athens: Ohio University Press, 2011), 60-86.

19 Charles Martins, "Le Sahara: Souvenirs d'un voyage d'hiver," *Revue des deux Mondes* 34, no. 4（July 15, 1864）: 314. 马丁斯的长文摘录发表于Charles Martins, *Tableau physique du Sahara oriental de la province de Constantine. Souvenirs d'un voyage exécutépendant l'hiver de 1863 dans l'Oued-Riz et dans l'Oued-Souf* (Paris: J. Claye, 1864); Henri Duveyrier, *Les Touareg du Nord* (Paris: Challamel, 1864), 42; Michael Heffernan, "The Limits of Utopia: Henri Duveyrier and the Exploration of the Sahara in the Nineteenth Century," *Geographical Journal* 155, no. 3 (November 1989): 344; 关于政府援助杜维里耶探险的争论，可参阅 ANOM GGA 53S/1; Georges Lavigne, "Le percement de Gabès," *Revue moderne* 55 (1869): 322-35.

20 Dubocq, "Mémoire sur la constitution géologique des Zibân et de l'Ouad R'ir au point de vue des eaux artésiennes de cette portion du Sahara," *Annales des mines* 5, no. 2 (1852): 249-330; Roudaire, "Une mer

intérieure en Algérie," 326; Henry Chotard, *La mer intérieure du Sahara* (Clermont-Ferrand: G. Mont-Louis, 1879), 11; Agnes Murphy, *The Ideology of French Imperialism, 1871-1881* (Washington, DC: Catholic University of America Press, 1948), 71-72.

21   AdS "Commission des chotts": François Roudaire, *Sur les travaux de la mission chargée d'étudier le projet de Mer intérieure en Algérie; communication faite a la Société de géographie le 14 juillet 1875* (Paris: E. Martinet, 1875), 4-9, 11; 另请参阅François Élie Roudaire, "Sur les travaux de la mission chargée d'étudier le projet de mer intérieure en Algérie," *Comptes rendus hebdomadaires des séances de l'Académie des Sciences* 80 (1875): 1593-96. 鲁代雷第一次调查盐湖盆地的首次发表情况，参阅Henri Duveyrier, "Premier rapport sur la mission des chotts du Sahara de Constantine," *Bulletin de la Société de géographie de Paris* 9 (1875): 482-503; François Élie Roudaire, "La mission des chotts du Sahara de Constantine," *Bulletin de la Société de géographie de Paris* 10 (1875): 113-25; François Élie Roudaire, "Rapport sur les opérations de la mission des chotts," *Bulletin de la Société de géographie de Paris* 10 (1875): 574-86.

22   François Élie Roudaire, *Rapport à M. le ministre de l'instruction publique sur la mission des chotts. Études relatives au projet de mer intérieure* (Paris: Imprimerie nationale, 1877); originally, this report appeared as François Élie Roudaire, "Rapport à M. le ministre de l'instruction publique sur la mission des chotts. Études relatives au projet de mer intérieure," *Archives des missions scientifiques et littéraires* 4 (1877): 157-271; Michael Heffernan, "Bringing the Desert to Bloom: French Ambitions in the Sahara Desert during the Late Nineteenth Century— The Strange Case of 'La Mer Intérieure,'" in *Water, Engineering, and Landscape: Water Control and Landscape Transformation in the Modern Period*, ed. Denis E. Cosgrove and Geoffrey E. Petts (London: Belhaven

Press, 1990), 102; Hippolyte Gautier and Adrien Desprez, *Les curiosités de l'Exposition de 1878: guide du visiteur* (Paris: C. Delagrave, 1878), 134; C. Delvaille, *Notes d'un visiteur sur l'Exposition universelle de 1878* (Paris: C. Delagrave, 1879), 119-20; Edmond Villetard, "A travers l'Exposition universelle," *Le Correspondant* 111 (1878): 919.

23 François Élie Roudaire, "Rapport à M. le ministre de l'instruction publique sur la dernière expédition des chotts. Complément des études relatives au projet de mer intérieure," *Archives des missions scientifiques et littéraires* 7 (1881): 231-413; 另请参阅Marçot, *Une mer au Sahara*, 342-51.

24 Roudaire, *Rapport sur la mission des chotts*, 86; Roudaire, *La mer intérieure africaine*, 94-96; Roudaire, "Une mer intérieure en Algérie," 349.

25 Roudaire, "Une mer intérieure en Algérie," 342.

26 AAS "Commission des chotts": Roudaire to the Academy of Sciences in Paris, March 9, 1877; 鲁代雷在信中引用了以下文献：Antoine César Becquerel and Edmond Becquerel, Éléments de physique terrestre et de météorologie (Paris: Firmin Didot, 1847), 104-5, 170-71. 低层云和雾的增加以及降水模式的变化能够说明，水库确实对当地气候产生了影响，参阅R. M. Baxter, "Environmental Effects of Dams and Impoundments," *Annual Review of Ecology and Systematics* 8 (January 1, 1977): 255-83; C. J. Vörösmarty et al., "Drainage Basins, River Systems, and Anthropogenic Change: The Chinese Example," in *Asian Change in the Context of Global Climate Change*, ed. James Galloway and Jerry M. Melillo (Cambridge: Cambridge University Press, 1998), 210-44. 然而，在每一个案例中，气候的确切影响都极难加以预测；气候模型的复杂性以及预测人为气候变化对当地影响的困难，参阅Roger A. Pielke and William R. Cotton, *Human Impacts on Weather and Climate*, 2nd ed. (Cambridge: Cambridge University Press, 2007), 102-50, 243-54; Lanier, *L'Afrique*, 339-40; Roudaire, *La mer intérieure*

africaine, 92.

27 Ferdinand de Lesseps, "Communication sur les lacs amers de l'isthme de Suez," *Comptes rendus hebdomadaires des séances de l'Académie des Sciences* 78 (1874): 1740-48; Roudaire, *La mer intérieure africaine*, 26; Roudaire, "Une mer intérieure en Algérie," 348.

28 Roudaire, La mer intérieure africaine, 93; 关于廷德尔的发现，参阅 John Tyndall, "On the Absorption and Radiation of Heat by Gases and Vapours and on the Physical Connexion of Radiation, Absorption and Conduction," *Philosophical Transactions of the Royal Society of London* 151 (1861): 1-36. 鲁代雷关于廷德尔的笔记参阅AAS "Commission des chotts": Roudaire, "Extraits de Tyndall" (manuscript), n.d.

29 Roudaire, *La mer intérieure africaine*, 23-25; Christopher L. Hill, *National History and the World of Nations: Capital, State, and the Rhetoric of History in Japan, France, and the United States* (Durham, NC: Duke University Press, 2008), 147-48.

30 Sara B. Pritchard, "From Hydroimperialism to Hydrocapitalism: 'French' Hydraulics in France, North Africa, and Beyond," *Social Studies of Science* 42, no. 4 (August 1, 2012): 591-615.

第三章

1 August Petermann, "Gerhard Rohlfs' neues afrikanisches Forschungs-Unternehmen," *Mittheilungen aus Justus Perthes' geographischer Anstalt* 24 (1878): 20-21.

2 关于水资源、环境转型和政治权力之间的重要联系，参阅Sara B. Pritchard, "From Hydroimperialism to Hydrocapitalism: 'French' Hydraulics in France, North Africa, and Beyond," *Social Studies of Science* 42, no. 4 (August 1, 2012): 591-615.

3 Benjamin Claude Brower, *A Desert Named Peace: The Violence of*

France's Empire in the Algerian Sahara, 1844-1902 (New York: Columbia University Press, 2009), 54-64, 75-89; Eugène Daumas, *Le Sahara algérien: études géographiques, statistiques et historiques sur la région au sud desétablissements français en Algérie* (Paris: Fortin, Masson & Langlois et Leclercq, 1845).

4 　鲁伊尔将所谓的"一分为二"发生时间定在1883年，这有些令人困惑，因为在当时，科学界的争论或多或少已经结束。参阅Alphonse Marie Ferdinand Rouire, *La découverte du bassin hydrographique de la Tunisie centrale et l'emplacement de l'ancien lac Triton* (ancienne mer intérieure d'Afrique) (Paris: Challamel, 1887), xii. 更准确的学术分歧发生年代应该在1874—1875年，因为当时鲁代雷关于撒哈拉海的早期出版物首次遭受批判性的审查。

5 　AMAE 49 MD/4: François Philippe Voisin-Bey, "Examen technique du projet de mer intérieure de M. le Commandant Roudaire: Rapport à M. le Ministre de l'Instruction Publique sur la dernière expedition des chotts" (manuscript), August 1881, 22-59; AAS "Commission des chotts": Yvon Villarceau, "Rapports sur les travaux géodésiques et topographiques exécutés en Algérie par M. Roudaire, séance du 7 mai 1877"; Yvon Villarceau, "Rapports sur les travaux géodesiques et togopgraphiques, exécutés en Algérie, par M. Roudaire," *Comptes rendus hebdomadaires des séances de l'Académie des Sciences* 84 (1877): 1002-13; John Ball, "Problems of the Libyan Desert," *Geographical Journal* 70 (1927): 24.

6 　Edmond Fuchs, "Note sur l'isthme de Gabès et l'extrémité orientale de la dépression Saharienne," *Comptes rendus de l'Académie des Sciences* 79 (1874): 352-55. 三年后，富克斯发表了这篇文章的修改版，篇幅也更长，参见Edmond Fuchs, "Note sur l'isthme de Ghabès et l'extrémité orientale de la dépression saharienne," *Bulletin de la Société de géographie de Paris* 14 (September 1877): 248-76; Henry Chotard, *La mer intérieure du Sahara* (ClermontFerrand: G. Mont-Louis, 1879),

15; Ernest Cosson, "Note sur le projet d'établissement d'une mer intérieure en Algérie," *Comptes rendus hebdomadaires des séances de l'Académie des Sciences* 79 (1874): 435-42; Karl Alfred von Zittel, "Das Saharameer," *Das Ausland* 56 (1883): 524-28; Erwin von Bary, "Reisebriefe aus Nord-Afrika," *Zeitschrift der Gesellschaft für Erdkunde zu Berlin*.12 (1877): 196-98.

7   C. R. Pennell, *Morocco since 1830: A History* (New York: New York University Press, 2000), 354; Karl Alfred von Zittel, *Die Sahara: Ihre physische und geologische Beschaffenheit* (Kassel: Theodor Fischer, 1883), 40; AAS "Commission des chotts": Gabriel Auguste Daubrée, "Note à classer dans le dossier de la Commission des Chotts" (manuscript), n.d. (ca. 1878).

8   ANOM GGA P/59: Ligue du Reboisement, La forêt: conseils aux indigènes (Algiers: P. Fontana, 1883), 2; 另请参阅Diana K. Davis, *Resurrecting the Granary of Rome: Environmental History and French Colonial Expansion in North Africa* (Athens: Ohio University Press, 2007), 45-130; Pritchard, "From Hydroimperialism to Hydrocapitalism," 596; John Ruedy, *Modern Algeria: The Origins and Development of a Nation*, 2nd ed. (Bloomington: Indiana University Press, 2005), 91.

9   François Trottier, *Rôle de l'Eucalyptus en Algérie au point de vue des besoins locaux de l'exportation et du développement de la population* (Algiers: Aillaud, 1876), 89-93; 另请参阅François Trottier, *Boisement dans le désert et colonisation* (Algiers: F. Paysant, 1869). 想要了解更多关于特罗蒂尔的信息，参阅Davis, *Resurrecting the Granary of Rome*, 104-8. 关于桉树的全球历史，参阅Brett M. Bennett, "A Global History of Australian Trees," *Journal of the History of Biology* 44, no. 1 (February 1, 2011): 125-45.

10   Emile Louis Bertherand, *Hygiène publique: Malaria et forêts en Algérie d'après une enquête de la Sociétéclimatologique d'Alger* (Algiers: P.

Fontana, 1882); Antoine François Thévenet, "Le service météorologique algérien," in *Association française pour l'avancement des sciences. Compte rendu de la 17me session, Oran 1888*, 2 vols. (Paris: Imprimerie de Chaix, 1888), 2:233-37. 到1900年，阿尔及利亚气象局在阿尔及利亚对44个气象站进行了监管，其中一些位于该国最南端的永久定居区,可参阅Charles de Galland, *Renseignements sur l'Algérie: les petits cahiers algériens* (Algiers: A. Jourdan, 1900), 88; *Rapport sur les observatoires astronomiques de province* (Paris: Imprimerie national, 1902), 12-13. 关于气象局建立初期的艰难以及进入20世纪以来面临的长期问题，参阅Michael A. Osborne, *Nature, the Exotic, and the Science of French Colonialism* (Bloomington: Indiana University Press, 1994), 150-51, 169-70; A. Angot, "Le régime des vents et l'évaporation dans la région des chotts algériens," *Comptes rendus hebdomadaires des séances de l'Académie des Sciences* 85 (1877): 396-99. 1896年，对阿尔及利亚气候的第一次全面研究表明，盐湖盆地地区的盛行风（在吉尔巴岛和比斯克拉的气象站监测所得）在冬季从西方吹来，在夏季从东方吹来。在这两种情况下，预计内海的水分将分别在海洋和沙漠中流失。参阅Antoine François Thévenet, *Essai de climatologie algérienne* (Algiers: Giralt, 1896), 30-31.

11 Oskar Lenz, "Kurzer Bericht über meine Reise von Tanger nach Timbuktu und Senegambien," *Zeitschrift der Gesellschaft für Erdkunde zu Berlin* 16 (1881): 291-92; Zittel, "Das Saharameer," 528.

12 Martin J. S. Rudwick, *Worlds Before Adam: The Reconstruction of Geohistory in the Age of Reform* (Chicago: University of Chicago Press, 2008). 德索记录了阿加西斯在阿尔卑斯山的研究，参阅Eduard Desor, *Excursions et séjours dans les glaciers et les hautes régions des Alpes de M. Agassiz et ses compagnons de voyage* (Neuchâtel: Kissling, 1844). 几年后，阿加西斯和德索就动物学研究的原作者身份问题进行公开争论，很快，这场争论就演变成了针对人身层面的攻

击，指责对方逃税和破坏家庭，参阅以下关于调解双方矛盾的文档：HLHU MS Am 1419, Series Ⅱ—Agassiz v. Desor. 也可参阅 Christoph Irmscher, *Louis Agassiz: Creator of American Science* (Boston: Houghton Mifflin Harcourt, 2013), 98-102; Eduard Desor, *Aus Sahara und Atlas: Vier Briefe an J. Liebig*(Wiesbaden: C. W. Kreidel, 1865), 42, 53.

13   Georges Lavigne, "Le percement de Gabès," *Revue moderne* 55 (1869): 334.

14   Ferdinand de Lesseps, "La mer intérieure de Gabès," *Revue scientifique de la France et de l'étranger* 3 (April 1883): 496; Ferdinand de Lesseps, "Observations au sujet de l'établissement d'une mer intérieure en Algérie," *Comptes rendus hebdomadaires des séances de l'Académie des Sciences* 79 (1874): 88; Auguste Pomel, "Algérie. Nouvelle exploration de M. Roudaire," *Revue géographique internationale* 3, no. 32 (June 1878): 179; *Commission supérieure pour l'examen du projet de mer intérieure dans le sud de l'Algérie et de la Tunisie* (Paris: Imprimerie nationale, 1882), 411-18.

15   关于第四纪时期撒哈拉会被洪水淹没的理论，参阅Arnold Escher von der Linth, "Die Gegend von Zürich in der letzten Period der Vorwelt," in *Zwei geologische Vorträge gehalten im März 1852* (Zurich: Kiesling, 1852); 另请参阅swald Heer, *Arnold Escher von der Linth: Lebensbild eines Naturforschers* (Zurich: F. Schulthess, 1873), 322-25. 这一理论后来遭到了德国气象学之父海因里希·道夫的攻击，而且道夫提出了相当令人信服的反驳理由，参阅Heinrich Wilhelm Dove, *Der schweizer Föhn: Nachtrag zu Eiseit, Föhn und Scirocco* (Berlin: D. Reimer, 1868).

16   参阅John Tresch, *The Romantic Machine: Utopian Science and Technology after Napoleon*(Chicago: University of Chicago Press, 2012).

17   AAS "Commission des chotts": Favé, "Rapport sur les travaux géodésiques et topographiques," n.d., 17-18.

18   Timothy Mitchell, *Rule of Experts: Egypt, Techno-Politics, Modernity* (Berkeley: University of California Press, 2002), 80-120; Ignatius Frederick Clarke, "Almanac of Anticipations: A Prospect of Probabilities, 1830-1890," *Futures* 16, no. 3 (June 1984): 323; Dirk van Laak, *Weisse Elefanten: Anspruch und Scheitern technischer Grossprojekte im 20. Jahrhundert* (Stuttgart: Deutsche Verlags-Anstalt, 1999), 24-25.

19   关于水利工程技术的全球联系和交流，参阅Jessica B. Teisch, *Engineering Nature: Water, Development, and the Global Spread of American Environmental Expertise* (Chapel Hill: University of North Carolina Press, 2011). 有关圣西门思想的分析，参阅Pierre Musso, *La religion du monde industriel: analyse de la pensée de Saint-Simon* (La Tour d'Aigues: Aube, 2006); Dominique Casajus, *Henri Duveyrier: un saint-simonien au désert* (Paris: Ibis Press, 2007). 有关法国圣西门主义者的人物研究，参阅Fritzie Prigohzy Manuel and Frank Edward Manuel, *Utopian Thought in the Western World* (Cambridge, MA: Belknap, 1979), 590-640. 关于圣西门主义与工程学，参阅Antoine Picon, "French Engineers and Social Thought, 18-20th Centuries: An Archeology of Technocratic Ideals," *History and Technology* 23, no. 3 (September 1, 2007): 197-208; Antoine Picon, *Les Saint-Simoniens: raison, imaginaire et utopie* (Paris: Belin, 2002); Pamela M. Pilbeam, *Saint-Simonians in Nineteenth-Century France: From Free Love to Algeria* (Basingstoke: Palgrave Macmillan, 2014).

20   Prosper Enfantin, *Colonisation de l'Algérie* (Paris: P. Bertrand, 1843); François Élie Roudaire, "Une mer intérieure en Algérie," *Revue des deux Mondes* 44, no. 3 (May 15, 1874): 350; *Commission supérieure pour l'examen du projet de mer intérieure*, 166-72, 182-83.

21   René Létolle and Hocine Bendjoudi, *Histoires d'une mer au Sahara: utopies et politiques* (Paris: Harmattan, 1997), 92, 143; Emil Deckert, *Die Kolonialreiche und Kolonisationsobjekte der Gegenwart:*

kolonialpolitische und kolonialgeographische Skizzen (Leipzig: P. Frohberg, 1884), 120.

22 尽管获得了新的权利，但法国人在突尼斯并没有完全的主权，也不是每个法国人都认同将一定程度的自治权留给突尼斯贝伊的规定，参阅Mary Dewhurst Lewis, *Divided Rule: Sovereignty and Empire in French Tunisia, 1881-1938* (Berkeley: University of California Press, 2014), 28-32; *Chotard, La mer intérieure du Sahara*, 16.

23 AAS "Commission des chotts": Idelphonse Favé, "Rapports sur les travaux géodésiques et topographiques exécutés en Algérie par M. Roudaire, séance du 21 mai 1877"; Watteville to Roudaire, March 9, 1879, in G. Dubost, *Le colonel Roudaire et son projet de mer saharienne*(Guéret: Société des sciences naturelles et archéologiques de la Creuse, 1998), 75; François Élie Roudaire, *La mer intérieure africaine* (Paris: Imprimerie de la Société anonyme de publications périodiques, 1883), 36-43; AMAE 49 MD/4: Roudaire to Foreign Minister, Paris, June 28, 1881.

24 Freycinet to Jules Grévy, May 27, 1882, cited in Roudaire, *La mer intérieure africaine*, 37-39; AMAE 49 MD/4: Charles de Freycinet, "Rapport au Président de la République française," *Journal official de la République française* 14, no. 116 (April 28, 1882), 2241-43; *Commission supérieure pour l'examen du projet de mer intérieure*, 13-15. 专家委员会关于鲁代雷项目的争论和调查结果，参阅AMAE 49 MD/5-7.

25 沃伊辛关于苏伊士运河建设的详细说明，参阅François Philippe Voisin, *Le canal de Suez*, 6 vols. (Paris: Dunod, 1902); AMAE 49 MD/4: François Philippe Voisin, "Examen technique du projet de mer intérieure"; AMAE 49 MD/4: Chambrelent, "Note sur la remplissage de la mer intérieure" (manuscript), June 24, 1882; *Commission supérieure pour l'examen du projet de mer intérieure*, 536.

26 *Commission supérieure pour l'examen du projet de mer intérieure*,

545-46; Ernest Cosson, "Note sur le projet de création, en Algérie et en Tunisie, d'une mer dite intérieure,"*Comptes rendus hebdomadaires des séances de l'Académie des Sciences* 96 (1883): 1191-96; James C. Scott, *Seeing Like a State: How Certain Schemes to Improve the Human Condition Have Failed*, Yale Agrarian Studies (New Haven, CT: Yale University Press, 1998), 3.

27   Lesseps, "La mer intérieure de Gabès"; 有关支持鲁代雷项目的其他 说明和声明，参阅M. Gellerat, *Note sur la mer intérieure africaine ou Mer Roudaire* (Paris: P. Dubreuil, 1883).

28   Michael Heffernan, "Bringing the Desert to Bloom: French Ambitions in the Sahara Desert during the Late Nineteenth Century—The Strange Case of 'La Mer Intérieure,'" in *Water, Engineering, and Landscape: Water Control and Landscape Transformation in the Modern Period*, ed. Denis E. Cosgrove and Geoffrey E. Petts (London: Belhaven Press, 1990), 107; René Arrus, *L'eau en Algérie de l'impérialisme au développement, 1830-1962* (Alger: Presses universitaires de Grenoble, 1985), 51-52.

29   ANOM GGA 3E95: E. Jacob to the Governor-General of Algeria, May 15, 1872; Benjamin Milliot, "Le dessèchement du lac Fetzara," in *Association française pour l'avancement des sciences. Comptes-rendus de la 10e session, Alger 1881* (Paris, 1882), 802-7.

30   George R. Trumbull, *An Empire of Facts: Colonial Power, Cultural Knowledge, and Islam in Algeria, 1870-1914* (Cambridge: Cambridge University Press, 2009), 212-24; Marcel Cassou, *Le Transsaharien: L'échec sanglant des Missions Flatters, 1881* (Paris: L'Harmattan, 2004); Mike Heffernan, "Shifting Sands: The Trans-Saharan Railway," in *Engineering Earth*, ed. Stanley D. Brunn (Dordrecht: Springer, 2011), 617-26; Jean-Louis Marçot, *Une mer au Sahara: mirages de la colonisation, Algérie et Tunisie, 1869-1887* (Paris: Différence, 2003),

359-62; Michael Heffernan, "The Limits of Utopia: Henri Duveyrier and the Exploration of the Sahara in the Nineteenth Century," *Geographical Journal* 155, no. 3 (November 1989): 342-52; Henri Duveyrier, *Les Touareg du Nord* (Paris: Challamel, 1864), 317-454; Trumbull, *Empire of Facts*, 224-37.

31 Lucien Lanier, *L'Afrique. Choix de lectures de géographie*, 4th ed. (Paris: E. Belin, 1887), 340; 另请参阅Gustave-Ernest-Alfred Landas, P*ort et oasis du bassin des chotts tunisiens: projet de M. le Commandant Landas* (Paris: Société anonyme de publications périodiques, 1886).

32 麦肯齐明确提到了德·雷赛布及其观点，即淹没撒哈拉沙漠只会对欧洲气候产生有益影响，参阅Donald Mackenzie, *The Flooding of the Sahara: An Account of the Proposed Plan for Opening Central Africa to Commerce and Civilization from the North-West Coast* (London: S. Low, Marston, Searle, & Rivington, 1877), xii-xiii; François Élie Roudaire, *Rapport à M. le ministre de l'instruction publique sur la mission des chotts.Études relatives au projet de mer intérieure* (Paris: Imprimerie nationale, 1877), 100; Pennell, *Morocco since 1830*, 55-58. 关于麦肯齐在北非项目的官方信件以FO 881/4670的签名形式收录于NA中，参见Donald Mackenzie, "North-West African Expedition," *The Times*, December 23, 1876, sec. Letters to the Editor.

33 Arthur Cotton, *The Story of Cape Juby* (London: Waterlow & Sons, 1894), 49-51.

34 Donald Mackenzie, "The British Settlement at Cape Juby, North-West Africa," *Blackwood's Edinburgh Magazine* 146, no. 887 (1889): 412; 另请参阅Clarke, "Almanac of Anticipations," 322; "The Curiosity of the World," *The Times*, August 7, 1875, sec. Editorials; Mackenzie, *Flooding of the Sahara*, 7-8.

35 NA FO 881/4670: Pauncefote to Consul Dundas, October 2, 1878, 11; Donald Mackenzie, *A Report on the Condition of the Empire of Morocco*

(London: British and Foreign Anti-Slavery Society, 1886), 6, 19-21;
Pennell, Morocco since 1830, 85-88; François Zuccarelli and Philippe
Decraene, *Grands sahariens: à la découverte du "désert des déserts"*
(Paris: Denoël, 1994), 179-80.

36 John D. Champlin, "The Proposed Inland Sea in Algeria," *Popular Science
    Monthly*, April 1876; John T. Short, "The Flooding of the Sahara," Scribner's
    Monthly, July 1879. 当时的出版物在美国的计划与鲁代雷的项目之间
    建立起了直接的联系，可参阅"Governor Fremont's Projected Sea," *New
    York Tribune*, April 12, 1879; 也可参阅Andrew F. Rolle, *John Charles
    Frémont: Character as Destiny* (Norman: University of Oklahoma Press,
    1991), 251; Paul Staudinger, "Die algerisch-tunesischen Schotts und die
    Frage der Bewässerung der Depressionen," *Geographische Zeitschrift* 1
    (1895): 692-97; Chotard, *La mer intérieure du Sahara*, 17; Paul Bourde,
    A travers l'Algérie: Souvenirs de l'excursion parlementaire (Paris: G.
    Charpentier, 1880), 168-69.

37 参阅Narcisse Faucon, *Le livre d'or de l'Algérie* (Paris: Challamel,
    1890), 237-42; ANOM FM AFRIQUE/XII/4: Victor Levasseur, "Canal
    de Tombouctou à la Mer" (manuscript), 1896. 关于莱赫干谷项目的报
    纸报道并不多，可参阅"The Fertilization of the Sahara," *Australasian
    Pastoralist's Review* 2, no. 11 (1893): 1029; ANOM FM AFRIQUE/
    XII/4: French Colonial Ministry, "Note pour la Direction des Affaires
    commerciales et de la Colonisation," March 7, 1896; G. A. Thompson,
    "A Plan for Converting the Sahara Desert into a Sea," *Scientific
    American* 107, no. 6 (1912): 114-25; "To Make Ocean of Sahara:
    French Savant Plans Canal to Flood Big African Desert," *Chicago
    Daily Tribune*, October 15, 1911; "Proposes to Turn Sahara into a Sea:
    French Engineer's Scheme," *New York Times*, October 15, 1911; 另请
    参阅James Rodger Fleming, *Fixing the Sky: The Checkered History of
    Weather and Climate Control* (New York: Columbia University Press,

2010), 201.

38   Ernest H. L. Schwarz, *The Kalahari or Thirstland Redemption* (Cape Town: T. M. Miller, 1920). Schwarz had first intimated his ideas in Ernest H. L. Schwarz, "The Desiccation of Africa: The Cause and the Remedy," *South African Journal of Science* 14 (1919): 139-78. 另请参阅Meredith McKittrick, "An Empire of Rivers: The Scheme to Flood the Kalahari, 1919-1945," *Journal of Southern African Studies* 41, no. 3 (May 4, 2015): 485-504.

39   参阅William Willcocks, *Egyptian Irrigation*, 3rd ed., vol. 2 (London: E. & F. N. Spon, 1913), 676-717; H. J. L. Beadnell, *The Topography and Geology of the Fayum Province of Egypt* (Cairo: National Printing Department, 1905), 16-24; Ball, "Problems of the Libyan Desert"; John Ball, "The Qattara Depression of the Libyan Desert and the Possibility of Its Utilization for PowerProduction," *Geographical Journal* 82, no. 4 (1933): 289-314.

40   Edwin E. Slosson, "Plans to Restore the City of Brass," *Science News-Letter* 14, no. 401 (December 15, 1928): 365. 此外，斯洛松是《科学服务》杂志的第一任编辑，杂志的目标是向公众传播科学技术发展的相关信息，参阅Katherine Pandora, "Popular Science in National and Transnational Perspective: Suggestions from the American Context," *Isis* 100, no. 2 (2009): 357; Paul Borchardt, "Neue Beiträge zur alten Geographie Nordafrikas und zur Atlantisfrage," *Zeitschrift der Gesellschaft für Erdkunde zu Berlin* 62 (1927): 197-216; Paul Borchardt, "Platos Insel Atlantis: Versuch einer Erklärung," *Petermanns Mitteilungen aus Justus Perthes' Geographischer Anstalt* 73 (1927): 19-32; Paul Borchardt, "Eine kulturgeographische Studienreise nach Süd-Tunis 1928," *Petermanns Mitteilungen aus Justus Perthes' Geographischer Anstalt* 74 (1928): 162-65.

41   Slosson, "Plans to Restore the City of Brass," 368; George Chetwynd

Griffith, *The Great Weather Syndicate* (London: George Bell and Sons, 1906).

🖋 第四章

* 本章内容在很大程度上基于赫尔曼·索尔格尔的论文，这些论文保存在慕尼黑德意志博物馆（ADM NL 92）。藏品即使不完整，数量也相当可观——索尔格尔在第二次世界大战期间烧毁了他"亚特兰特罗帕档案馆"的一部分，从而方便运输剩余的部分。参阅ADM NL 92/140: "Die Geschichte Atlantropas," *Atlantropa Mitteilungen* 22 (1949).

1 R. G. Johnson, "Climate Control Requires a Dam at the Strait of Gibraltar," EOS, *Transactions of the American Geophysical Union* 78, no. 27 (1997): 277-80; Jochem Marotzke and Alistair Adcroft, "Comment on 'Climate Control Requires a Dam at the Strait of Gibraltar,'" EOS, *Transactions of the American Geophysical Union* 78, no. 45 (1997): 507. 在直布罗陀建大坝的想法至今仍然存在，可参阅Jim Gower, "A Sea Surface Height Control Dam at the Strait of Gibraltar," *Natural Hazards* 78, no. 3 (September 1, 2015): 2109-20.

2 虽然亚特兰特罗帕项目在英语世界很少受到学术界的关注，但到了1998年，有两本关于索尔格尔计划的德语专著出版。有关该项目的不同阶段及其在早期欧洲联合理念中地位的详细描述，参阅Alexander Gall, *Das Atlantropa-Projekt: Die Geschichte einer gescheiterten Vision. Herman Sörgel und die Absenkung des Mittelmeers* (Frankfurt am Main: Campus, 1998); 有关该项目的分析，及其对当代建筑发展的重要影响，参阅Wolfgang Voigt, *Atlantropa: Weltbauen am Mittelmeer, ein Architektentraum der Moderne* (Hamburg: Dölling und Galitz, 1998); 关于亚特兰特罗帕项目为数不多的英语论述之一（也是由一位出生于德国的作家撰写的，他成了美国太空飞行的重要倡导者），

参阅Willy Ley, *Engineers' Dreams* (New York: Viking, 1966), 138-56. 本章及下一章的一些研究已发表在：Philipp N. Lehmann, "Infinite Power to Change the World: Hydroelectricity and Engineered Climate Change in the Atlantropa Project," *American Historical Review*, 121, no. 1 (2016): 70-100.

3　　Herman Sörgel, *Atlantropa* (Zurich: Fretz & Wasmuth, 1932), 139.

4　　有关奥斯卡·冯·米勒的更多信息，参阅Wilhelm Füssl, *Oskar von Miller 1855-1934: eine Biographie* (Munich: Beck, 2005). 关于瓦尔兴塞发电厂的历史，参阅Thomas Parke Hughes, *Networks of Power: Electrification in Western Society, 1880-1930* (Baltimore: Johns Hopkins University Press, 1983), 334-50; Reinhard Falter, "Achtzig Jahre 'Wasserkrieg': Das Walchenseekraftwerk," in *Von der Bittschrift zur Platzbesetzung: Konflikte um technische Großprojekte*, ed. Ulrich Linse et al. (Berlin: J.H.W. Dietz Nachfolger, 1988), 63-127.

5　　Herman Sörgel, *Theorie der Baukunst*, 2 vols. (Munich: Piloty & Loehle, 1918).

6　　Otto Jessen, *Südwest-Andalusien; Beiträge zur Entwicklungsgeschichte, Landschaftskunde und antiken Topographie Südspaniens, insbesondere zur Tartessosfrage,* Ergänzungsheft zu Petermanns geographischen Mitteilungen 186 (Gotha: J. Perthes, 1924); Otto Jessen, *Die Straße von Gibraltar* (Berlin: D. Reimer, 1927). 这一发现首先由W. B.卡彭特进行了详细描述，同时也引发了一些反对的声音，其中最著名的是查尔斯·莱尔，参阅W. B. Carpenter, "On the Gibraltar Current, the Gulf Stream, and the General Oceanic Circulation," *Proceedings of the Royal Geographical Society of London* 15, no. 1 (1871): 54-91; William B. Carpenter, "Further Inquiries on Oceanic Circulation," *Proceedings of the Royal Geographical Society of London* 18, no. 4 (1873): 301-407.

7　　Sörgel, Atlantropa; ADM NL 92/140: "Die Geschichte Atlantropas," *Atlantropa Mitteilungen* 14 (1948).

8   关于索尔格尔计划的政治层面及其对统一欧洲的想法，参阅
     Alexander Gall, "Atlantropa: A Technological Vision of a United
     Europe," in *Networking Europe: Transnational Infrastructures and
     the Shaping of Europe, 1850-2000*, ed. Erik van der Vleuten and Arne
     Kaijser (Sagamore Beach, MA: Science History Publications, 2006),
     99-128; Sörgel, Atlantropa, 24, 126; ADM NL 92/140: "Die Geschichte
     Atlantropas," *Atlantropa Mitteilungen* 14 (1948).

9   H. G. Wells, *The Outline of History: Being a Plain History of Life and
     Mankind* (New York: Garden City, 1920), 1091-94. 针对亚特兰特罗
     帕项目，索尔格尔出版的第二本长篇出版物的标题实际上是"三
     个大A"，Herman Sörgel, *Die drei großen "A": Groß-deutschland
     und italienisches Imperium, die Pfeiler Atlantropas* (Munich: Piloty &
     Loehle, 1938); Richard Nicolaus Coudenhove-Kalergi, *Revolution durch
     Technik* (Vienna: Paneuropa Verlag, 1932).

10   极有可能的是，索尔格尔有意将其与尼亚加拉瀑布进行比较，因为
     德国人对瀑布上的大型水电站非常感兴趣。参阅David Blackbourn,
     *The Conquest of Nature: Water, Landscape, and the Making of Modern
     Germany* (New York: Norton, 2006), 217-18; ADM NL 92/194: Sörgel,
     "Die Weltohne Kohle," *SonntagsZeitung*, October 4, 1936; Sörgel, *Die
     drei großen "A,"* 80. 关于化石燃料引发焦虑的历史，这里完全没有
     给予其应有的待遇，参阅Fredrik Albritton Jonsson, *Enlightenment's
     Frontier: The Scottish Highlands and the Origins of Environmentalism*
     (New Haven, CT: Yale University Press, 2013). 对于杰文斯观点最清晰
     的表述，请参阅William Stanley Jevons, *The Coal Question: An Inquiry
     Concerning the Progress of the Nation, and the Probable Exhaustion of
     Our Coal-Mines*, 2nd ed. (London: Macmillan, 1866). 参阅Nuno Luis
     Madureira, "The Anxiety of Abundance: William Stanley Jevons and
     Coal Scarcity in the Nineteenth Century," *Environment and History* 18,
     no. 3 (2012): 395-421. 杰文斯对太阳黑子和经济周期之间的相互关系

也有一些非常有趣的想法，参阅William Stanley Jevons, "Commercial Crises and Sun-Spots," *Nature* 19, no. 472 (1878): 33-37. 关于燃料稀缺的历史，参阅Fredrick Albritton Jonsson, John Brewer, Neil Fromer, and Frank Trentmann, eds., *Scarcity in the Modern World* (London: Bloomsbury, 2019).

11　比如，刘易斯·芒福德就设想了一个基于水电和太阳能的未来世界，并希望"从无机到有机、从破坏性到保护性地利用土地和能源"，参阅Lewis Mumford, *The Culture of Cities* (New York: Harcourt, Brace, 1938), 326. 关于风能利用的历史，参阅Matthias Heymann, *Die Geschichte der Windenergienutzung: 1890-1990* (Frankfurt am Main: Campus, 1995); Hughes, Networks of Power, 264, 313ff.; Werner Bätzing, *Die Alpen: Geschichte und Zukunft einer europäischen Kulturlandschaft* (Munich: Beck, 2003), 192; Blackbourn, *Conquest of Nature*, 217-20.

12　参阅Pier Angelo Toninelli, "Energy and the Puzzle of Italy's Economic Growth," *Journal of Modern Italian Studies* 15, no. 1 (2010): fig. 3; James Sievert, *The Origins of Nature Conservation in Italy* (Bern: Peter Lang, 2000), 87-88; J. R McNeill, *Something New under the Sun: An Environmental History of the Twentieth-Century World* (New York: Norton, 2000), 173-77; Samuel S. Wyer, *Digest of the Transactions of First World Power Conference Held at London, England, June 30 to July 12, 1924* (London: Humphries & Company, 1925), 10.

13　参阅W. G. Jensen, "The Importance of Energy in the First and Second World Wars," *Historical Journal* 11, no. 3 (January 1, 1968): 538-54; Heinrich Wilhelm Voegtle, *Die Wasserkraftnutzung und die Bedeutung der deutschen Wasserturbinen-Industrie* (Heidenheim a.d. Brenz: C. F. Rees, 1927), 25-26.

14　Arthur Lichtenauer, *Die geographische Verbreitung der Wasserkräfte in Mitteleuropa* (Würzburg: Kabitzsch & Mönnich, 1926), 51-53.

15 Herman Sörgel, "Das Panropa-Projekt als städtebauliche Darstellungsstudie," *Baumeister* 29, no. 5 (1931): 216; Sörgel, Atlantropa, 78, 119.

16 关于受亚特兰特罗帕启发而写成的小说，参阅ADM NL 92/26, 92/65, 92/140, 92/186; Gall, Das Atlantropa-Projekt, 151-65. 这些小说中只有一部分留存至今，具体可参阅Georg Güntsche, *Panropa* (Cologne: Gilde-Verlag, 1930); Titus Taeschner, *Atlantropa* (Berlin: Goldmann, 1935); Walther Kegel, *Dämme im Mittelmeer* (Berlin: Buchwarte, 1937); Titus Taeschner, *Eurofrika, die Macht der Zukunft* (Berlin: Buchwarte, 1938). 有一份关于贡切小说的讨论资料，可参阅Menno Spiering, "Engineering Europe: The European Idea in Interbellum Literature, the Case of Panropa," in *Ideas of Europe since 1914: The Legacy of the First World War*, ed. Michael J. Wintle and Menno Spiering (Houndmills, Basingstoke: Palgrave Macmillan, 2002), 177-99; Sörgel, *Atlantropa*, 70.

17 ADM NL 92/140: "Die Geschichte Atlantropas," *Atlantropa Mitteilungen* 14 (1948); Sörgel, *Atlantropa*, 125; Herman Sörgel, *Mittelmeer-Senkung, Sahara-Bewässerung* (Panropa-Projekt) (Leipzig: J. M. Gebhardt, 1929), 30. 索尔格尔判断欧洲存在人口过剩危机，但他将这一问题界定为空间和"承载能力"问题，而不是生殖政治问题。索尔格尔并不是人口控制论的支持者。事实上，他认为，面对亚洲和美洲这些人口众多的大陆，欧洲唯一的生存机会就是增加人口和扩张领土。20世纪20年代德国关于国家"承载能力"的争论，参阅Ulrike Schaz and Susanne Heim, *Berechnung und Beschwörung: Überbevölkerung, Kritik einer Debatte* (Berlin: Verlag der Buchläden Schwarze Risse/ Rote Strasse, 1996), 29-32. 关于对欧洲人口过剩和人口减少以及产前筛查站兴起的担忧的概述，参阅以下文献的绪论部分：Maria Sophia Quine, *Population Politics in Twentieth-Century Europe: Fascist Dictatorships and Liberal Democracies, Historical Connections* (London: Routledge, 1996), 1-16. 当代的相关例证可参阅德国人口

统计学家弗里德里希·伯格德费尔的作品：Friedrich Burgdörfer, *Der Geburtenrückgang und seine Bekämpfung. Die Lebensfrage des deutschen Volkes* (Berlin: R. Schoetz, 1929); Friedrich Burgdörfer, *Volk ohne Jugend: Geburtenschwind undÜberalterung des deutschen Volkskörpers; ein Problem der Volkswirtschaft, der Sozialpolitik, der nationalen Zukunft* (Berlin: K. Vowinckel, 1932). 关于欧洲人对总体人口下降的担忧，参阅Michael S. Teitelbaum and J. M. Winter, *The Fear of Population Decline* (Orlando, FL: Academic Press, 1985).

18 关于殖民主义话语中的否定与"空白空间"的表述策略，参阅 David Spurr, *The Rhetoric of Empire: Colonial Discourse in Journalism, Travel Writing, and Imperial Administration* (Durham, NC: Duke University Press, 1993), 92-108. 20世纪二三十年代，全球"荒原"对声称人口过多的欧洲国家日益重要，关于此问题的具体信息，参阅Alison Bashford, *Global Population: History, Geopolitics, and Life on Earth, Columbia Studies in International and Global History* (New York: Columbia University Press, 2014), 133-53; ADM NL 92/134: Map of North Africa, n.d.; Herman Sörgel, "Neugestaltung der Erdoberfläche durch den Ingenieur," in *Die Welt im Fortschritt: Gemeinverständliche Bücher des Wissens und Forschens der Gegenwart*, vol. 2 (Berlin: F. A. Herbig, 1935), 34-36; Sörgel, *Atlantropa*, 42.

19 参阅David M. Pletcher, *The Diplomacy of Trade and Investment: American Economic Expansion in the Hemisphere, 1865-1900* (Columbia: University of Missouri Press, 1998), 334-35; Mark Reisler, *By the Sweat of Their Brow: Mexican Immigrant Labor in the United States, 1900-1940* (Westport, CT: Greenwood, 1976), 205; "Forming Company to Irrigate Sahara," *New York Times*, April 27, 1929; "Vast Lake Planned to Irrigate Sahara," *New York Times*, September 16, 1928.

20 Sörgel, "Panropa-Projekt," 216-18; Raoul Heinrich Francé, *Das Land der Sehnsucht: Reiseneines Naturforschers im Süden* (Berlin: J.H.W.

Dietz Nachfolger, 1925), 161-73.

21 Sörgel, Die drei großen "A," 44-51. 在阅读了英国关于全球土壤侵蚀的调查后，索尔格尔增加了他对撒哈拉沙漠增长率的估计，相关调查参阅G. V. Jacks and R. O. Whyte, *The Rape of the Earth: A World Survey of Soil Erosion* (London: Faber and Faber, 1939), 61-75; ADM NL 92/86: Sörgel, "Austrocknung in Afrika" (handwritten note), n.d. Diana K. Davis, *Resurrecting the Granary of Rome: Environmental History and French Colonial Expansion in North Africa* (Athens: Ohio University Press, 2007). 直到20世纪80年代，关于"罗马粮仓"的学位论文才开始受到严重质疑；参阅Brent D. Shaw, "Climate, Environment, and History: The Case of Roman North Africa," in *Climate and History: Studies in Past Climates and Their Impact on Man*, ed. T. M. L. Wigley, M. J. Ingram, and G. Farmer (Cambridge: Cambridge University Press, 1981), 379-403.

22 Ellsworth Huntington, *Civilization and Climate*, 3rd ed. (New Haven, CT: Yale University Press, 1924); C. E. P. Brooks, *The Evolution of Climate* (London: Benn Brothers, 1922); C. E. P. Brooks, *Climate Through the Ages: A Study of the Climatic Factors and Their Variations* (London: E. Benn, 1926); 另请参阅Richard Grove and Vinita Damodaran, "Imperialism, Intellectual Networks, and Environmental Change: Origins and Evolution of Global Environmental History, 1676-2000," *Economic and Political Weekly* 41, nos. 41-42 (October 2006): 4347-49. 关于20世纪30年代沙尘暴对新一轮环境焦虑的"划时代意义"，参阅Joachim Radkau, *The Age of Ecology: A Global History*, trans. Patrick Camiller (Cambridge: Polity, 2014), 46-61; 另请参阅Paul B. Sears, *Deserts on the March* (Norman: University of Oklahoma Press, 1935); Diana K. Davis, *The Arid Lands: History, Power, Knowledge, History for a Sustainable Future* (Cambridge, MA: MIT Press, 2015), 117-42.

23 Edward Percy Stebbing, *The Forests of India*, 3 vols. (London: Bodley

Head, 1922). 有关本书某些部分的讨论，参阅Greg Barton, *Empire Forestry and the Origins of Environmentalism, Cambridge Studies in Historical Geography* 34 (Cambridge: Cambridge University Press, 2002); Edward Percy Stebbing, "The Encroaching Sahara: The Threat to the West African Colonies," *Geographical Journal* 85, no. 6 (1935): 506-19. 有关此讲座的当代讨论内容，参阅Percy Cox et al., "The Encroaching Sahara: The Threat to the West African Colonies: Discussion," *Geographical Journal* 85, no. 6 (June 1935): 519-24. 20世纪50年代，斯特宾仍然在传播他的观点，参阅Edward Percy Stebbing, *The Creeping Desert in the Sudan and Elsewhere in Africa, 15° to 13° Latitude* (Khartoum, Sudan: McCorquodale, 1953). 关于斯特宾对非洲景观的错误解读，参阅Michael Mortimore, *Roots in the African Dust: Sustaining the Sub-Saharan Drylands* (Cambridge: Cambridge University Press, 1998), 19-21.

24 Edward Percy Stebbing, "The Threat of the Sahara," *Journal of the Royal African Society* 36, no. 145 (October 1937): 3-35.

25 E. William Bovill, "The Encroachment of the Sahara on the Sudan," *Journal of the Royal African Society* 20, no. 79 (April 1, 1921): 174-85; G. T. Renner, "A Famine Zone in Africa: The Sudan," *Geographical Review* 16, no. 4 (October 1, 1926): 583-96; William Malcolm Hailey, *An African Survey: A Study of Problems Arising in Africa South of the Sahara* (London: Oxford University Press, 1938); E. Barton Worthington, *The Ecological Century: A Personal Appraisal* (Oxford: Clarendon, 1983), 36-37; ADM NL 92/193: "Die Sahara ein Blumengarten?," *8 Uhr-Blatt*, July 2, 1935.

26 ADM NL 92/32: Sörgel to Paolo Vinassa de Regny, October 26, 1931.

27 ADM NL 92/140: "Die Geschichte Atlantropas," *Atlantropa Mitteilungen* 14 (1948) and Siegwart to the *Münchener Neueste Nachrichten*, June 8, 1929.

28 虽然很难预测亚特兰特罗帕项目会在地质方面产生怎样的影响，但大量水的重新分布会导致地球表面的各个部分拥有不同的负荷，从而改变地球的自转轴，参阅Kurt Lambeck, *The Earth's Variable Rotation: Geophysical Causes and Consequences* (Cambridge: Cambridge University Press, 1980), 50-52, 163-66; ADM NL 92/232: Siegwart to Sörgel, March 14, 1930.

29 ADM NL 92/86: Sörgel to the Kölnische Volkszeitung, January 1, 1931; Sörgel, Atlantropa, 65-70; 关于水库诱发地震活动，参阅Patrick McCully, *Silenced Rivers: The Ecology and Politics of Large Dams* (London: Zed Books, 2001), 112-15; C. H. Scholz, *The Mechanics of Earthquakes and Faulting*, 2nd ed. (Cambridge: Cambridge University Press, 2002), 344-48; Michael Manga and Chi-yuen Wang, *Earthquakes and Water* (Heidelberg: Springer, 2010), 128-30.

30 ADM NL 92/231: Siegwart to Sörgel, October 14, 1932, Siegwart to Sörgel, November 10, 1933; Siegwart to Sörgel, July 15, 1934.

31 Sörgel and Siegwart, "Erschliessung Afrikas"; ADM NL 92/231: Siegwart to Sörgel, November 10, 1933.

32 ADM NL 92/132: Sörgel, "Kongo und Afrikawerke" (handwritten note), n.d.; ADM NL 92/86: Sörgel, "Die Bewässerung der Kalahari-Wüste" (handwritten note), n.d.; ADM NL 92/196: "Ein Kraftwerk in der Wüste: Unterredung mit dem Wüstenforscher Graf L. E. von Almasy," *Deutsche Bergwerkszeitung* 275, November 23, 1940.

33 F. Gessert, "Wüsten und Pole," *Die Umschau* 46 (1925): 907; August Wendler, *Das Problem der technischen Wetterbeeinflussung*, Probleme der kosmischen Physik 9 (Hamburg: Henri Grand, 1927), 8.

34 Paul Sokolowski, *Die Versandung Europas:... eine andere, große russische Gefahr* (Berlin: Deutsche Rundschau, 1929); Sörgel, Atlantropa, 84.

35 Sörgel, *Mittelmeer-Senkung, Sahara-Bewässerung*, 32.

36 Sörgel, *Atlantropa*, 66-67. 尚不完全清楚是什么驱使索尔格尔提出了欧洲降温的主张。1918—1933年，只有在1929年的冬天，中欧特别寒冷。除此之外，德国或中欧的平均气温并没有明显下降的总体趋势。参阅Frank Sirocko, Heiko Brunck, and Stephan Pfahl, "Solar Influence on Winter Severity in Central Europe," *Geophysical Research Letters* 39, no. 16 (2012); Jörg Rapp and Christian-Dietrich Schönwiese, *Climate Trend Atlas of Europe Based on Observations, 1891-1990* (Dordrecht: Kluwer, 1997), 30-32; ADM NL 92/193: Sörgel, "Klimaverbesserung und Atlantropa," *Rathenower Zeitung*, June 28, 1933, 193. 美国人卡罗尔·赖克已经提出了通过建造大型海洋大坝，来调节洋流和改变气候条件的想法。他提出在纽芬兰建造一座延伸出来的大坝，从而切断寒冷的拉布拉多洋流，同时使墨西哥湾流改道。参阅Carroll Livingston Riker, *Power and Control of the Gulf Stream: How It Regulates the Climates, Heat and Light of the World* (Brooklyn: Baker & Taylor, 1912); Carroll Livingston Riker, *Conspectus of Power and Control of the Gulf Stream* (Brooklyn: C. L. Riker, 1913). 由于大型工程系统的出现，洋流可能会发生变化，同时引发了人们对有害气候变化的担忧。这也是人们批评麦肯齐的撒哈拉海项目的原因之一。参阅Edwin E. Slosson, "Plans to Restore the City of Brass," *Science News-Letter* 14, no. 401 (December 15, 1928): 313.

37 ADM NL 92/231: Siegwart to Sörgel, July 15, 1934; Sörgel, *Die drei großen "A,"* 23-26.

38 Cf. Gall, *Das Atlantropa-Projekt*, 14, 54; ADM NL 92/191: "Ein gigantischer Plan," *Neuköllner Tageblatt*, April 11, 1929.

第五章

1 Herman Sörgel, *Atlantropa* (Zurich: Fretz & Wasmuth, 1932), 6, emphasis added.

2   ADM NL 92/92: Sörgel, "Exposé zur Deutschen Atlantropa Weltausstellung
     Berlin 1937," n.d.; ADM NL 92/194: Sörgel, "Atlantropa-Weltausstellung,"
     Die Sonntags-Zeitung Stuttgart, August 9, 1936; ADM NL 92/195:
     Sörgel, "Der Friede bricht aus! Totaler Krieg oder totaler Friede?,"
     Deutsche Freiheit, December 1937; Herman Sörgel, *Die drei großen "A":
     Großdeutschland und italienisches Imperium, die Pfeiler Atlantropas*
     (Munich: Piloty & Loehle, 1938), 119-25.

3   Alexander Gall, *Das Atlantropa-Projekt: Die Geschichte einer
     gescheiterten Vision. Herman Sörgel und die Absenkung des Mittelmeers*
     (Frankfurt am Main: Campus, 1998), 38-39; ADM NL 92/132 and
     135; ADM NL 92/49: Sörgel, "Anregung zu einer Atlantropa-Sinfonie
     (FriedensSinfonie)" (handwritten note), n.d.

4   有关贝伦斯的更多信息，参阅Stanford Anderson, *Peter Behrens
     and a New Architecture for the Twentieth Century* (Cambridge, MA:
     MIT Press, 2000); ADM NL 92/140: "Die Geschichte Atlantropas,"
     Atlantropa Mitteilungen 15/16 (1948); Gall, *Das Atlantropa-Projekt*, 34-
     36; Wolfgang Voigt, "Ein hypertrophes Projekt der Moderne. Herman
     Sörgel und sein Kontinent Atlantropa," *Bauwelt* 80, no. 18/19 (1991):
     938-64.

5   根据索尔格尔的亚特兰特罗帕档案，加尔统计了1929—1933年
     德语新闻媒体上关于此项目的文章，共计466篇，参阅Gall, *Das
     Atlantropa-Projekt*, 38. 即使在美国，亚特兰特罗帕项目偶尔也会被
     媒体报道，可参阅"Proposes to Lower Mediterranean Sea," *New York
     Times*, April 14, 1929; "Huge Dikes Are Now Proposed to Dry up the
     Mediterranean," *New York Times*, December 29, 1929; "Atlantropa Plan
     Would Dam Straits," *Washington Post*, May 26, 1951; Richard Hennig,
     "Sörgels Plan eines Binnenschiffahrtsweges durch die Sahara," *Technik
     und Wirtschaft* 29 (1936): 180-82. 关于亨尼希在亚特兰蒂斯之争中
     的贡献，参阅Richard Hennig, "Zur neuen Borchardt-Hermannschen

Atlantis- und Tartessoshypothese," *Petermanns Mitteilungen aus Justus Perthes' Geographischer Anstalt* 73 (1927): 282-84.

6   关于20世纪初工程师（特别是水利工程师）扮演"现代英雄"的角色，参阅Denis E. Cosgrove, "An Elemental Division: Water Control and Engineered Landscape," in *Water, Engineering, and Landscape: Water Control and Landscape Transformation in the Modern Period*, ed. Denis E. Cosgrove and Geoffrey E. Petts (London: Belhaven Press, 1990), 7-8; Hennig, "Sörgels Plan eines Binnenschiffahrtsweges durch die Sahara," 182.

7   H. Bode, Robert Potonié, and Karl Haushofer, "Was sagt die Wissenschaft zum Projekt der Mittelmeersenkung?," *Reclams Universum* 46, no. 12 (1929): 258. 关于豪斯霍费尔在塑造和宣传国家社会主义意识形态方面所起的作用的相关研究，参阅Frank Ebeling, *Geopolitik: Karl Haushofer und seine Raumwissenschaft 1919-1945* (Berlin: Akademie Verlag, 1994). 有关豪斯霍费尔在第三帝国中的作用的讨论，参阅Holger H. Herwig, "Geopolitik: Haushofer, Hitler and Lebensraum," *Journal of Strategic Studies* 22, nos. 2-3 (1999): 218-41.

8   ADM NL 92/198: Karl Haushofer, "Panropa," *Hamburger Fremdenblatt*, April 25, 1931; ADM NL 92/100: Handwritten note by Sörgel, n.d. (ca. 1940).

9   参阅David Thomas Murphy, *The Heroic Earth: Geopolitical Thought in Weimar Germany, 1918-1933* (Kent, OH: Kent State University Press, 1997); Heike Wolter, *"Volkohne Raum"—Lebensraumvorstellungen im geopolitischen, literarischen und politischen Diskurs der Weimarer Republik: eine Untersuchung auf der Basis von Fallstudien zu Leben und Werk Karl Haushofers, Hans Grimms und Adolf Hitlers* (Münster: Lit, 2003); Klaus Kost, *Die Einflüsse der Geopolitik auf Forschung und Theorie der politischen Geographie von ihren Anfängen bis 1945*, Bonner Geographische Abhandlungen 76 (Bonn: Ferd. Dümmlers Verlag,

1988), 112-20; Sörgel, *Atlantropa*, 82; James Fairgrieve, *Geography and World Power* (New York: Dutton, 1917), 339-40; cf. Johannes Walther, *Das Gesetz der Wüstenbildung in Gegenwart und Vorzeit*, 2nd ed. (Leipzig: Quelle & Meyer, 1912), 99.

10 关于"生存空间"一词的历史，参阅Woodruff D. Smith, "Friedrich Ratzel and the Origins of Lebensraum," *German Studies Review* 3, no. 1 (February 1, 1980): 51-68; Woodruff D. Smith, *Politics and the Sciences of Culture in Germany, 1840-1920* (New York: Oxford University Press, 1991), 219-33.

11 参阅Friedrich Ratzel, *Der Lebensraum: Eine biogeographische Studie* (Tübingen: H. Laupp, 1901), 1.

12 例如，拉采尔对历史运作方式的基本理解与约翰·麦克尼尔对"物质环境史"的定义相似，参阅John Robert McNeill, "The State of the Field of Environmental History," *Annual Review of Environment and Resources* 35, no. 1 (2010): 347.

13 Friedrich Ratzel, *Anthropo-Geographie: Grundzüge der Anwendung der Erdkunde auf die Geschichte*, vol. 1 (Stuttgart: J. Engelhorn, 1882), 32.

14 Ratzel, *Anthropo-Geographie*, 1:467; Friedrich Ratzel, *Anthropogeographie: Die geographische Verbreitung des Menschen*, vol. 2 (Stuttgart: J. Engelhorn, 1891), xxxiv-xxxv; 也可参阅Gerhard H. Müller, "Das Konzept der 'Allgemeinen Biogeographie' von Friedrich Ratzel (1844-1904): eine Übersicht," *Geographische Zeitschrift* 74, no. 1 (March 1, 1986): 3-14; Johannes Steinmetzler, *Die Anthropogeographie Friedrich Ratzels und ihre ideengeschichtlichen Wurzeln*, Bonner geographische Abhandlungen 19 (Bonn: Selbstverlag des Geographischen Instituts der Universität Bonn, 1956), 43-45.

15 Herman Sörgel, "Das Panropa-Projekt als städtebauliche Darstellungsstudie," *Baumeister* 29, no. 5 (1931): 216.

16 Sörgel, *Atlantropa*, 137; cf. Herman Sörgel, "Neugestaltung der Erdoberfläche durch den Ingenieur," in *Die Welt im Fortschritt: Gemeinverständliche Bücher*

des Wissens und Forschens der Gegenwart, vol. 2 (Berlin: F. A. Herbig, 1935), 65.

17 Sörgel, *Atlantropa*, 65; ADM NL 92/132: Drawing by Sörgel, n.d.; Sörgel, *Die drei großen "A"*, 115; Sörgel, "Neugestaltung der Erdoberfläche," 21.

18 Sörgel, "Neugestaltung der Erdoberfläche," 21-24; Sörgel, *Atlantropa*, 4-8, 39-48. 索尔格尔认为，大约5万年前，与大西洋相连的地中海的位置处就已经存在一个湖泊了。目前的研究表明，地中海盆地确实发生了被淹没的事件，但其发生时间是在500多万年前的中新世晚期。参阅D. Garcia-Castellanos et al., "Catastrophic Flood of the Mediterranean after the Messinian Salinity Crisis," *Nature* 462, no. 7274 (2009): 778-81.

19 索尔格尔和之前的鲁代雷一样，试图通过将技术视为自然的延伸，从而使自己的项目看起来不那么激进。这种观点也更为普遍。正如理查德·怀特所说，从一个角度来看，技术似乎与自然对立；从另一个角度看，技术是自然之力的表现。参阅Richard White, *The Organic Machine* (New York: Hill & Wang, 1995), 30; Sörgel, Atlantropa, 34, 70; Sörgel, "Neugestaltung der Erdoberfläche," 20.

20 ADM NL 92/231: Handwritten note by Sörgel, July 17, 1930; Sörgel, *Atlantropa*, 33, 68.

21 Sörgel, *Die drei großen "A"*, 41; Sörgel, "Panropa-Projekt," 218. 关于1930—1934年德国经济危机的原因和影响，参阅Harold James, *The German Slump: Politics and Economics, 1924-1936* (Oxford: Clarendon, 1986).

22 Karl-Heinz Ludwig, *Technik und Ingenieure im Dritten Reich* (Düsseldorf: Droste, 1974), 49-50. 有关工程学在德国作为一种职业发展的概述，参阅Kees Gispen, *New Profession, Old Order: Engineers and German Society, 1815-1914* (Cambridge: Cambridge University Press, 1989); Sörgel, "Neugestaltung der Erdoberfläche," 17, emphasis

original. 关于利用技术统一政治实体的思想，或者叫 "技术全球主义"，参阅David Edgerton, *The Shock of the Old: Technology and Global History since 1900* (Oxford: Oxford University Press, 2007), 113-17.

23　Wayne W. Parrish, *Technokratie—die neue Heilslehre* (Munich: R. Piper, 1933). 英文原版请参阅Wayne W. Parrish, *An Outline of Technocracy* (New York: Farrar & Rinehart, 1933). 关于经济能量学的概念，参阅Howard Scott, *Technocracy, a Thermodynamic Interpretation of Social Phenomena* (New York: Technocracy Inc., 1932); Stefan Willeke, *Die Technokratiebewegung in Nordamerika und Deutschland zwischen den Weltkriegen* (Frankfurt am Main: P. Lang, 1995), 131. 关于美国技术官僚运动的历史，参阅William E. Akin, *Technocracy and the American Dream: The Technocrat Movement, 1900-1941* (Berkeley: University of California Press, 1977); Gall, *Das Atlantropa-Projekt*, 97.

24　Oswald Spengler, *Der Untergang des Abendlandes: Umrisse einer Morphologie der Weltgeschichte* (Munich: Beck, 1931). 斯宾格勒关于文化衰落和 "历史终结" 的理论，参阅Samir Osmančević, *Oswald Spengler und das Ende der Geschichte* (Vienna: Turia Kant, 2007), 120-22; Wolfgang Krebs, *Die imperiale Endzeit: Oswald Spengler und die Zukunft der abendländischen Zivilisation* (Berlin: Rhombos, 2008), 47-78; Sörgel, *Die drei großen "A"*, 91; Sörgel, Atlantropa, 104.

25　事实上，索尔格尔的解读非常接近杰弗里·赫尔夫对斯宾格勒作为技术的热情支持者的解读，参阅Jeffrey Herf, *Reactionary Modernism: Technology, Culture, and Politics in Weimar and the Third Reich* (Cambridge: Cambridge University Press, 1984), 49-69; Oswald Spengler, *Der Mensch und die Technik* (Paderborn: Voltmedia, 2007), 39, 75.

26　Spengler, *Der Mensch und die Technik*, 82. 斯宾格勒争取政治右翼支持的企图可能在以下文献中最为明显：Oswald Spengler, *Preussentum und Sozialismus* (Munich: C. H. Beck, 1921); Sörgel,

Atlantropa, 70. 关于能源概念在19世纪和20世纪初欧洲思想中的重要性，参阅Anson Rabinbach, *The Human Motor: Energy, Fatigue, and the Origins of Modernity* (Los Angeles: University of California Press, 1992). 在托马斯·洛克莱梅尔对文明批判类型的编目中，索尔格尔最接近于第三组，即试图通过技术本身来解决任何技术问题，参见Thomas Rohkrämer, *Eine andere Moderne?: Zivilisationskritik, Natur und Technik in Deutschland 1880-1933* (Paderborn: Schöningh, 1999), 32-34.

27　ADM NL 92/34: Sörgel, "Ursymbole der Kulturkreise (Im Sinne Spenglers)" (manuscript), n.d.; Parrish, *Technokratie—die neue Heilslehre*, 13.

28　参阅Charles Maier, "Zwischen Taylorismus und Technokratie: Gesellschaftspolitik im Zeichen industrieller Rationalität in den zwanziger Jahren in Europa," in *Die Weimarer Republik: Belagerte Civitas*, ed. Michael Stürmer (Königstein: Verlagsgruppe Athenäum, Hain, Scriptor, Hanstein, 1980), 28. 魏玛时期技术支持者和末日论者之间的争论，不一定是关于现代性的争论。正如托马斯·洛克莱梅尔所指出的那样，两次世界大战之间的德国（通常被视为"反现代"的存在）实际上是为了寻找一种"不同的、更好的现代性"，既能保持积极的影响，比如工程学方面的进步，又能消除消极的影响。参阅Rohkrämer, *Eine andere Moderne?*, 32; Detlev Peukert, *The Weimar Republic: The Crisis of Classical Modernity* (London: Penguin, 1991), 178-90.

29　Herman Sörgel and Bruno Siegwart, "Erschliessung Afrikas durch Binnenmeere: Saharabewässerung durch Mittelmeersenkung," *Beilage zum Baumeister* 3 (1935): 39; Joachim H. Schultze, "Die Tropen als Arbeitsfeld des Ingenieurs," *Zeitschrift des Vereins deutscher Ingenieure* 84, no. 49 (1940): 948; Karl Mannheim, *Man and Society in an Age of Reconstruction: Studies in Modern Social Structure*, ed. Edward Shils (London: K. Paul, Trench, Trubner & Co., 1940), 155.

30　ADM NL 92/446: Italian Consulate to Sörgel, September 27, 1929.

31   Cf. Alfred Rosenberg, *Der Mythus des 20. Jahrhunderts, eine Wertung der seelischgeistigen Gestaltenkämpfe unserer Zeit* (Munich: Hoheneichen-Verlag, 1935); ADM NL 92/20: Handwritten note by Sörgel, n.d. (ca. 1935); the text appeared as an article in Die Sonntags-Zeitung Stuttgart, August 9, 1936（参阅ADM NL 92/194）; ADM NL 92/193: Sörgel, "Aussprache," *Schule der Freiheit* 2, no. 16 (1934).

32   ADM NL 92/49: Sörgel, "Zur Kritik der Zeit" (handwritten note), n.d.; ADM NL 92/189: Sörgel, "Das Mittelmeer—Größte Kraftquelle der Zukunft," Wissen und Fortschritt, December 1929 Herman Sörgel, *Mittelmeer-Senkung, Sahara-Bewässerung* (Panropa-Projekt) (Leipzig: J. M. Gebhardt, 1929), 42; ADM NL 92/231: Sörgel, "Nachtrag zum Congo-Projekt" (manuscript), n.d.

33   ADM NL 92/231: Siegwart to Sörgel, July 15, 1934; Sörgel, Atlantropa, 103; Sörgel, *Die drei großen "A"*, 18-19, 60.

34   Sörgel, *Die drei großen "A"*, v, 16, 30.

35   Sörgel, *Atlantropa*, 79-84; Sörgel, *Die drei großen "A"*, vi, 17; ADM NL 92/195: Sörgel, "Vom Benzinauto zum Elektroauto," *Deutsche Freiheit* 6, no. 22 (1937): 4.

36   有关纳粹建立自给自足的经济体系的概述，参阅Eckart Teichert, *Autarkie und Großraumwirtschaft in Deutschland 1930-1939: Außenwirtschaftspolitische Konzeptionen zwischen Wirtschaftskrise und Zweitem Weltkrieg* (Munich: Oldenbourg, 1984); Tiago Saraiva and M. Norton Wise, "Autarky/Autarchy: Genetics, Food Production, and the Building of Fascism," *Historical Studies in the Natural Sciences* 40, no. 4 (2010): 419-28. Kost, *Die Einflüsse der Geopolitik*, 240ff.; Dietmar Petzina, *Autarkiepolitik im Dritten Reich* (Stuttgart: Deutsche Verlagsanstalt, 1968); Adam Tooze, *The Wages of Destruction: The Making and Breaking of the Nazi Economy* (New York: Penguin, 2008), 86-96.

37   Herbert von Obwurzer, *Selbstversorgung (Autarkie) im Dritten Reich* (Berlin: Nationaler Freiheitsverlag, 1933), 55; Helmut Maier, "'Weiße Kohle' versus Schwarze Kohle. Naturschutz und Ressourcenschonung als Deckmantel nationalsozialistischer Energiepolitik," *WerkstattGeschichte* 3 (1992): 33-38. 关于沙漠行动（Unternehmen Wüste），参阅BArch NS 3/823; Michael Grandt, *Unternehmen "Wüste"—Hitlers letzte Hoffnung: Das NS-Ölschieferprogramm auf der Schwäbischen Alb* (Tübingen: Silberburg-Verlag, 2002); Christine Glauning, *Entgrenzung und KZ-System: Das Unternehmen "Wüste" und das Konzentrationslager in Bisingen 1944/45*, Geschichte der Konzentrationslager 1933-1945 7 (Berlin: Metropol, 2006).

38   Gall, *Das Atlantropa-Projekt*, 81-86; ADM NL 92/49: Sörgel to Köster (Department Head of the Reichsstelle für Raumordnung), n.d.

39   ADM NL 92/86: Sörgel, "Abgrenzungsmöglichkeit und Schutz gegen Asien" (handwritten note), n.d.; ADM NL 92/34: Sörgel, "Ost oder Süd" (manuscript), fall 1941; 另请参阅Peter Christensen, "Dam Nation: Imaging and Imagining the 'Middle East' in Herman Sörgel's Atlantropa," *International Journal of Islamic Architecture* 1, no. 2 (August 17, 2012): 325-46; Sörgel, *Die drei großen "A"*, 29-30, 34-37.

40   ADM NL 92/86: Sörgel, "Nord-Süd" (handwritten note), n.d.; ADM NL 92/195: Sörgel, 'Weiß oder Farbig?," *Deutsche Freiheit* 29 (October 1937); Michael Keevak, *Becoming Yellow: A Short History of Racial Thinking* (Princeton, NJ: Princeton University Press, 2011); Sörgel, "Panropa-Projekt," 219.

41   参阅ADM NL 92/100; ADM NL 92/231: Siegwart to Sörgel, November 25, 1941; ADM NL 92/140: "Die Geschichte Atlantropas," *Atlantropa Mitteilungen* 22 (1949); ADM NL 92/34: Sörgel, "Vor dem Richterstuhl der Zeit," n.d.

42   20世纪30年代，约翰·克尼特尔与纳粹领导层关系密切。在第三帝国垮台后，他的很多同事与他保持了距离。早在1939年，克尼特尔就写了一篇向亚特兰特罗帕项目致敬的文章，参阅John Knittel, *Amadeus* (Berlin: W. Krüger, 1939). 克尼特尔还为索尔格尔在1948年出版的关于亚特兰特罗帕项目的出版物撰写了前言，参阅Herman Sörgel, Atlantropa. Wesenszüge eines Projekts (Stuttgart: Behrendt, 1948). 1947年，克尼特尔曾试图与新成立的联合国教科文组织建立联系，虽然他尝试接近总干事朱利安·赫胥黎，但并没有成功。参阅ADM NL 92/140: *Atlantropa Mitteilungen* 6 (1947). 1948年，联合国的期刊发布了一则很短但对索尔格尔的项目持支持态度的文章，参见 "A Dam at Gibraltar," *UN World* 2 (May 1948): 48-49. 卡尔·泰恩斯成为亚特兰特罗帕项目研究所的 "研究部门负责人"，并于1949年发表了自己的关于该项目的专著，参阅Karl Theens, *Der Sörgel-Plan: Afrika + Europa = Atlantropa* (Bielefeld: Küster, 1949). 后来，泰恩斯成为克尼特林根浮士德博物馆的馆长，参阅Karl Hochwald, "Zehn Jahre Faust-Gedenkstätte in Knittlingen," in *Faust im zwanzigsten Jahrhundert: Festschrift für Karl Theens zum sechzigsten Geburtstag*, ed. Henri Clemens Birven, Dietmar Theens, and Karl Weisert (Knittlingen: Stadtverwaltung, 1964), 47-49.

43 ADM NL 92/31: Sörgel, "Es schwinden, es fallen die leidenden Menschen blindlings von einer Stunde zur anderen" (manuscript), n.d. (ca. 1946-49); ADM NL 92/52: Sörgel, "Idee eines Zwölferrates zur Vorbereitung von Atlantropa" (handwritten note), n.d. (ca. 1946-49).

44 Anton Zischka, *Brot für zwei Milliarden Menschen* (Leipzig: W. Goldmann, 1938), 7, 298, 304-5; Anton Zischka, *Afrika, Europas Gemeinschaftsaufgabe Nr. 1* (Oldenburg: Gerhard Stalling, 1951), 13-14, 60-70, 86-94, 109.

45 参阅Stephen Brain, "The Great Stalin Plan for the Transformation of Nature," *Environmental History* 15, no. 4 (October 1, 2010): 670-700; Klaus Gestwa, *Die Stalinschen Großbauten des Kommunismus.*

Sowjetische Technik- und Umweltgeschichte, 1948-1967 (Munich: Oldenbourg, 2010), 130ff.; Maya K. Peterson, *Pipe Dreams: Water and Empire in Central Asia's Aral Sea Basin* (Cambridge: Cambridge University Press, 2019); Marc Elie, "Desiccated Steppes: Droughts and Climate Change in the USSR, 1960s-1980s," in *Eurasian Environments*, ed. Nicholas B. Breyfogle (Pittsburgh: University of Pittsburgh Press, 2018), 75-94. 关于气候变化思想与苏联气候工程之间的联系，参阅Jonathan D. Oldfield, "Climate Modification and Climate Change Debates Among Soviet Physical Geographers, 1940s-1960s," *Wiley Interdisciplinary Reviews: Climate Change* 4, no. 6 (November 1, 2013): 513-24; "Projekt Dawidow: Ums Leben kommen," *Der Spiegel*, May 11, 1950; ADM NL 92/6: Sörgel, "Rußland 'baut' ein Meer," *Deutsche Presse Korrespondenz* 24 (1950): 2-3; BArch B 136/6063: "Angebote aus der UdSSR für Soergel," *Die Neue Zeitung: Die Amerikanische Zeitung in Deutschland*, April 12, 1951.

46 索尔格尔很早就察觉到了人们利用核能的趋势。早在1936年，索尔格尔就谴责人们不应从"原子弹扰乱"中获取能源，他还将水电描述为迫在眉睫的能源危机的唯一解决方案，参见ADM NL 92/194: Sörgel, "Die Welt ohne Kohle," *Sonntags-Zeitung*, October 4, 1936. 12年后，他的言辞变得更加尖锐，强调核技术的破坏力以及从原子反应过程中获得可用能量的困难程度，参见ADM NL 92/73: Sörgel, "Die Welt ohne Kohle: Atlantropa und die künftige Energiewirtschaft," *Natur und Technik* 19 (1948): 283-90; Herman Sörgel, *Idee und Macht: Ein Sang von Atlantropa. Zum 25-jährigen Bestehen Atlantropas* (Oberstdorf, 1950); ADM NL 92/140: "Wichtige Mitteilung," *Atlantropa Mitteilungen* 15/16 (1949); ADM NL 92/6; Kurt Hiehle, "Ist Atlantropa nur eine Utopie?," *Blick in die Wissenschaft* 1 (1948): 236-38; ADM NL 92/6: Kurt Hiehle, "Atlantropa ist keine Utopie aber der Gibraltardamm ist ein Irrweg," *Frankfurter Allgemeine Zeitung*, July 15, 1950.

47   BArch B 136/6063: Loeffelholz to the Atlantropa Institute, Munich, July
      20, 1951; 也可参阅 Gall, *Das Atlantropa-Projekt*, 45-47.

48   Hans Aburi, "Das Ende einer großen Idee," *Neue Politik* 5, no. 33
      (1960): 8-9; J. Fritzsche, *Atlantropa, die Stimme der eurafrikanischen
      Friedensbürger*, 1 (Starnberg: J. Fritzsche Buch- und Zeitschriftenvertrieb,
      1963).

49   ADM NL 92/31: Sörgel, "Es schwinden, es fallen die leidenden
      Menschen."

50   ADM NL 92/196: W. Harnisch, "Das Ende der Kohle," *Deutsche Bergwerks-
      Zeitung*, March 25, 1941; ADM NL 92/86: Sörgel, "Austrocknung in Afrika"
      and "Literatur über Afrika" (handwritten notes), n.d.; A. E. Johann, *Groß
      ist Afrika: Vom Kap über den Kongo zur Westküste* (Berlin: Deutscher
      Verlag, 1939), 153-56; ADM NL 92/196: "Kann der Mensch das Klima
      lenken?," *Westdeutscher Beobachter*, May 13, 1942.

51   ADM NL 92/140: "Atlantropa verändert die Geographie Europa-Afrikas,"
      Atlantropa Mitteilungen 25 (1949); Anton Metternich, *Die Wüste droht: Die
      gefährdete Nahrungsgrundlage der menschlichen Gesellschaft* (Bremen:
      F. Trüjen, 1947); 关于梅特涅，参阅Franz Dreyhaupt, *Frühe Umwelt-
      Warner—Rufer in der Wüste?: Ein Beitrag zur Umweltgeschichte* (Düren:
      F. J. Dreyhaupt, 2008), 12-15; ADM NL 92/52: Sörgel, "Der Atlantropa-
      Plan mit besonderer Berücksichtigung von Wasser und Boden"
      (manuscript), n.d. 泰恩斯提出了自己的想法，他想在非洲安装巨大
      的空调系统，从而使这片大陆适合欧洲人居住。参见Theens, *Der
      Sörgel-Plan*, 42.

52   Gall, Das Atlantropa-Projekt, 130; ADM NL 92/140: "Atlantropa
      verändert die Geographie Europa-Afrikas," *Atlantropa Mitteilungen*
      25 (1949); C. Troll, J. van Eimern, and W. Daume, "Herman Sörgels
      'Atlantropa' in geographischer Sicht," *Erdkunde* 4 (1950): 177-88.

53   参阅Hermann Flohn, "Die Tätigkeit des Menschen als Klimafaktor," *Zeitschrift*

für Erdkunde 9 (1941): 13-22; 有关弗洛恩气候领域著作的英文版，参阅Hermann Flohn, *Climate and Weather*, trans. B. V. de G. Walden (London: Weidenfeld & Nicolson, 1969). 关于弗洛恩，参阅Matthias Heymann and Dania Achermann, "From Climatology to Climate Science in the Twentieth Century," in *The Palgrave Handbook of Climate History*, ed. Sam White, Christian Pfister, and Franz Mauelshagen (London: Palgrave Macmillan, 2018), 605-32; Fritz Jaeger, Hermann Flohn, and A. Schmauß, "Bemerkungen zum Atlantropa-Projekt," *Erdkunde* 5 (1951): 179-80.

54 David Blackbourn, *The Conquest of Nature: Water, Landscape, and the Making of Modern Germany* (New York: Norton, 2006), 278-93; Alwin Seifert, "Die Versteppung Deutschlands," in *Im Zeitalter des Lebendigen. Natur, Heimat, Technik* (Planegg: Müller, 1943), 24-51; Sörgel, *Die drei großen "A"*, 23-26; ADM NL 92/195: Sörgel, "Blut und Boden," *Deutsche Freiheit*, August 1937.

55 Kurt Hiehle, *Vom kommenden Zeitalter der künstlichen Klimagestaltung* (Heidelberg: Brausdruck, 1947), 15.

第六章

1 腓特烈大帝的话出自以下文献：Hans Walter Flemming, *Wüsten, Deiche und Turbinen: Das große Buch von Wasser und Völkerschicksal* (Göttingen: Musterschmidt, 1957), 187; Heinrich Wiepking-Jürgensmann, "Friedrich der Große und Wir," *Die Gartenkunst* 33, no. 5 (1920): 70-71. 直到1945年，维普金才使用他妻子的姓氏于尔根斯曼。为了方便起见，我只使用维普金的姓氏。

2 关于腓特烈大帝的当代形象，参阅Eva Giloi, *Monarchy, Myth, and Material Culture in Germany 1750-1950* (Cambridge: Cambridge University Press, 2011), 361-62. 关于腓特烈大帝在战后东、西德

人们心目中形象的变化，参阅Hans Dollinger, *Friedrich Ⅱ. von Preussen: Sein Bild im Wandel von zwei Jahrhunderten* (Munich: List, 1986), 193-216; Frank-Lothar Kroll, "Friedrich der Große," in *Deutsche Erinnerungsorte*, ed. Etienne François and Hagen Schulze, 3 vols. (Munich: Beck, 2001), 3:620-35. 在纳粹意识形态中，腓特烈大帝更多的是一个实干家而非哲学家，参阅Ernst Adolf Dreyer and Heinz W. Siska, eds., *Kämpfer, Künder, Tatzeugen, Gestalter deutscher Grösse*, vol. 1 (Munich: Zinnen, 1942), 182-84, 203-5; Wiepking-Jürgensmann, "Friedrich der Große und Wir," 77.

3　关于更全面的维普金的传记，参阅Ursula Kellner, "Heinrich Friedrich Wiepking (1871-1973): Leben, Lehre und Werk" (PhD diss., Universität Hannover, 1998).

4　Heinrich Wiepking-Jürgensmann, "Gegen den Steppengeist," Das Schwarze Korps, October 15, 1942, 4; NLSO Dep 72b/116: Wiepking, "Der neue Garten," speech, June 5, 1923, n.p.

5　现在有大量关于纳粹计划彻底重组东方被占领地区的文献。有关通过种族灭绝来重新安置人口的计划的总体概述，参阅Götz Aly, *"Endlösung": Völkerverschiebung und der Mord an den europäischen Juden* (Frankfurt am Main: S. Fischer, 1995); 英文版参阅Götz Aly, *"Final Solution": Nazi Population Policy and the Murder of the European Jews*, trans. Belinda Cooper and Allison Brown (London: Arnold, 1999); Mark Mazower, *Hitler's Empire: How the Nazis Ruled Europe* (New York: Penguin, 2008), 211-22. Martin Broszat, *Nationalsozialistische Polenpolitik 1939-1945*, Schriftenreihe der Vierteljahreshefte für Zeitgeschichte 2 (Stuttgart: Deutsche-Verlags-Anstalt, 1961); Robert Lewis Koehl, *RKFDV: German Resettlement and Population Policy, 1939-1945: History of the Reich Commission for the Strengthening of Germandom* (Cambridge, MA: Harvard University Press, 1957); Timothy Snyder, *Black Earth: The Holocaust as History and Warning* (New York: Tim Duggan Books, 2015). 另请参阅Timothy Snyder, "The Next Genocide," *New York Times*, September 12, 2015, sec. Opinion. 关于纳粹的环境改造项目，参阅David Blackbourn, *The Conquest of Nature: Water, Landscape, and the Making of Modern Germany* (New York: Norton, 2006), 253-310. 关于纳粹"血与土"意识形态的环境维度，参阅Mark Bassin, "Blood or Soil? The Völkisch Movement, the Nazis, and the Legacy of Geopolitik," in *How Green Were the Nazis? Nature, Environment, and Nation in the Third Reich*, ed. Franz-Josef Brüggemeier, Mark Cioc, and Thomas Zeller, 1st ed., Ohio University Press Series in Ecology and History (Athens: Ohio University Press, 2005), 204-42.

6   例如，米诺对党卫军意识形态的研究是指生物科学的影响，并不涉及其他科学领域，请参阅André Mineau, *SS Thinking and the Holocaust* (Amsterdam: Rodopi, 2012). 同样，恩佐·特拉维索关于纳粹意识形态的文章中，有一个与"生存空间"相关的简短章节，但其将优生学和种族主义归类为"扩张主义政策"的"发动机"，参阅Enzo Traverso, *The Origins of Nazi Violence*, trans. Janet Lloyd (New York: New Press, 2003), 74. 乔治·莫斯关于国家社会主义思想起源的经典研究用了整整一章的篇幅来研究种族主义，但对地质学甚至地理学的影响，他却只字未提，参见George L. Mosse, *The Crisis of German Ideology: Intellectual Origins of the Third Reich* (New York: Howard Fertig, 1998), 88-107. 20世纪三四十年代的德国作家更喜欢"草原化"（Verstepung）一词，而不是使用"沙漠"（Wüste）一词的派生词。这一选择背后的一个原因是，"摧毁"（Verwüstung）已经表示（现在仍然表示）由于战争和放弃定居点而造成的破坏，类似于英语单词"destruction"，可参阅Rudolf Bergmann, "Quellen, Arbeitsverfahren und Fragestellungen der Wüstungsforschung," *Siedlungsforschung: Archäologie, Geschichte, Geographie* 12 (1994): 35-68. 德国作家在20世纪20年代至40年代

使用的"草原化"一词，描述了土壤的侵蚀、气候向更干旱的平均气候条件变化以及植被的消失。它与今天的"荒漠化"一词非常接近，但前者几乎完全指称东方景观。从威廉执政时期的殖民时代到纳粹帝国征服计划的延续，参阅Shelley Baranowski, *Nazi Empire: German Colonialism and Imperialism from Bismarck to Hitler* (Cambridge: Cambridge University Press, 2011).

7　参阅Jürgen Zimmerer, "The Birth of the Ostland out of the Spirit of Colonialism: A Postcolonial Perspective on the Nazi Policy of Conquest and Extermination," *Patterns of Prejudice* 39, no. 2 (2005): 197-219. 关于纳粹德国作为一个具有长远殖民意图的大国，还可参阅Mazower, *Hitler's Empire*. 关于阿尔温·塞弗特，参阅Thomas Zeller, "Molding the Landscape of Nazi Environmentalism: Alwin Seifert and the Third Reich," in *How Green Were the Nazis? Nature, Environment, and Nation in the Third Reich*, ed. Franz-Josef Brüggemeier, Mark Cioc, and Thomas Zeller, 1st ed., Ohio University Press Series in Ecology and History (Athens: Ohio University Press, 2005), 147-70; Thomas Zeller, "'Ganz Deutschland sein Garten': Alwin Seifert und die Landschaft des Nationalsozialismus," in *Naturschutz und Nationalsozialismus*, ed. Joachim Radkau and Frank Uekötter (Frankfurt am Main: Campus Verlag, 2003), 273-308. 关于森林作为德国国家象征的有争议的历史，参阅Jeffrey K. Wilson, *The German Forest: Nature, Identity, and the Contestation of a National Symbol, 1871-1914* (Toronto: University of Toronto Press, 2012); Michael Imort, "A Sylvan People: Wilhelmine Forestry and the Forest as a Symbol of Germandom," in *Germany's Nature: Cultural Landscapes and Environmental History*, ed. Thomas Lekan and Thomas Zeller (New Brunswick, NJ: Rutgers University Press, 2005), 81-109; Albrecht Lehmann, "Der deutsche Wald," in *Deutsche Erinnerungsorte*, ed. Etienne François and Hagen Schulze, 3 vols. (Munich: Beck, 2001), 3:187-200. 关于德国森林管理的殖民主义

和后殖民主义方面，参阅Thaddeus Sunseri, "Exploiting the Urwald: German Post-colonial Forestry in Poland and Central Africa, 1900-1960," *Past & Present* 214, no. 1 (February 1, 2012): 305-42.

8　参阅Gert Gröning and Joachim Wolschke-Bulmahn, *Die Liebe zur Landschaft: Der Drang nach Osten: Zur Entwicklung der Landespflege im Nationalsozialismus und während des Zweiten Weltkrieges in den "eingegliederten Ostgebieten"* (Munich: Minerva-Publikation, 1987); Wolfgang Wippermann, *Der "deutsche Drang nach Osten": Ideologie und Wirklichkeit eines politischen Schlagwortes* (Darmstadt: Wissenschaftliche Buchgesellschaft, 1981); Robert L. Nelson, ed., *Germans, Poland, and Colonial Expansion to the East: 1850 through the Present* (New York: Palgrave Macmillan, 2009).

9　关于"家乡"（Heimat）概念的发展，包括地区和国家的归属形式，参阅Celia Applegate, *A Nation of Provincials: The German Idea of Heimat* (Berkeley: University of California Press, 1990). 关于德国保护运动的历史，参阅William H. Rollins, *A Greener Vision of Home: Cultural Politics and Environmental Reform in the German Heimatschutz Movement, 1904-1918* (Ann Arbor: University of Michigan Press, 1997); Raymond H. Dominick, *The Environmental Movement in Germany: Prophets and Pioneers, 1871-1971* (Bloomington: Indiana University Press, 1992); Thomas Lekan, *Imagining the Nation in Nature: Landscape Preservation and German Identity, 1885-1945* (Cambridge, MA: Harvard University Press, 2004); Frank Uekötter, *The Green and the Brown: A History of Conservation in Nazi Germany* (Cambridge: Cambridge University Press, 2006).

10　Gregor Thum, "Ex oriente lux—ex oriente furor: Einführung," in *Traumland Osten: Deutsche Bilder vom östlichen Europa im 20. Jahrhundert*, ed. Gregor Thum (Göttingen: Vandenhoeck & Ruprecht, 2006), 8. 另请参阅Gerd Koenen, *Der Russland-Komplex: Die Deutschen und der Osten,*

1900-1945 (Munich: Beck, 2005); Henry Cord Meyer, *Drang nach Osten: Fortunes of a Slogan-Concept in German-Slavic Relations, 1849-1990* (Bern: P. Lang, 1996); Joseph Partsch, *Mitteleuropa: Die Länder und Völker von den Westalpen und dem Balkan bis an den Kanal und das Kurische Haff* (Gotha: J. Perthes, 1904), 158, 196; Klaus Fehn, "'Lebensgemeinschaft von Volk und Raum': Zur nationalsozialistischen Raum- und Landschaftsplanung in den eroberten Ostgebieten," in *Naturschutz und Nationalsozialismus*, ed. Joachim Radkau and Frank Uekötter (Frankfurt am Main: Campus, 2003), 207-24; Ekkehard Klug, "Das 'asiatische' Rußland: Über die Entstehung eines europäischen Vorurteils," *Historische Zeitschrift* 245, no. 2 (October 1, 1987): 265-89; Mark Bassin, *Imperial Visions: Nationalist Imagination and Geographical Expansion in the Russian Far East, 1840-1865* (Cambridge: Cambridge University Press, 2006).

11 Vejas Gabriel Liulevicius, *The German Myth of the East: 1800 to the Present* (Oxford: Oxford University Press, 2009); Larry Wolff, *Inventing Eastern Europe: The Map of Civilization on the Mind of the Enlightenment* (Stanford, CA: Stanford University Press, 1994). 俄罗斯和欧洲其他国家之间存在不可调和的文化差异，这一论调仍然占据主流，例如，奥斯瓦尔德·斯宾格勒就提到了"俄罗斯精神和西方精神"之间的明确分界线。引自Wolfgang Wippermann, *Die Deutschen und der Osten: Feindbild und Traumland* (Darmstadt: Primus, 2007), 50; Kristin Leigh Kopp, *Germany's Wild East: Constructing Poland as Colonial Space* (Ann Arbor: University of Michigan Press, 2012); Vejas Gabriel Liulevicius, *War Land on the Eastern Front: Culture, National Identity and German Occupation in World War I* (Cambridge: Cambridge University Press, 2000).

12 Vejas Gabriel Liulevicius, "Der Osten als apokalyptischer Raum: Deutsche Frontwahrnehmungen im und nach dem Ersten Weltkrieg,"

in *Traumland Osten: Deutsche Bilder vom östlichen Europa im 20. Jahrhundert*, ed. Gregor Thum (Göttingen: Vandenhoeck & Ruprecht, 2006), 55; Joachim Wolschke-Bulmahn, "Violence as the Basis of National Socialist Landscape Planning in the 'Annexed Eastern Areas,'" in *How Green Were the Nazis? Nature, Environment, and Nation in the Third Reich*, ed. Franz-Josef Brüggemeier, Mark Cioc, and Thomas Zeller, 1st ed., Ohio University Press Series in Ecology and History (Athens: Ohio University Press, 2005), 244.

13　有关在波兰发生的暴行的报道，参阅BArch R 904/790; Robert Jan van Pelt, "Bearers of Culture, Harbingers of Destruction: The Mythos of the Germans in the East," in *Art, Culture, and Media Under the Third Reich*, ed. Richard A. Etlin (Chicago: University of Chicago Press, 2002), 98-135; Gregor Thum, "Mythische Landschaften: Das Bild vom 'Deutschen Osten' und die Zäsuren des 20. Jahrhunderts," in *Traumland Osten: Deutsche Bilder vom östlichen Europa im 20. Jahrhundert*, ed. Gregor Thum (Göttingen: Vandenhoeck & Ruprecht, 2006), 194.

14　Karl Josef Kaufmann, "Der Rückgang des Deutschtums in Westpreußen zu polnischer Zeit (1569-1772)," in *Der ostdeutsche Volksboden: Aufsätze zu den Fragen des Ostens*, ed. Wilhelm Volz (Breslau: F. Hirt, 1926), 312-15; Heinrich von Treitschke, *Origins of Prussianism, trans. Eden Paul and Cedar Paul* (London: G. Allen and Unwin, 1942), 151-52.

15　可参阅以下文献：Rudolf Kötzschke, "Die deutsche Wiederbesiedelung der ostelbischen Lande," in *Der ostdeutsche Volksboden: Aufsätze zu den Fragen des Ostens*, ed. Wilhelm Volz (Breslau: F. Hirt, 1926), 155; Kaufmann, "Der Rückgang des Deutschtums," 324.

16　Joachim Wolschke-Bulmahn, "The Nationalization of Nature and the Naturalization of the German Nation: 'Teutonic' Trends in Early Twentieth-Century Landscape Design," in *Nature and Ideology: Natural Garden Design in the Twentieth Century*, ed. Joachim Wolschke-

Bulmahn (Washington, DC: Dumbarton Oaks Research Library and Collection, 1997), 187-219; Wilfried Lipp, *Natur, Geschichte, Denkmal: Zur Entstehung des Denkmalbewußtseins der bürgerlichen Gesellschaft* (Frankfurt: Campus Verlag, 1987).

17   Thum, "Mythische Landschaften," 198, 202. 关于魏玛时期的土地开垦工作，参阅BArch R 3601/1675, 1680, 1681, 1683, 1684, 1685, 1688; Blackbourn, *Conquest of Nature*, 21-76, 93, 144-60; Eugenie Berg, *Die Kultivierung der nordwestdeutschen Hochmoore* (Oldenburg: Isensee, 2004); Rita Gudermann, "Conviction and Constraint: Hydraulic Engineers and Agricultural Amelioration Projects in Nineteenth-Century Prussia," in *Germany's Nature: Cultural Landscapes and Environmental History*, ed. Thomas M. Lekan and Thomas Zeller (New Brunswick, NJ: Rutgers University Press, 2005), 33-54; Kathryn M. Olesko, "Geopolitics & Prussian Technical Education in the Late-Eighteenth Century," *Actes d'història de la ciència i de la tècnica* 2, no. 2 (2009): 11-44; BArch R 3601/1675: Note by Th. Echtermeyer, Director of the Teaching and Research Institute of Garden Architecture in Berlin, 1927, 83.

18   BArch R 3601/1675: "Bedenkliche Folgen einer verfehlten Agrarpolitik," *Ostpreußische Zeitung*, July 25, 1926, 30; BArch R 3601/1683: Wiedenbrück to Verein zur Förderung der Moorkultur im deutschen Reiche, May 14, 1923; BArch R 3601/1683: "Bericht über die Tätigkeit der Bremer Abteilung des Vereins zur Förderung der Moorkultur," 1929; BArch 3601/1685: "Die Deutsche Moorkultur im Reichsnährstand" (memorandum), December 1933.

19   Michael Burleigh, *Germany Turns Eastwards: A Study of Ostforschung in the Third Reich* (London: Pan Books, 2002), 21. 关于SdVK的历史，参阅 Michael Fahlbusch, *"Wo der deutsche... ist, ist Deutschland": Die Stiftung für deutsche Volks- und Kulturbodenforschung in Leipzig 1920-1933* (Bochum: Brockmeyer, 1994), 49-173. 魏玛时期参与东方研究的机构

还包括东北德研究协会(Nordostdeutsche Forschungsgemeinschaft)和秘密国家档案馆出版社(Publikationsstelle im Geheimen Staatsarchiv); Fahlbusch, *"Wo der deutsche... ist, ist Deutschland"*, 63-64; Fahlbusch, *Wissenschaft im Dienst der nationalsozialistischen Politik? Die, Volksdeutschen Forschungsgemeinschaften" von 1931-1945* (Baden-Baden: Nomos, 1999). 关于帕尔奇和彭克的思想交流,参阅Albrecht Penck and Joseph Partsch, *Briefe Albrecht Pencks an Joseph Partsch, ed. Gerhard Engelmann* (Leipzig: Enzyklopädie, 1960). 关于彭克的学术贡献, 参阅Ingo Schaefer, "Der Weg Albrecht Pencks nach München, zur Geographie und zur alpinen Eiszeitforschung," *Mitteilungen der Geographischen Gesellschaft in München* 74 (1989): 5-25; Norman Henniges, "'Sehen lernen': Die Exkursionen des Wiener Geographischen Instituts und die Formierung der Praxiskultur der geographischen (Feld-) Beobachtung in der Ära Albrecht Penck (1885 bis 1906)," *Mitteilungen der Österreichischen Geographischen Gesellschaft* 156 (2013): 141-70. 除了发表过相对更出名的关于冰川和阿尔卑斯山环境的著作,彭克对沙漠也十分感兴趣,参阅Albrecht Penck, "Die Morphologie der Wüsten," *Geographische Zeitschrift* 15, no. 10 (1909): 545-58. 关于彭克与布吕克纳的合作,参阅John Imbrie and Katherine Palmer Imbrie, *Ice Ages: Solving the Mystery* (Cambridge, MA: Harvard University Press, 1986), 114-17; T. P. Burt et al., eds., *The History of the Study of Landforms, or, the Development of Geomorphology*, vol. 4 (Bath: Geological Society, 2008), 399-400.

20 Albrecht Penck, "Deutsches Volk und deutsche Erde," *Die Woche* 9 (1907): 179-82. 关于这篇文章对第一次世界大战后德国修正主义的意义,参阅Fahlbusch, *"Wo der deutsche... ist, ist Deutschland"*, 207-18; GStAPK Nachlass (NL) Penck, Albrecht: Untitled manuscript by Penck, 1943; Albrecht Penck, "Deutschland als geographische Gestalt," in *Deutschland. Die natürlichen Grundlagen seiner Kultur*,

ed. Johannes Walther, vol. 1 (Leipzig: Quelle & Meyer, 1928), 1-10. Penck's quote is from the introduction in *Stiftung für deutsche Volks- und Kulturbodenforschung Leipzig: Die Tagungen der Jahre 1923-1929* (Langensalza: J. Beltz, 1930), ix; Hans-Dietrich Schultz, "'Ein wachsendes Volk braucht Raum': Albrecht Penck als politischer Geograph," in *1810-2010: 200 Jahre Geographie in Berlin: an der Universität zu Berlin (ab 1810), Friedrich-Wilhelms-Universität zu Berlin (ab 1828), Universität Berlin (ab 1946), Humboldt-Universität zu Berlin (ab 1949)*, ed. Bernhard Nitz, Hans-Dietrich Schultz, and Marlies Schulz (Berlin: Geographisches Institut der Humboldt Universität zu Berlin, 2010), 91-135. 关于拉采尔对豪斯霍费尔和彭克的影响，参阅Klaus Kost, *Die Einflüsse der Geopolitik auf Forschung und Theorie der politischen Geographie von ihren Anfängen bis 1945, Bonner Geographische Abhandlungen* 76 (Bonn: Ferd. Dümmler, 1988), 236-39, 266-79.

21 Albrecht Penck, "Deutscher Volks- und Kulturboden," in *Volk unter Völkern: Bücher des Deutschtums*, ed. K. C. Loesch (Breslau: Hirt, 1925), 62-72. 虽然彭克并不是这些术语的发明者，但他在自己的著作中以及通过SdVK传播这些术语方面发挥了重要作用，参阅Schultz, "Albrecht Penck als politischer Geograph," 113-14; Norman Henniges, "'Naturgesetze der Kultur': Die Wiener Geographen und die Ursprünge der 'Volks- und Kulturbodentheorie,'" *ACME: An International Journal for Critical Geographies* 14, no. 4 (December 2015): 1309-51. 关于将彭克的思想融入平民主义地理学概念的例子，参阅Emil Meynen, "Völkische Geographie," *Geographische Zeitschrift* 41, no. 11 (January 1, 1935): 435-41. 关于彭克思想的总体影响，参阅Jürgen Zimmerer, "Im Dienste des Imperiums: Die Geographen der Berliner Universität zwischen Kolonialwissenschaften und Ostforschung," in *Universitäten und Kolonialismus*, ed. Andreas Eckert, Jahrbuch für Universitätsgeschichte

7 (Stuttgart: Steiner, 2004), 95; Mechtild Rössler, *"Wissenschaft und Lebensraum": Geographische Ostforschung im Nationalsozialismus— ein Beitrag zur Disziplingeschichte der Geographie*, vol. 8, Hamburger Beiträge zur Wissenschaftsgeschichte (Berlin: D. Reimer, 1990), 225; Willi Oberkrome, *Volksgeschichte: Methodische Innovation und völkische Ideologisierung in der deutschen Geschichtswissenschaft 1918-1945* (Göttingen: Vandenhoeck & Ruprecht, 1993), 28-29.

22 彭克得到了地缘政治学家卡尔·豪斯霍费尔的支持，后者提出，自波兰接管以来，东方"单位面积营养力"下降。这一复杂的观点反映了彭克对东方"德国土地"的主张。参阅 Karl Haushofer, "Die geopolitische Betrachtung grenzdeutscher Probleme," in *Volk unter Völkern: Bücher des Deutschtums*, ed. K. C Loesch (Breslau: Hirt, 1925), 188-92; Penck, "Deutscher Volks-und Kulturboden," 69.

23 Burleigh, *Germany Turns Eastwards*, 22-39; Gerd Voigt, "Aufgaben und Funktion der Osteuropa-Studien in der Weimarer Republik," *Studien über die deutsche Geschichtswissenschaft* 2 (1965): 369-99; Deutsche Akademie der Wissenschaften zu Berlin, *Atlas des deutschen Lebensraumes in Mitteleuropa. Im Auftrage der Preussischen Akademie der Wissenschaften herausgegeben*, ed. *Norbert Krebs* (Leipzig: Bibliographisches Institut, 1937). 另请参阅 Laetitia Boehm, "Langzeitvorhaben als Akademieaufgabe: Geschichtswissenschaft in Berlin und in München," in *Wissenschaft, Krieg und die Berliner Akademie der Wissenschaften*, ed. Wolfram Fischer (Berlin: Akademie Verlag, 2000), 421; Albrecht Penck, *Die Tragfähigkeit der Erde* (Leipzig: Quelle & Meyer, 1941); Wolfgang J. Mommsen, "Wissenschaft, Krieg und die Berliner Akademie der Wissenschaften," in *Die Preussische Akademie der Wissenschaften zu Berlin 1914-1945*, ed. Wolfram Fischer (Berlin: Akademie Verlag, 2000), 18-19.

24 Eduard Mühle, "Der europäische Osten in der Wahrnehmung

deutscher Historiker: Das Beispiel Hermann Aubin," in *Traumland Osten: Deutsche Bilder vom östlichen Europa im 20. Jahrhundert*, ed. Gregor Thum (Göttingen: Vandenhoeck & Ruprecht, 2006), 110-37; Eduard Mühle, *Für Volk und deutschen Osten: Der Historiker Hermann Aubin und die deutsche Ostforschung* (Düsseldorf: Droste, 2005); Eduard Mühle, "'Ostforschung': Beobachtung zu Aufstieg und Niedergang eines geschichtwissenschaftlichen Paradigmas," *Zeitschrift für Ostmitteleuropa-Forschung* 46, no. 3 (1997): 317-50 关于历史学家在缔造"德意志东方"神话中的作用，参阅Ingo Haar, *Historiker im Nationalsozialismus: Deutsche Geschichtswissenschaft und der "Volkstumskampf" im Osten* (Göttingen: Vandenhoeck & Ruprecht, 2000); Oberkrome, Volksgeschichte; Christoph Kleßmann, "Osteuropaforschung und Lebensraumpolitik im Dritten Reich," in *Wissenschaft im Dritten Reich*, ed. Peter Lundgreen (Frankfurt am Main: Suhrkamp, 1985), 350-83; Hans-Christian Petersen, "'Ordnung schaffen' durch Bevölkerungsverschiebung: Peter-Heinz Seraphim oder der Zusammenhang zwischen 'Bevölkerungsfragen' und Social Engineering," *Historical Social Research / Historische Sozialforschung* 31, no. 4 (118) (January 1, 2006): 282-307. 关于纳粹计划中缺乏对"东方"的明确定义，参阅Andreas Zellhuber, *"Unsere Verwaltung treibt einer Katastrophe zu...": Das Reichsministerium für die besetzten Ostgebiete und die deutsche Besatzungsherrschaft in der Sowjetunion 1941-1945* (Munich: Vögel, 2006), 2.

25   Gerd Koenen, "Der deutsche Russland-Komplex," in *Traumland Osten: Deutsche Bilder vom östlichen Europa im 20. Jahrhundert*, ed. Gregor Thum (Göttingen: Vandenhoeck & Ruprecht, 2006), 40-41; Bassin, "Blood or Soil?"; Mark Bassin, "Race Contra Space: The Conflict between German Geopolitik and National Socialism," *Political Geography Quarterly* 6, no. 2 (April 1987): 115-34.

26   Michael A. Hartenstein, *Neue Dorflandschaften: Nationalsozialistische Siedlungsplanung in den "eingegliederten Ostgebieten" 1939 bis 1944*, Wissenschaftliche Schriftenreihe Geschichte 6 (Berlin: Köster, 1998), 25-28; Gesine Gerhard, "Breeding Pigs and People for the Third Reich: Richard Walther Darré's Agrarian Ideology," in *How Green Were the Nazis? Nature, Environment, and Nation in the Third Reich*, ed. Franz-Josef Brüggemeier, Mark Cioc, and Thomas Zeller (Athens: Ohio University Press, 2005), 129-46; Richard Walther Darré, *Neuadel aus Blut und Boden* (Munich: J. F. Lehmann, 1930), 84-85; Koehl, RKFDV, 27-28.

27   Marcel Herzberg, *Raumordnung im nationalsozialistischen Deutschland* (Dortmund: Dortmunder Vertrieb für Bau- und Planungsliteratur, 1997), 108-11; Burleigh, *Germany Turns Eastwards*, 144; Gröning and Wolschke-Bulmahn, *Der Drang nach Osten*, 194. 关于RKF无处不在的影响，参阅Götz Aly and Susanne Heim, *Vordenker der Vernichtung: Auschwitz und die deutschen Pläne für eine neue europäische Ordnung* (Hamburg: Hoffmann und Campe, 1991), 125-31. 关于维普金在RKF中的职位，参阅Rössler, *Wissenschaft und Lebensraum*, 8:167. 战后，维普金否认其曾在RKF担任"特别副手"，他声称自己主要承担顾问的工作。不过，他在起草《景观法令》（见下文）时起到的重要作用，让这一说法很难令人信服。参阅NLSO Dep 72/39 and Kellner, "Heinrich Friedrich Wiepking," 322.

28   参阅Karl Heinz Roth, "'Generalplan Ost'—'Gesamtplan Ost': Forschungsstand, Quellenprobleme, neue Ergebnisse," in *Der "Generalplan Ost": Hauptlinien der nationalsozialistischen Planungs- und Vernichtungspolitik*, ed. Mechtild Rössler and Sabine Schleiermacher (Berlin: Akademie Verlag, 1993), 69; Mechtild Rössler and Sabine Schleiermacher, "Der 'Generalplan Ost' und die 'Modernität' der Großraumordnung. Eine Einführung," in

Der "Generalplan Ost": Hauptlinien der nationalsozialistischen Planungs- und Vernichtungspolitik, ed. Mechtild Rössler and Sabine Schleiermacher (Berlin: Akademie Verlag, 1993), 9; Willi Oberkrome, *Ordnung und Autarkie: Die Geschichte der deutschen Landbauforschung, Agrarökonomie und ländlichen Sozialwissenschaft im Spiegel von Forschungsdienst und DFG (1920-1970)* (Stuttgart: Steiner, 2009), 104-14; Ariane Leendertz, *Ordnung schaffen: Deutsche Raumplanung im 20. Jahrhundert* (Göttingen: Wallstein, 2008), 148-53; Gröning and Wolschke-Bulmahn, *Der Drang nach Osten*, 25; Heinrich Wiepking-Jürgensmann, *Die Landschaftsfibel* (Berlin: Deutsche Landbuchhandlung, 1942), 24; J. O. Plassmann, "Deutsche Landgestaltung in völkischer Schau," in *Landvolk im Werden: Material zum ländlichen Aufbau in den neuen Ostgebieten und zur Gestaltung des dörflichen Lebens*, ed. Konrad Meyer (Berlin: Deutsche Landbuchhandlung, 1941), 271; Artur Schürmann, "Festigung deutschen Volkstums in den eingegliederten Ostgebieten," *Reich, Volksordnung, Lebensraum* 6 (1944): 475-538.

29   Christof Mauch, *Nature in German History* (New York: Berghahn Books, 2004), 86-90. 布莱克本描述了纳粹规划者对今天位于乌克兰和白俄罗斯的普利佩特河沼泽的关注，参阅Blackbourn, *Conquest of Nature*, 251-78; H. Kuron, "Die Bodenerosion in Europa: Eine zusammenfassende Darstellung ohne die Gebirge," *Der Forschungsdienst* 16, no. 1 (1943): 15.

30   Paul Sokolowski, *Die Versandung Europas:... eine andere, große russische Gefahr* (Berlin: Deutsche Rundschau, 1929), 102; David Blackbourn, "'The Garden of Our Hearts': Landscape, Nature, and Local Identity in the German East," in *Localism, Landscape, and the Ambiguities of Place: German-Speaking Central Europe, 1860-1930*, ed. James N. Retallack and David Blackbourn (Toronto: University of

Toronto Press, 2007), 158.

31 Werner Junge, "Aufbauelemente einer deutschen Heimatlandschaft," in *Landvolk im Werden: Material zum ländlichen Aufbau in den neuen Ostgebieten und zur Gestaltung des dörflichen Lebens*, ed. Konrad Meyer (Berlin: Deutsche Landbuchhandlung, 1941), 303-10.

32 Guido Görres, "Gestaltungsaufgaben im neuen Ostpreußen," *Neues Bauerntum* 42 (1940): 245, emphasis added.

33 Karl Schlögel, "Die russische Obsession: Edwin Erich Dwinger," in *Traumland Osten: Deutsche Bilder vom östlichen Europa im 20. Jahrhundert*, ed. Gregor Thum (Göttingen: Vandenhoeck & Ruprecht, 2006), 66-87; Karl Christian Thalheim and Arnold Hillen Ziegfeld, eds., *Der deutsche Osten, seine Geschichte, sein Wesen und seine Aufgabe* (Berlin: Propyläen-Verlag, 1936). 值得注意的是，19世纪末，俄罗斯有文章赞扬德国门诺派将干旱草原改造为秩序井然的农业用地，称这进一步提升了德国格外重视土壤护理质量的形象，请参阅David Moon, *The Plough That Broke the Steppes: Agriculture and Environment on Russia's Grasslands, 1700-1914*(Oxford: Oxford University Press, 2013), 278.

34 有趣的是，洪堡在他的主要作品中提到了"北亚的梦幻草原"，从而预示了"草原"一词蕴含的负面含义。参阅Alexander von Humboldt, *Kosmos: A General Survey of the Physical Phenomena of the Universe*, vol. 1 (London: H. Baillière, 1845), ix; Alexander von Humboldt, *Ansichten der Natur mit wissenschaftlichen Erläuterungen* (Tübingen: J. G. Cotta, 1808); Eduard A. Rübel, "Heath and Steppe, Macchia and Garigue," *Journal of Ecology* 2 (1914): 233-34. 关于中亚草原环境研究的历史，参阅Moon, *The Plough That Broke the Steppes*; David Moon, "The Steppe as Fertile Ground for Innovation in Conceptualizing Human-Nature Relationships," *Slavonic and East European Review* 93, no. 1 (January 1, 2015): 16-38.

35   Robert Gradmann, *Das Pflanzenleben der Schwäbischen Alb: Mit
      Berücksichtigung der angrenzenden Gebiete Süddeutschlands*, 2 vols.
      (Tübingen: Verlag des Schwäbischen Albvereins, 1898), vol. 1; 另请参阅
      A. Nehring, "Die Ursachen der Steppenbildung in Europa," *Geographische
      Zeitschrift* 1 (1895): 152-63; Johannes Walther, "Der Begriff der Steppe,"
      Petermanns Mitteilungen aus Justus Perthes' Geographischer Anstalt
      65 (1919): 102; Wladimir Köppen, "Klassifikation der Klimate nach
      Temperatur, Niederschlag and Jahreslauf," *Petermanns geographische
      Mitteilungen* 64 (1918): 193-203.

36   Robert Gradmann, "Zur prähistorischen Siedlungsgeographie des
      norddeutschen Tieflands," in *Festgabe der Philosophischen Fakultät
      der Friedrich-Alexander-Universität Erlangen zur 55. Versammlung
      deutscher Philologen und Schulmänner* (Erlangen: K. Döres, 1925),
      1-10; Robert Gradmann, *Volkstum und Rasse in Süddeutschland: Rede
      beim Antritt des Rektorates der Bayerischen Friedrich-Alexanders-
      Universität Erlangen am 4. November 1925* (Erlangen: K. Döres, 1926);
      Robert Gradmann, "Zur deutschen Rassenkunde," *Monatsschrift für
      akademisches Leben: Fränkische Hochschulzeitung*, no. 5 (February
      1928): 105-6; *Stiftung für deutsche Volks- und Kulturbodenforschung
      Leipzig*, 49, 175-77.

37   Robert Gradmann, *Die Steppen des Morgenlandes in ihrer Bedeutung
      für die Geschichte der menschlichen Gesittung* (Stuttgart: J. Engelhorns
      Nachfolger, 1934), 15; Friedrich Ratzel, *Der Lebensraum: Eine
      biogeographische Studie* (Tübingen: H. Laupp, 1901), 29; 另可
      参阅Hans Mortensen, "Probleme der deutschen morphologischen
      Wüstenforschung," *Naturwissenschaften* 18, no. 28 (July 1, 1930):
      629-37.

38   Alwin Seifert, *Im Zeitalter des Lebendigen. Natur, Heimat, Technik*,
      3rd ed. (Planegg: Müller, 1943); Blackbourn, Conquest of Nature, 285-

93. 关于"草原化"概念的历史及其在德国的使用，参阅Axel Zutz, "Fear of the 'Steppes': Soil Protection and Landscape Planning in Germany 1930-1960 between Politics and Science," *Global Environment* 8, no. 2 (January 1, 2015): 380-409. 正如祖茨所表明的那样，"草原化"引发的争论并不是在真空中发生的，而是与反科学和文化趋势有关。Lekan, *Imagining the Nation in Nature*, 212-51; Franz Wilhelm Seidler, *Fritz Todt: Baumeister des Dritten Reiches*, 2nd ed. (Frankfurt am Main: Ullstein, 1988); Karsten Runge, *Entwicklungstendenzen der Landschaftsplanung: Vom frühen Naturschutz bis zur ökologisch nachhaltigen Flächennutzung* (Berlin: Springer, 1998), 27-29; Zeller, "Molding the Landscape of Nazi Environmentalism," 156-57. 塞弗特虽然与人类智慧运动有关联，但他本人并不是人类智慧学会的成员，参阅Uwe Werner, *Anthroposophen in der Zeit des Nationalsozialismus* (1933-1945) (Munich: Oldenbourg, 1999), 87-89.

39　塞弗特的文章最初发表于Alwin Seifert, "Die Versteppung Deutschlands," *Deutsche Technik* 4 (1936): 423-27, 490-92. 关于本期刊在传播国家社会主义思想和技术意识形态方面的核心作用，参阅Helmut Maier, "Nationalsozialistische Technikideologie und die Politisierung des 'Technikerstandes': Fritz Todt und die Zeitung 'Deutsche Technik,'" in *Technische Intelligenz und "Kulturfaktor Technik": Kulturvorstellungen von Technikern und Ingenieuren zwischen Kaiserreich und früher Bundesrepublik Deutschland*, ed. Burkhard Dietz, *Michael Fessner, and Helmut Maier* (Münster: Waxmann, 1996), 253-68; KarlHeinz Bernhardt, "Alexander von Humboldts Beitrag zu Entwicklung und Institutionalisierung von Meteorologie und Klimatologie im 19. Jahrhundert," *Algorismus* no. 41 (2003): 213-14; Alwin Seifert, "Gedanken über bodenständige Gartenkunst," *Gartenkunst* 42 (1929): 118-23, 131-32, 175-78, 191-95; ADM NL 133/007: Seifert, "Bodenständige Gartenkunst, Vortrag gehalten im bayrischen Landesvereins für Heimatschutz," April 11, 1930, n.p. 另请参阅Zeller, "Molding the Landscape of Nazi Environmentalism," 154-55; Gert Gröning and Joachim Wolschke-Bulmahn, "The National Socialist Garden and Landscape Ideal: Bodenständigkeit (Rootedness in the Soil)," in *Art, Culture, and Media under the Third Reich*, ed. Richard A Etlin (Chicago: University of Chicago Press, 2002), 73-97; Otto Jaekel, *Die Gefahren der Entwässerung unseres Landes, Mitteilungen aus dem geologisch-palaeontogischen Institut der Universität Greifswald* 4 (Greifswald: L. Bamberg, 1922).

40　Paul Kessler, "Einige Wüstenerscheinungen aus nicht aridem Klima," *Geologische Rundschau* 4, no. 7 (November 1, 1913): 413-23; Paul Kessler, *Das Klima der jüngsten geologischen Zeiten und die Frage einer Klimaänderung in der Jetztzeit* (Stuttgart: Schweizerbart, 1923); Richard Scherhag, "Eine bemerkenswerte Klimaänderung über Nordeuropa," *Annalen der Hydrographie und maritimen Meteorologie* 64 (March 1936): 96-100; Richard Scherhag, "Die gegenwärtige Milderung der Winter und ihre Ursachen," *Annalen der Hydrographie und maritimen Meteorologie* 67 (June 1939): 292-303.

41　参阅Zutz, "Fear of the 'Steppes'"; Paul B. Sears, *Deserts on the March* (Norman: University of Oklahoma Press, 1935); Joachim Radkau, *The Age of Ecology: A Global History, trans. Patrick Camiller* (Cambridge: Polity Press, 2014), 46-60. 关于"尘暴地带"的国际层面影响，参阅Sarah T. Phillips, "Lessons from the Dust Bowl: Dryland Agriculture and Soil Erosion in the United States and South Africa, 1900-1950," *Environmental History* 4, no. 2 (April 1, 1999): 245-66; Sabine Sauter, "Australia's Dust Bowl: Transnational Influences in Soil Conservation and the Spread of Ecological Thought," *Australian Journal of Politics & History* 61, no. 3 (September 1, 2015): 352-65; Hannah Holleman, "De-naturalizing Ecological Disaster: Colonialism, Racism and the Global Dust Bowl of the 1930s," *Journal of Peasant Studies* 44, no. 1 (January 2, 2017): 234-60. 有关 "尘暴地带" 的经典研究，参阅Donald Worster, *Dust Bowl: The Southern Plains in the 1930s* (Oxford: Oxford University Press, 2004).

42 ADM NL 133/013: Seifert, "Hat der Wald Einfluss auf das Klima?," n.d. (probably 1944 or 1945), 1; Alwin Seifert, "Die Versteppung Deutschlands," in *Im Zeitalter des Lebendigen. Natur, Heimat, Technik* (Planegg: Müller, 1943), 29-36.

43 Alwin Seifert, "Naturnahe Wasserwirtschaft," in *Im Zeitalter des Lebendigen. Natur, Heimat, Technik* (Planegg: Müller, 1943), 66; BArch NS 26/1188: Seifert to Todt, September 6, 1941; Alwin Seifert, "Mahnung an die Burgherren," *Deutsche Technik* 9 (January 1941): 9-13; ADM NL 133/010: Seifert, "Die Gefährdung der Lebensgrundlagen des Dritten Reiches durch die heutigen Arbeitsweisen des Kultur- u. Wasserbaus," August 13, 1935, 6.

44 可参阅的文献包括：W. Koehne, "Zur Frage der 'Versteppung,'" *Deutsche Wasserwirtschaft: Zentralblatt für Wasserbau, Wasserkraft und Wasserwirtschaft* 32, no. 2 (February 1, 1937): 33-36; J. Buck, "Landeskultur und Natur," *Deutsche Landeskultur-Zeitung* 2 (1937): 48-54; Riecke, "Erörterung über die Gefahren einer Versteppung Deutschlands," *Deutsche Landeskultur-Zeitung* 7, no. 3 (1938): 112-14. Darré's quote is cited in Zeller, "Molding the Landscape of Nazi Environmentalism," 156; ADM NL 133/021: Seifert to H. Löber, November 23, 1937; Fritz Todt, ed., *Die Versteppung Deutschlands?* (Kulturwasserbau und Heimatschutz) (Berlin: Weicher, 1938); Seidler, *Fritz Todt,* 279-80; O. Uhden, "Die Unhaltbarkeit der Seifert'schen Versteppungtheorie," *Deutsche Landeskultur-Zeitung* 10, no. 9 (September 1, 1941): 177-82; ADM NL 133/008: Seifert, "Versteppung, Windschutz und kein Ende," March 16, 1949, n.p.

45   Gerhard Lenz, "Ideologisierung und Industrialisierung der Landschaft
      im Nationalsozialismus am Beispiel des Großraumes Bitterfeld-Dessau,"
      in *Veränderung der Kulturlandschaft: Nutzungen—Sichtweisen—
      Planungen*, ed. Günter Bayerl and Torsten Meyer (Münster: Waxmann,
      2003), 177-97; ADM NL 133/023: Seifert to Friedrich Reck, February
      8, 1944, n.p.; Alwin Seifert, "Die Zukunft der ostdeutschen Landschaft,"
      Bauen, Siedeln, Wohnen 20, no. 9 (1940): 312-16.

🦪 第七章

1   "血色大地"一词出自以下文献，Timothy Snyder, *Bloodlands:
      Europe Between Hitler and Stalin* (New York: Basic Books, 2010). 关
      于德国环境沙文主义在殖民地的发展，参阅William H. Rollins,
      "Imperial Shades of Green: Conservation and Environmental Chauvinism
      in the German Colonial Project," *German Studies Review* 22, no. 2 (May
      1, 1999): 187-213.

2   Martin Broszat, *Nationalsozialistische Polenpolitik 1939-1945*,
      Schriftenreihe der Vierteljahreshefte für Zeitgeschichte 2 (Stuttgart:
      Deutsche-Verlags-Anstalt, 1961), 85; Wilhelm Zoch, *Neuordnung
      im Osten: Bauernpolitik als deutsche Aufgabe* (Berlin: Deutsche
      Landbuchhandlung, 1940), 153.

3   Thomas Zeller, "Molding the Landscape of Nazi Environmentalism:
      Alwin Seifert and the Third Reich," in *How Green Were the Nazis?
      Nature, Environment, and Nation in the Third Reich, ed. Franz-Josef
      Brüggemeier, Mark Cioc, and Thomas Zeller*, 1st ed., Ohio University
      Press Series in Ecology and History (Athens: Ohio University Press,
      2005), 158; Heinrich Wiepking-Jürgensmann, *Das Haus in der
      Landschaft* (Berlin: Gartenschönheit, 1927); Emanuel Hübner, "Haus
      Schandau. Ein Mannschaftsgebäude des Olympischen Dorfes von 1936,"

in *NSArchitektur: Macht und Symbolpolitik*, ed. Tilman Harlander and Wolfram Pyta (Berlin: Lit, 2010), 101-18; NLSO Dep 72b/135: Wiepking, "Wie betrachtet der Landschafts- und Gartengestalter das Reichsnaturschutzgesetz?" (unpublished manuscript), n.d. (ca. 1937-38), n.p. 关于第三帝国因新军事区和公路系统建设而减少农业用地，参阅Willi Oberkrome, *Ordnung und Autarkie: Die Geschichte der deutschen Landbauforschung, Agrarökonomie und ländlichen Sozialwissenschaft im Spiegel von Forschungsdienst und DFG (1920-1970)* (Stuttgart: Steiner, 2009), 170-73; Heinrich WiepkingJürgensmann, "Der deutsche Osten: Eine vordringliche Aufgabe für unsere Studierenden," *Die Gartenkunst* 52 (1939): 193. 另请参阅Birgit Karrasch, "Die 'Gartenkunst' im Dritten Reich," *Garten und Landschaft* 100 (June 1990): 52-56; BArch R 49/511: "Vereinbarung zwischen dem RKF und dem RFA," March 20, 1942, n.p.; BArch R 49/898: Lutz Heck and Konrad Meyer, "Vereinbarung zwischen dem RKF-Stabshauptamt und dem Reichsforstmeister als Oberster Naturschutzbehörde," March 20, 1942, n.p.

4   Heinrich Wiepking-Jürgensmann, "Gegen den Steppengeist," *Das Schwarze Korps*, October 15, 1942, 4.

5   参阅Thomas Zeller, "'Ich habe die Juden möglichst gemieden': Ein aufschlußreicher Briefwechsel zwischen Heinrich Wiepking und Alwin Seifert," *Garten und Landschaft* 105, no. 8 (1995): 4-5; Gert Gröning and Joachim Wolschke-Bulmahn, *Die Liebe zur Landschaft: Der Drang nach Osten: Zur Entwicklung der Landespflege im Nationalsozialismus und während des Zweiten Weltkrieges in den "eingegliederten Ostgebieten"* (Munich: Minerva-Publikation, 1987), 196; NLSO Dep 72b/20: Wiepking to Seifert, September 16, 1939; Seifert to Wiepking, September 24, 1939; Wilhelm Hübotter (landscape architect) to Wiepking, October 12, 1939; Seifert to Joseph Pertl (Head of the Municipal Parks Department in Berlin), October 19, 1939; Pertl to

Wiepking, October 31, 1939, n.p.; Thomas Zeller, *Driving Germany: The Landscape of the German Autobahn, 1930-1970* (New York: Berghahn Books, 2007), 92; NLSO Dep 72b/124: WiepkingJürgensmann, Remarks about Seifert's article "Die Heckenlandschaft" (July 1942), September 24, 1942, n.p.

6   NLSO Dep 72b/116: Wiepking, "Wasser und Wasserbau in der Landschaft," January 24, 1938, n.p.; Alwin Seifert, "Die Versteppung Deutschlands," in *Im Zeitalter des Lebendigen. Natur, Heimat, Technik* (Planegg: Müller, 1943), 40; Heinrich Wiepking-Jürgensmann, "Die Erhaltung der Schöpferkraft," *Das Schwarze Korps*, September 17, 1942, 4; Heinrich Wiepking-Jürgensmann, "Die Landschaft der Deutschen," *Das Schwarze Korps*, October 8, 1942, 4; Heinrich WiepkingJürgensmann, "Aufgaben und Ziele deutscher Landschaftspolitik," *Die Gartenkunst* 53 (1940): 84; NLSO Dep 72b/11: Handwritten note by Wiepking, n.d., n.p.; Heinrich Wiepking-Jürgensmann, "Der deutsche Mensch in seiner Beziehung zum Baum und zum Walde," *Raumforschung und Raumordnung*, no. 2 (1938): 544; Heinrich Wiepking-Jürgensmann, "Deutsche Landschaft als deutsche Ostaufgabe," *Neues Bauerntum* 32, no. 4/5 (1940): 133-34; Heinrich Wiepking-Jürgensmann, "Das Landschaftsgesetz des weiten Ostens," *Neues Bauerntum* 34, no. 1 (1942): 5-18.

7   Alwin Seifert, "Natur und Technik im deutschen Straßenbau," in *Im Zeitalter des Lebendigen. Natur, Heimat, Technik* (Planegg: Müller, 1943), 12; BArch R 49/898: Seifert, "Vorläufige Richtlinien für die Bepflanzung der Reichs- und Landstraßen in den neu eingegeliederten Ostgebieten," February 10, 1942, n.p.

8   Heinrich Wiepking-Jürgensmann, "Die Landesverschönerungskunst im Wandel der letzten 150 Jahre," *Zentralblatt der Bauverwaltung vereinigt mit Zeitschrift für Bauwesen* 60, no. 22 (1940): 320; Heinrich Wiepking-Jürgensmann, "Das Grün im Dorf und in der Feldmark," *Bauen, Siedeln,*

Wohnen 1.7, no. 18 (1940): 445; NLSO Dep 72b/124: Wiepking, "Der deutsche Weichselraum," October 23, 1939, n.p.

9　BArch R 49/511: Wiepking to Himmler, n.d. (probably 1941), n.p. 关于维普金对参与自然保护运动的观点，参阅Frank Uekötter, *The Green and the Brown: A History of Conservation in Nazi Germany* (Cambridge: Cambridge University Press, 2006), 156-57; BArch R 49/513: Wiepking to Himmler, "Bericht über die Teilnahme an der Tagung der Reichsstiftung für deutsche Ostforschung. Arbeitskreis für die Wiederbewaldung des Ostens am 28. und 29. Januar 1942," n.p. 关于纳粹统治下的"自然与技术的和解"，参阅Thomas Rohkrämer, *A Single Communal Faith? The German Right from Conservatism to National Socialism* (New York: Berghahn Books, 2007), 230-33; NLSO Dep 72b/126: Wiepking, "Zum Thema 'Bäuerliche Leistung'" (manuscript), June 30, 1941, n.p.

10　NLSO Dep 72b/7: Wiepking to Kube (Head of the Municipal Parks Department in Hannover), September 27, 1934, n.p.; NLSO Dep 72b/134: Wiepking, "Gartenheimat des Volkes: Bilder und Gedanken (unpublished manuscript), n.d., n.p.; NLSO Dep 72b/134: Wiepking, "Gartenheimat des Volkes: Bilder und Gedanken (unpublished manuscript), n.d., n.p.; 另请参阅Heinrich Wiepking-Jürgensmann, "Um die Erhaltung der Kulturlandschaft," *Raumforschung und Raumordnung* 2, no. 3 (1938): 122; BArch R 49/165: Wiepking, "Entwurf 2, Allgemeine Anordnung über die Gestaltung der Landschaft in den eingegliederten Ostgebieten," 42; NLSO Dep 72b/212: Wiepking, "Über die Gefahren der Sandverwehung," n.d. (ca. 1941), n.p.; NLSO Dep 72b/116: Wiepking, Note on the "Difference between East and West," 1942 n.p.; Heinrich WiepkingJürgensmann, *Die Landschaftsfibel* (Berlin: Deutsche Landbuchhandlung, 1942), 282-83.

11　Wiepking-Jürgensmann, "Der deutsche Osten," 193; Heinrich Wiepking-

Jürgensmann, "Wie muß eine gesunde Landschaft aussehen?," *Neues Bauerntum* 33 (1941): 162-66. 关于两次世界大战期间德国自然保护运动中医学影像的兴起，参阅Thomas Lekan, *Imagining the Nation in Nature: Landscape Preservation and German Identity, 1885-1945*(Cambridge, MA: Harvard University Press, 2004), 92-94. 关于森林有益气候的早期观点，参阅Jeffrey K. Wilson, *The German Forest: Nature, Identity, and the Contestation of a National Symbol, 1871-1914* (Toronto: University of Toronto Press, 2012), 66-69; WiepkingJürgensmann, *Die Landschaftsfibel*, 13, 308; 梅丁的说法强调了《景观入门》对规划的重要性，其内容将被所有在新定居点工作的官员视为"法律"，参阅BArch R 49/513: Mäding, "Vermerk über die Rechtslage auf dem Sachgebiet Landschaftsgestaltung," September 27, 1941, n.p.

12 Erwin Aichinger, "Pflanzen- und Menschengesellschaft, ein biologischer Vergleich," *Biologia Generalis* 17 (1943): 56-79; James Rodger Fleming, *Historical Perspectives on Climate Change* (New York: Oxford University Press, 1998), 11-20; Jan Golinski, *British Weather and the Climate of Enlightenment* (Chicago: University of Chicago Press, 2007), 137-202; Charles W. J. Withers, *Placing the Enlightenment: Thinking Geographically about the Age of Reason* (Chicago: University of Chicago Press, 2007), 129-63; Theodore Feldman, "Late Enlightenment Meteorology," in *The Quantifying Spirit in the 18th Century*, ed. Tore Frängsmyr, H. L. Heilborn, and Robin E. Rider (Berkeley: University of California Press, 1990), 143-78; Willy Hellpach, *Die geopsychischen Erscheinungen: Wetter und Klima und Landschaft in ihrem Einfluss auf das Seelenleben* (Leipzig: W. Engelmann, 1911); Willy Hellpach, *Einführung in die Völkerpsychologie* (Stuttgart: F. Enke, 1938); Willy Hellpach, *Geopsyche: Die Menschenseele unterm Einflußvon Wetter und Klima, Boden und Landschaft*, 5th ed. (Leipzig: Wilhelm Engelmann,

1939). 关于赫尔帕奇的气候学思想，参阅Gröning and Wolschke-Bulmahn, *Der Drang nach Osten*, 126; Nico Stehr, "The Ubiquity of Nature: Climate and Culture," *Journal of the History of the Behavioral Sciences* 32, no. 2 (1996): 151-59. 关于赫尔帕奇的传记，参阅 Claudia-Anja Kaune, *Willy Hellpach (1877-1955): Biographie eines liberalen Politikers der Weimarer Republik*(Frankfurt am Main: P. Lang, 2005).

13 参阅Broszat, Nationalsozialistische Polenpolitik, 98. 关于第三帝国对规划的热衷，参阅Ariane Leendertz, *Ordnung schaffen: Deutsche Raumplanung im 20. Jahrhundert* (Göttingen: Wallstein, 2008), 107-216; Lekan, *Imagining the Nation in Nature*, 215-51; Oberkrome, *Ordnung und Autarkie*, 212-25; Klaus Fehn, "Die Auswirkungen der Veränderungen der Ostgrenze des Deutschen Reiches auf das Raumordnungskonzept des NS-Regimes (1938-1942)," *Siedlungsforschung: Archäologie, Geschichte, Geographie* 9 (1991): 199-227; Mechtild Rössler and Sabine Schleiermacher, "Der 'Generalplan Ost' und die 'Modernität' der Großraumordnung. Eine Einführung," in *Der "Generalplan Ost": Hauptlinien der nationalsozialistischen Planungs- und Vernichtungspolitik*, ed. Mechtild Rössler and Sabine Schleiermacher (Berlin: Akademie Verlag, 1993), 7-11; Bruno Wasser, *Himmlers Raumplanung im Osten: Der Generalplan Ost in Polen, 1940-1944* (Basel: Birkhäuser, 1993); Götz Aly and Susanne Heim, *Vordenker der Vernichtung: Auschwitz und die deutschen Pläne für eine neue europäische Ordnung* (Hamburg: Hoffmann und Campe, 1991), 394-440; Klaus Fehn, "'Lebensgemeinschaft von Volk und Raum': Zur nationalsozialistischen Raum- und Landschaftsplanung in den eroberten Ostgebieten," in *Naturschutz und Nationalsozialismus*, ed. Joachim Radkau and Frank Uekötter (Frankfurt am Main: Campus, 2003), 207-24; Leendertz,

Ordnung schaffen, 143-86; Tiago Saraiva, *Fascist Pigs: Technoscientific Organisms and the History of Fascism* (Cambridge, MA: MIT Press, 2018), 186ff. 有关总计划的主要来源，可参阅以下文献：Czesław Madajczyk, ed., *Vom Generalplan Ost zum Generalsiedlungsplan, Einzelveröffentlichungen der Historischen Kommission zu Berlin 80* (Munich: Saur, 1994); Karl Heinz Roth, "'Generalplan Ost'— 'Gesamtplan Ost': Forschungsstand, Quellenprobleme, neue Ergebnisse," in *Der "Generalplan Ost": Hauptlinien der nationalsozialistischen Planungs- und Vernichtungspolitik*, ed. Mechtild Rössler and Sabine Schleiermacher (Berlin: Akademie Verlag, 1993), 25-95. 帕特里克·伯恩哈德还称，总计划中的定居点规划在一定程度上模仿了意大利对殖民地利比亚的设计，参见Bernhard, "Hitler's Africa in the East: Italian Colonialism as a Model for German Planning in Eastern Europe," *Journal of Contemporary History* 51, no. 1 (2016): 61-90.

14   BArch R 49/230: "Grundlagen der Planung," n.d. (probably 1939), n.p.; BArch R 49/157: "Planungsgrundlagen für den Aufbau der Ostgebiete," n.d. (probably 1940), 10. 另请参阅Helmut Heiber, "Der Generalplan Ost: Vorbemerkung," *Vierteljahrshefte für Zeitgeschichte* 6, no. 3 (July 1, 1958): 285. 关于总计划的简要年表，参阅Robert Gellately, "Review of Vom Generalplan Ost Zum Generalsiedlungsplan by Czeslaw Madajczyk; Der 'Generalplan Ost.' Hauptlinien Der Nationalsozialistischen Planungs- Und Vernichtungspolitik by Mechtild Rössler; Sabine Schleiermacher," *Central European History* 29, no. 2 (January 1, 1996): 270-74; Rössler and Schleiermacher, "Der 'Generalplan Ost' und die 'Modernität' der Großraumordnung. Eine Einführung," 7; BArch NS 19/1739: Meyer to Himmler, July 15, 1941, 2; Madajczyk, *Vom Generalplan Ost zum Generalsiedlungsplan*, viii-x. 为了简单起见，我在本章中将整个计划称为"总计划"（Generalplan）, Konrad Meyer, "Neues Landvolk," in *Landvolk*

im Werden: Material zum ländlichen Aufbau in den neuen Ostgebieten und zur Gestaltung des dörflichen Lebens, ed. Konrad Meyer (Berlin: Deutsche Landbuchhandlung, 1941), 22; Karl-Heinz Ludwig, *Technik und Ingenieure im Dritten Reich* (Düsseldorf: Droste, 1974), 426-31; André Mineau, *SS Thinking and the Holocaust* (Amsterdam: Rodopi, 2012), 31.

15   Konrad Meyer, "Planung und Ostaufbau," Raumforschung und Raumordnung 5, no. 9 (1941): 392. 另请参阅Adalbert Forstreuter, *Deutsches Ringen um den Osten: Kampf und Anteil der Stämme und Gaue des Reiches*, ed. Rudolf Jung (Berlin: C. A. Weller, 1940), 362; Fritz Wächtler, ed., *Reichsaufbau im Osten* (Munich: Deutscher Volksverlag, 1941), 34; Fehn, "'Lebensgemeinschaft von Volk und Raum,'" 216-17; BArch R 40/157a: "Generalplan Ost, rechtliche, wirtschaftliche und räumliche Grundlagen des Ostaufbaus, vorgelegt von Konrad Meyer," June 1942, 54. 关于东方被吞并地区城市和村庄的改造计划，参阅Michael A. Hartenstein, *Neue Dorflandschaften: Nationalsozialistische Siedlungsplanung in den "eingegliederten Ostgebieten" 1939 bis 1944, Wissenschaftliche Schriftenreihe Geschichte* 6 (Berlin: Köster, 1998); Niels Gutschow, *Ordnungswahn: Architekten planen im "eingedeutschten Osten," 1939-1945* (Gütersloh and Berlin: Bertelsmann Fachzeitschriften and Birkhäuser, 2001); Reichsführer-SS (Heinrich Himmler), ed., *Der Untermensch* (Berlin: Nordland Verlag, 1942), n.p.; Dietrich Eichholtz, "Der 'Generalplan Ost' als genozidale Variante der imperialistischen Ostexpansion," in *Der "Generalplan Ost": Hauptlinien der nationalsozialistischen Planungs-und Vernichtungspolitik*, ed. Mechtild Rössler and Sabine Schleiermacher (Berlin: Akademie Verlag, 1993), 118-30. 关于战争期间的奴隶劳动，参阅Adam Tooze, *The Wages of Destruction: The Making and Breaking of the Nazi Economy* (New York: Penguin, 2008), 524-38.

16   Wilhelm Zoch, "Neue Ordnung im Osten," *Neues Bauerntum* 32,
      no. 3 (1940): 85; Heinrich Wiepking-Jürgensmann, "Dorfbau und
      Landschaftsgestaltung," in *Neue Dorflandschaften: Gedanken und
      Pläne zum ländlichen Aufbau in den neuen Ostgebieten und im Altreich*,
      ed. Stabshauptamt des Reichskommissars für die Festigung Deutschen
      Volkstums (Berlin: Sohnrey, 1943), 25.

17   Heinrich Wiepking-Jürgensmann, "Raumordnung und Landschaftsgestaltung:
      Um die Erhaltung der schöpferischen Kräfte des deutschen Volkes,"
      Raumforschung und Raumordnung 5, no. 1 (1941): 19. 关于维普
      金通过水体调节气候的观点，参阅Wiepking-Jürgensmann, *Die
      Landschaftsfibel*, 137, 202ff.; Wiepking-Jürgensmann, "Gegen den
      Steppengeist," 4; Wiepking-Jürgensmann, "Deutsche Landschaft
      als deutsche Ostaufgabe," 133. 关于技术在占领区的"特殊地
      位"，参阅Ludwig, *Technik und Ingenieure im Dritten Reich*,
      431-36. 另请参阅Paul Josephson, "Technology and Politics in
      Totalitarian Regimes: Nazi Germany," in *Death by Design: Science,
      Technology, and Engineering in Nazi Germany, ed. Eric Katz* (New
      York: Pearson Longman, 2006), 71-86.

18   可参阅BArch R 73/12846: Mäding to Meyer, "Betr. Forschungsmittel,"
      April 3, 1943; Wilhelm Kreutz, "Methoden der Klimasteuerung: Praktische
      Wege in Deutschland und der Ukraine," *Der Forschungsdienst* 15, no. 5
      (1943): 256-81; 另请参阅Gröning and Wolschke-Bulmahn, *Der Drang
      nach Osten*, 122-23; BArch R 3601/3106a: Report by E. Gödecke about
      climate amelioration, n.d., 76-80.

19   Erhard Mäding, *Landespflege: Die Gestaltung der Landschaft
      als Hoheitsrecht und Hoheitspflicht*, 1st ed. (Berlin: Deutsche
      Landesbuchhandlung, 1942), 110, 189-90, 215-16; August Wendler, *Das
      Problem der technischen Wetterbeeinflussung, Probleme der kosmischen
      Physik* 9 (Hamburg: Henri Grand, 1927).

20 Heinrich Wiepking-Jürgensmann, "Nie standen wir vor solcher Aufgabe!," *Gartenbauwirtschaft* 58, no. 19 (1941): 1; Fritz Wächtler, *Deutsches Volk, deutsche Heimat* (Munich: Deutscher Volksverlag, 1935).

21 Wiepking-Jürgensmann, "Deutsche Landschaft als deutsche Ostaufgabe," 134-35; Wiepking-Jürgensmann, *Die Landschaftsfibel*, 320ff.; 另请参阅Ursula Kellner, "Heinrich Friedrich Wiepking (1871-1973): Leben, Lehre und Werk" (PhD diss., Universität Hannover, 1998), 179; Gröning and Wolschke-Bulmahn, *Der Drang nach Osten*, 157ff.; Thomas Zeller, "'Ganz Deutschland sein Garten': Alwin Seifert und die Landschaft des Nationalsozialismus," in *Naturschutz und Nationalsozialismus*, ed. Joachim Radkau and Frank Uekötter (Frankfurt am Main: Campus Verlag, 2003), 299-300; BArch R 49/165: Wiepking-Jürgensmann, "Entwurf: Landschaftliche Richtlinien," January 16, 1942, 20. 维普金喜欢把各种各样的东西指定为对战争至关重要的东西，有一次，他甚至称"管理良好的厨房"是"最锐利的战争工具"之一，参见Wiepking-Jürgensmann, "Raumordnung und Landschaftsgestaltung," 18. 希姆莱将针对东方的计划总结为"德国强化（wehrhaft）景观的设计"，参见BArch R 49/157: "Allgemeine Anordnung 7/II des Reichsführers-SS Reichskommissar für die Festigung deutschen Volkstums vom 26. November 1940, Betr. Grundsätze und Richtlinien für den ländlichen Aufbau in den Ostgebieten," n.d., 99; BArch R 4606/1605: Wiepking-Jürgensmann to Speer, February 24, 1940, n.p.

22 BArch R 49/509; 另请参阅BArch R 49/158: "Allgemeine Anordnung Nr. 20/VI/42," December 21, 1942, 55.

23 Joachim Wolschke-Bulmahn, "The Nationalization of Nature and the Naturalization of the German Nation: 'Teutonic' Trends in Early Twentieth-Century Landscape Design," in *Nature and Ideology: Natural Garden Design in the Twentieth Century*, ed. Joachim WolschkeBulmahn

(Washington, DC: Dumbarton Oaks Research Library and Collection, 1997), 218; Erhard Mäding, *Regeln für die Gestaltung der Landschaft: Einführung in die Allgemeine Anordnung Nr. 20/VI/42* (Berlin: Deutsche Landbuchhandlung, 1943); Gröning and Wolschke-Bulmahn, *Der Drang nach Osten*, 127-34, 219.

24 BArch R 49/158: "Allgemeine Anordnung Nr. 20/VI/42," December 21, 1942; Gert Gröning, "Die 'Allgemeine Anordnung Nr. 20/VI/42'— Über die Gestaltung der Landschaft in den eingegliederten Ostgebieten," in *Der "Generalplan Ost": Hauptlinien der nationalsozialistischen Planungs- und Vernichtungspolitik*, ed. Mechtild Rössler and Sabine Schleiermacher (Berlin: Akademie Verlag, 1993), 134; 另请参阅Martin Bemmann, *Beschädigte Vegetation und sterbender Wald: Zur Entstehung eines Umweltproblems in Deutschland 1893-1970* (Göttingen: Vandenhoeck & Ruprecht, 2012), 318-26.

25 《景观法令》从未真正成为法律，参阅Wolschke-Bulmahn, "The Nationalization of Nature and the Naturalization of the German Nation," 218; BArch R 73/12846: Mäding to Meyer, "Vorgang: Forschungsmittel," May 20, 1943, 16; Heiber, "Der Generalplan Ost: Vorbemerkung," 291; Hartenstein, *Neue Dorflandschaften*, 234-36.

26 Johannes Zechner, "Ewiger Wald und ewiges Volk—Der Wald als nationalsozialistischer Idealstaat," in *Naturschutz und Demokratie!?: Dokumentation der Beiträge zur Veranstaltung der Stiftung Naturschutzgeschichte und des Zentrums für Gartenkunst und Landschaftsarchitektur (CGL) der Leibniz Universität Hannover in Kooperation mit dem Institut für Geschichte und Theorie der Gestaltung (GTG) der Universität der Künste Berlin*, ed. Gert Gröning and Joachim WolschkeBulmahn (Munich: Meidenbauer, 2006), 115-20; BArch R 43 II/215. 关于森林和木材对纳粹建立自给自足经济的核心价值，参阅Bemmann, *Beschädigte Vegetation und sterbender Wald.* 关于军事

目标在纳粹早期经济政策中的重要性，参阅Avraham Barkai, *Nazi Economics: Ideology, Theory, and Policy* (New Haven, CT: Yale University Press, 1990), 217-24; Heinrich Rubner, *Deutsche Forstgeschichte, 1933-1945: Forstwirtschaft, Jagd, und Umwelt im NS-Staat* (St. Katharinen: Scripta Mercaturae, 1985), 91-100; Martin Bemmann, "'Wir müssen versuchen, so viel wie möglich aus dem deutschen Wald herauszuholen.' Zur ökonomischen Bedeutung des Rohstoffes Holz im 'Dritten Reich,'" *Allgemeine Forst- und Jagdzeitung* 179, no. 4 (2008): 64-69; Fehn, "'Lebensgemeinschaft von Volk und Raum,'" 222-23; Herbert Morgen, "Forstwirtschaft und Forstpolitik im neuen Osten," *Neues Bauerntum* 33 (1941): 103-7.

27   参阅Peter-M. Steinsiek, "Forstliche Großraumszenarien bei der Unterwerfung Osteuropas durch Hitlerdeutschland," *Vierteljahrschrift für Sozial- und Wirtschaftsgeschichte* 94, no. 2 (2007): 141-64; Joachim Wolschke-Bulmahn, "Violence as the Basis of National Socialist Landscape Planning in the 'Annexed Eastern Areas,'" in *How Green Were the Nazis? Nature, Environment, and Nation in the Third Reich*, ed. Franz-Josef Brüggemeier, Mark Cioc, and Thomas Zeller, 1st ed., Ohio University Press Series in Ecology and History (Athens: Ohio University Press, 2005), 249; BArch R 49/229: "Planungsgrundlagen für den Aufbau im Regierungsbezirk Zichenau," January 17, 1941, n.p.

28   BArch R 49/877: "Vermerk zum Vorgang: Aufforstung in den eingegliederten Ostgebieten," December 11, 1942; Barch R 49/167: Ziegler, "Vermerk über die Bereisung mit Vertretern des Reichsforstmeisters vom 22. und 23.8.1940," August 27, 1940, 5-6; 另请参阅BArch 49/2066; BArch R 3701/264: Göring to the General Government in Cracow, October 7, 1941, n.p.; BArch R 49/166. 尽管官僚机构的两个分支在1942年达成了协议，但竞争仍在继续，参阅BArch 49/169; 另请参阅Rubner, *Deutsche Forstgeschichte*, 133-40, 150-55.

29   Wasser, *Himmlers Raumplanung im Osten*, 47-59, 133-229; Hartenstein,

Neue Dorflandschaften, 226-28; Michael G. Esch, *"Gesunde Verhältnisse": Deutsche und polnische Bevölkerungspolitik in Ostmitteleuropa 1939-1950* (Marburg: Herder-Institut, 1998), 229-52; Robert Lewis Koehl, *RKFDV: German Resettlement and Population Policy, 1939-1945: History of the Reich Commission for the Strengthening of Germandom* (Cambridge, MA: Harvard University Press, 1957), 210; David Blackbourn, *The Conquest of Nature: Water, Landscape, and the Making of Modern Germany* (New York: Norton, 2006), 306-9; BArch R 49/3144: "Allgemeine Angaben über Dorfplanung und Landschaftsgestaltung in Oberschlesien," July 12, 1943, 101; BArch R49/3513: Eppler, "Betr. Überprüfung der Gemeinde Tarnawa-Unter," September 28, 1944, n.p. 格哈德·沃尔夫指出，很难在东方确定统一的日耳曼化政策，因为官僚机构组织混乱，外围阻力也很大，无法形成清晰的界线，参阅Gerhard Wolf, *Ideologie und Herrschaftsrationalität: Nationalsozialistische Germanisierungspolitik in Polen* (Hamburg: Hamburger Edition, 2012), 28-29.

30 Meyer, "Planung und Ostaufbau," 393-94; BArch R 49/165: Wiepking-Jürgensmann to Meyer, May 26, 1942, 149; BArch R 49/511: Mäding, "Vermerk betr. Generalreferat für Landschaftspflege," August 4, 1942, n.p.; BArch R 49/898: Mäding, "Sachstand und Hauptprobleme der Landschaftsgestaltung," February 1, 1944, n.p. 关于帝国空间规划局，参阅Elke Paul-Weber, "Die Reichsstelle für Raumordnung und die Ostplanung," in *Der "Generalplan Ost": Hauptlinien der nationalsozialistischen Planungs- und Vernichtungspolitik*, ed. Mechtild Rössler and Sabine Schleiermacher (Berlin: Akademie Verlag, 1993), 148-53; BArch NS 19/1739; Herbert Frank, "Dörfliche Planungen im Osten," in *Neue Dorflandschaften: Gedanken und Pläne zum ländlichen Aufbau in den neuen Ostgebieten und im Altreich*, ed. Stabshauptamt des Reichskommissars für die Festigung Deutschen Volkstums (Berlin: Sohnrey, 1943), 44-45.

31 Meyer, "Planung und Ostaufbau," 396; BArch R 49/167: "Aufforstungsflächen,"

June 20, 1941; Bemmann, *Beschädigte Vegetation und sterbender Wald*, 320-21; Willi Oberkrome, "Deutsche Heimat": Nationale Konzeption und regionale Praxis von Naturschutz, *Landschaftsgestaltung und Kulturpolitik in Westfalen-Lippe und Thüringen* (1900-1960) (Paderborn: Schöningh, 2004), 250-67.

32 Jürgen Zimmerer, "The Birth of the Ostland out of the Spirit of Colonialism: A Postcolonial Perspective on the Nazi Policy of Conquest and Extermination," *Patterns of Prejudice* 39, no. 2 (2005): 198.

33 BArch R 49/2388: Mäding, "Richtlinien zur Landschaftsgestaltung," n.d., 7; BArch R 49/2502: Abteilung Raumuntersuchung, "Kurzer Überblick über Osteuropa," n.d., n.p.; H. Kuron, "Die Bodenerosion in Europa: Eine zusammenfassende Darstellung ohne die Gebirge," *Der Forschungsdienst* 16, no. 1 (1943): 6-20.

34 Hermann Leiter, *Ukraine: Der Südosten Europas in der Wirtschaft Großdeutschlands*, ed. NSDAP Gau Wien (Vienna: Lang & Gratzenberger, 1942), 7.

35 Joachim Radkau, *Technik in Deutschland. Vom 18. Jahrhundert bis heute* (Frankfurt am Main: Campus, 2008), 301. 关于纳粹规划者在大规模层面进行思考的倾向，参阅Trevor J. Barnes and Claudio Minca, "Nazi Spatial Theory: The Dark Geographies of Carl Schmitt and Walter Christaller," *Annals of the Association of American Geographers* 103, no. 3 (May 1, 2013): 669-87; 另请参阅Thomas Lekan, "'It Shall Be the Whole Landscape': The Reich Nature Protection Law and Regional Planning in the Third Reich," in *How Green Were the Nazis? Nature, Environment, and Nation in the Third Reich*, ed. Franz-Josef Brüggemeier, Mark Cioc, and Thomas Zeller (Athens: Ohio University Press, 2005), 73-100; BArch R 49/509; Zeller, *Driving Germany*, 67.

36 参阅Mechtild Rössler, "Konrad Meyer und der 'Generalplan Ost' in derBeurteilung der Nürnberger Prozesse," in *Der "Generalplan Ost": Hauptlinien der nationalsozialistischen Planungs- und*

Vernichtungspolitik, ed. Mechtild Rössler and Sabine Schleiermacher (Berlin: Akademie Verlag, 1993), 356-65; Gert Gröning, "Teutonic Myth, Rubble, and Recovery: Landscape Architecture in Germany," in *The Architecture of Landscape, 1940-1960*, ed. Marc Treib (Philadelphia: University of Pennsylvania Press, 2002), 120-54. 维普金在纽伦堡审判中的陈述引自Gröning and Wolschke-Bulmahn, *Der Drang nach Osten*, 219; ADM NL 133/008: Seifert, "Vom Sinn der vielen Dürre," 1948, 6.

37   Lutz Mackensen, ed., *Deutsche Heimat ohne Deutsche: Ein ostdeutsches Heimatbuch* (Braunschweig: G. Westermann, 1951). 关于记忆的政治以及战后 "德国东方" 的长期意义，参阅Andrew Demshuk, *The Lost German East: Forced Migration and the Politics of Memory, 1945-1970* (New York: Cambridge University Press, 2012); 另可参阅David Blackbourn, "'The Garden of Our Hearts': Landscape, Nature, and Local Identity in the German East," in *Localism, Landscape, and the Ambiguities of Place: German-Speaking Central Europe, 1860-1930*, ed. James N. Retallack and David Blackbourn (Toronto: University of Toronto Press, 2007), 158-59.

38   Anton Olbrich, *Windschutzpflanzungen* (Hannover: M. & H. Schaper, 1949); 另请参阅Gröning and Wolschke-Bulmahn, *Der Drang nach Osten*, 122-23; Stephen Brain, "The Great Stalin Plan for the Transformation of Nature," *Environmental History* 15, no. 4 (October 1, 2010): 670-700; Hans Findeisen, *Nach Südrussland greift die Wüste* (Augsburg: Institut für Menschen- und Menschheitskunde, 1950), 1.

🖋 尾声

1   关于20世纪下半叶气候变化研究的简明介绍，参阅Spencer Weart, *The Discovery of Global Warming* (Cambridge, MA: Harvard University Press, 2003); Matthias Heymann and Dania Achermann,

"From Climatology to Climate Science in the Twentieth Century," in *The Palgrave Handbook of Climate History*, ed. Sam White, Christian Pfister, and Franz Mauelshagen (London: Palgrave Macmillan, 2018), 605-32. 关于大气天气和气候工程的历史（重点关注20世纪下半叶），参阅James Rodger Fleming, *Fixing the Sky: The Checkered History of Weather and Climate Control* (New York: Columbia University Press, 2010); Noah Byron Bonnheim, "History of Climate Engineering," *Wiley Interdisciplinary Reviews: Climate Change* 1, no. 6 (November 1, 2010): 891-97; Jacob Darwin Hamblin, *Arming Mother Nature: The Birth of Catastrophic Environmentalism* (New York: Oxford University Press, 2013), 108-28. 若想了解20世纪荒漠化问题及相关研究的全球化问题，可参阅以下概述：Tor A. Benjaminsen and Pierre Hiernaux, "From Desiccation to Global Climate Change: A History of the Desertification Narrative in the West African Sahel, 1900-2018," *Global Environment* 12, no. 1 (March 2019): 206-36.

2　Deborah R. Coen, *Climate in Motion: Science, Empire, and the Problem of Scale* (Chicago: University of Chicago Press, 2018); Matthias Heymann, "Klimakonstruktionen," *NTM Zeitschrift für Geschichte der Wissenschaften, Technik und Medizin* 17, no. 2 (May 1, 2009): 171-97; Matthias Heymann, "The Evolution of Climate Ideas and Knowledge," *Wiley Interdisciplinary Reviews: Climate Change* 1, no. 4 (2010): 581-97; Sverker Sörlin, "The Global Warming That Did Not Happen: Historicizing Glaciology and Climate Change," in *Nature's End: History and the Environment, ed. Paul Warde and Sverker Sörlin* (Houndmills, Basingstoke: Palgrave Macmillan, 2009), 93-114.

3　斯维克·索林讲述了冰川学和气象学之间的区别，以及"不同的知识共同体"的平行发展史，详见："Narratives and Counter-Narratives of Climate Change: North Atlantic Glaciology and Meteorology, c. 1930-1955," *Journal of Historical Geography* 35, no. 2 (April 2009): 237-55.

4   Sharon E. Nicholson, "Revised Rainfall Series for the West African Subtropics," *Monthly Weather Review* 107, no. 5 (May 1979): 620-23; Mike Hulme, "Climatic Perspectives on Sahelian Desiccation: 1973-1998," *Global Environmental Change* 11, no. 1 (April 2001): 19-29; S. E. Nicholson, "Climatic Variations in the Sahel and Other African Regions during the Past Five Centuries," *Journal of Arid Environments* 1 (1978): 3-24; Yen-Ting Hwang, Dargan M. W. Frierson, and Sarah M. Kang, "Anthropogenic Sulfate Aerosol and the Southward Shift of Tropical Precipitation in the Late 20th Century," *Geophysical Research Letters* 40, no. 11 (June 16, 2013): 2845; Nicholas Wade, "Sahelian Drought: No Victory for Western Aid," *Science* 185, no. 4147 (July 19, 1974): 234-37.

5   Marybeth Long Martello, "Expert Advice and Desertification Policy: Past Experience and Current Challenges," *Global Environmental Politics* 4, no. 3 (2004): 94-95; A. Aubréville, *Climats, forêts et désertification de l'Afrique tropicale* (Paris: Société d'éditions géographiques, maritimes et coloniales, 1949); 另请参阅Jeremy Swift, "Desertification: Narratives, Winners and Losers," in *The Lie of the Land: Challenging Received Wisdom on the African Environment*, ed. Melissa Leach and Robin Mearns (London: International African Institute, 1996), 73-77.

6   Joseph Otterman, "Baring High-Albedo Soils by Overgrazing: A Hypothesized Desertification Mechanism," Science 186, no. 4163 (November 8, 1974): 531-33. 关于从历史角度对非洲荒漠化研究进行简要的概述，参阅James C. McCann, "Climate and Causation in African History," *International Journal of African Historical Studies* 32, no. 2/3 (January 1, 1999): 270-73; J. G. Charney, "Dynamics of Deserts and Drought in the Sahel," *Quarterly Journal of the Royal Meteorological Society* 101, no. 428 (1975): 193-202. 有一份关于查尼研究结果的评论，具体可参阅S. B. Idso, "A Note on Some Recently

Proposed Mechanisms of Genesis of Deserts," *Quarterly Journal of the Royal Meteorological Society* 103, no. 436 (1977): 369-70; H. H. Lamb, "Some Comments on the Drought in Recent Years in the Sahel-Ethiopian Zone of North Africa," *African Environment. Special Report*, no. 6 (1977): 33-37.

7   有关荒漠化政策的历史学概述，参阅M. Kassas, "Desertification: A General Review," *Journal of Arid Environments* 30, no. 2 (June 1995): 115-28. 1961年，联合国教科文组织与世界气象组织合作，在罗马举办了一次关于气候变化的专题讨论会。已出版的会议记录成为当时气候知识发展情况的重要集合，其中反映了该领域研究方法的多样性。参阅World Meteorological Organization and UNESCO Arid Zone Programme, eds., *Changes of Climate: Proceedings of the Rome Symposium Organized by UNESCO and the World Meteorological Organization* (Paris: UNESCO, 1963); United Nations, *United Nations Conference on Desertification, 29 August—9 September 1977: Round-Up, Plan of Action, and Resolutions* (New York: United Nations, 1978), 4.

8   United Nations, *Conference on Desertification*, 5.

9   该计划影响最深远的部分是一项综合性规划，地方、国家和国际协调开展行动，以遏制并扭转非洲及其他地区的荒漠化。参阅United Nations, *Desertification: Its Causes and Consequences* (Oxford: Pergamon Press, 1977), 44-60; United Nations, *Conference on Desertification*.

10   Swift, "Desertification: Narratives, Winners and Losers," 73-90. 1990 年一项被广泛引用的研究列出了荒漠化的4个原因，包括"过度耕种、过度放牧、灌溉管理不善和森林砍伐"，所有这些都被描述为当地人类活动的直接影响，参阅Alan Grainger, *The Threatening Desert: Controlling Desertification* (London: Earthscan, 1990), 65-106; United Nations, *Report of the United Nations Conference on Environment and Development*, Rio de Janeiro, 3-14 June 1992, 3

vols. (New York: United Nations, 1993); United Nations Environment Programme, *Status of Desertification and Implementation of the United Nations Plan of Action to Combat Desertification: Report of the Executive Director* (Nairobi, Kenya: United Nations Environmental Programme, 1991). 另请参阅Mike Hulme and Mick Kelly, "Exploring the Links between Desertification and Climate Change," *Environment: Science and Policy for Sustainable Development* 35, no. 6 (1993): 5-6; United Nations Environment Programme, *World Atlas of Desertification* (Sevenoaks: Edward Arnold, 1992).

11 United Nations, *United Nations Convention to Combat Desertification in Those Countries Experiencing Serious Drought and/or Desertification, Particularly in Africa* (Geneva: Interim Secretariat for the Convention to Combat Desertification, 1997); 另请参阅Elisabeth Corell, *The Negotiable Desert: Expert Knowledge in the Negotiations of the Convention to Combat Desertification* (Linköping: Department of Water and Environmental Studies, University of Linköping, 1999); W. Neil Adger et al., "Advancing a Political Ecology of Global Environmental Discourses," *Development and Change* 32, no. 4 (2001): 681-715; S. M. Herrmann and C. F. Hutchinson, "The Changing Contexts of the Desertification Debate," *Journal of Arid Environments* 63, no. 3 (November 2005): 551.

12 Mike Hulme, R. Marsh, and P. D. Jones, "Global Changes in a Humidity Index Between 1931-60 and 1961-90," *Climate Research* 2, no. 1 (1992): 1-22; Melissa Leach and Robin Mearns, "Challenging Received Wisdom in Africa," in *The Lie of the Land: Challenging Received Wisdom on the African Environment*, ed. Melissa Leach and Robin Mearns (London: International African Institute, 1996), 1-33; Michael Mortimore, *Roots in the African Dust: Sustaining the SubSaharan Drylands* (Cambridge: Cambridge University Press, 1998), 22-25; Compton J. Tucker, Harold

E. Dregne, and Wilbur W. Newcomb, "Expansion and Contraction of the Sahara Desert from 1980 to 1990," *Science* 253, no. 5017 (July 19, 1991): 299-301; R. Monastersky, "Satellites Expose Myth of Marching Sahara," *Science News* 140, no. 3 (July 20, 1991): 38; Compton J. Tucker and Sharon E. Nicholson, "Variations in the Size of the Sahara Desert from 1980 to 1997," *Ambio* 28, no. 7 (November 1, 1999): 587-91.

13　C. K. Folland, T. N. Palmer, and D. E. Parker, "Sahel Rainfall and Worldwide Sea Temperatures, 1901-85," *Nature* 320, no. 6063 (1986): 602-7. 关于在海平面温度变化的基础上构建降水水平预测模型的尝试, 参阅Chris Folland et al., "Prediction of Seasonal Rainfall in the Sahel Region Using Empirical and Dynamical Methods," *Journal of Forecasting* 10, nos. 1-2 (1991): 21-56; Hulme and Kelly, "Exploring the Links between Desertification and Climate Change," 41; Ulf Helldén, "Desertification: Time for an Assessment?," *Ambio* 20, no. 8 (December 1, 1991): 383.

14　Lennart Olsson, "Desertification in Africa—A Critique and an Alternative Approach," *GeoJournal* 31, no. 1 (September 1, 1993): 23-31; D. S. G. Thomas and N. J. Middleton, *Desertification: Exploding the Myth* (Chichester: Wiley, 1994). 关于政治和官僚纠葛对美国林业局开展研究的不利影响, 可参阅Ashley L. Schiff, *Fire and Water: Scientific Heresy in the Forest Service* (Cambridge, MA: Harvard University Press, 1962); Vasant K. Saberwal, "Science and the Desiccationist Discourse of the 20th Century," *Environment and History* 4, no. 3 (October 1, 1998): 309-43.

15　James Fairhead and Melissa Leach, *Misreading the African Landscape: Society and Ecology in a Forest-Savanna Mosaic* (Cambridge: Cambridge University Press, 1996). 关于均衡模型对（非洲）旱地适用性的讨论, 参阅: Mortimore, *Roots in the African Dust*; James Fairhead and Melissa Leach, *Reframing Deforestation—Global Analyses and Local Realities: Studies in West Africa* (London: Routledge, 1998); Herrmann and Hutchinson, "The Changing Contexts of the Desertification Debate"; J. V. Vogt et al., "Monitoring and Assessment of Land Degradation and Desertification: Towards New Conceptual and Integrated Approaches," *Land Degradation & Development* 22, no. 2 (March 1, 2011): 150-65; Elina Andersson, Sara Brogaard, and Lennart Olsson, "The Political Ecology of Land Degradation," *Annual Review of Environment and Resources* 36, no. 1 (2011): 295-319. 另请参阅 Roy Behnke and Michael Mortimore, eds., *The End of Desertification? Disputing Environmental Change in the Drylands, Springer Earth System Sciences* (Berlin: Springer, 2016).

16 有关这种联系的早期暗示，参阅 Fred Pearce, "A Sea Change in the Sahel," *New Scientist* 129, no. 1754 (1991): 31; Hulme and Kelly, "Exploring the Links Between Desertification and Climate Change"; Hulme, "Climatic Perspectives," 25-26.

17 Yongkang Xue, "Biosphere Feedback on Regional Climate in Tropical North Africa," *Quarterly Journal of the Royal Meteorological Society* 123, no. 542 (July 1, 1997): 1483-1515; R. C. Balling, "Impact of Desertification on Regional and Global Warming," *Bulletin of the American Meteorological Society* 72, no. 2 (1991): 232-34; Ye Wang and Xiaodong Yan, "Climate Change Induced by Southern Hemisphere Desertification," *Physics and Chemistry of the Earth*, Parts A/B/C 102 (December 1, 2017): 40-47; Max Rietkerk et al., "Local Ecosystem Feedbacks and Critical Transitions in the Climate," *Ecological Complexity* 8, no. 3 (September 2011): 223-28; Pierre Marc Johnson, Karel Mayrand, and Marc Paquin, eds., *Governing Global Desertification—Linking Environmental Degradation, Poverty and Participation* (London: Routledge, 2016).

18 David P. Rowell et al., "Variability of Summer Rainfall Over Tropical North

Africa (1906-92): Observations and Modelling," *Quarterly Journal of the Royal Meteorological Society* 121, no. 523 (April 1, 1995): 669-704; Rattan Lal, "Climate Change and Soil Degradation Mitigation by Sustainable Management of Soils and Other Natural Resources," *Agricultural Research* 1, no. 3 (September 1, 2012): 199-212. 总体概述可参阅：Alessandra Giannini, Michela Biasutti, and Michel M. Verstraete, "A Climate Model-Based Review of Drought in the Sahel: Desertification, the Re-greening and Climate Change," *Global and Planetary Change* 64, no. 3-4 (December 2008): 119-28; J. Huang et al., "Dryland Climate Change: Recent Progress and Challenges," *Reviews of Geophysics* 55, no. 3 (September 1, 2017): 719-78.

19　J. F. Reynolds and D. M. Stafford Smith, "Desertification: A New Paradigm for an Old Problem," in *Global Desertification: Do Humans Cause Deserts?*, ed. J. F. Reynolds and D. M. Stafford Smith (Berlin: Dahlem University Press, 2002), 403-24.

20　R. S. Deese, "The Artifact of Nature: 'Spaceship Earth' and the Dawn of Global Environmentalism," *Endeavour* 33, no. 2 (June 2009): 70-75; Sheila Jasanoff and Marybeth Long Martello, "Heaven and Earth: The Politics of Environmental Images," in *Earthly Politics: Local and Global in Environmental Governance* (Cambridge, MA: MIT Press, 2004), 31-54; Sabine Höhler, *Spaceship Earth in the Environmental Age, 1960-1990* (Abingdon: Routledge, 2016).

21　参阅Milutin Milanković, *Canon of Insolation and the Ice-Age Problem* (*Kanon Der Erdbestrahlung Und Seine Anwendung Auf Das Eiszeitenproblem*) (Jerusalem: Israel Program for Scientific Translations, 1969). 另请参阅 John Imbrie and Katherine Palmer Imbrie, *Ice Ages: Solving the Mystery* (Cambridge, MA: Harvard University Press, 1986), 141-46; Richard A. Kerr, "Milankovitch Climate Cycles through the Ages," *Science* 235, no. 4792 (1987): 973-74; David A. Hodell, "The Smoking Gun of the Ice Ages," *Science* 354, no. 6317 (December 9, 2016): 1235-36.关于全

球降温趋势最具影响力的论文之一，可参阅J. M. Mitchell, "On the World-Wide Pattern of Secular Temperature Change," in *Changes of Climate: Proceedings of the Rome Symposium Organized by UNESCO and the World Meteorological Organization* (Paris: UNESCO, 1963), 161-81; Lowell Ponte, *The Cooling: Has the Next Ice Age Already Begun?* (Englewood Cliffs, NJ: Prentice Hall, 1976); Howard A. Wilcox, Hothouse Earth (New York: Praeger, 1975); Thomas C. Peterson, William M. Connolley, and John Fleck, "The Myth of the 1970s Global Cooling Scientific Consensus," *Bulletin of the American Meteorological Society* 89, no. 9 (September 2008): 1325-37.

22　Roger A. Pielke and William R. Cotton, *Human Impacts on Weather and Climate*, 2nd ed. (Cambridge: Cambridge University Press, 2007), 1-71; Fleming, *Fixing the Sky*, 165-88; Georg Breuer, *Weather Modification: Prospects and Problems* (Cambridge: Cambridge University Press, 1980), 144-57. 关于19世纪末云散播的早期历史，参阅Clark C Spence, *The Rainmakers: American "Pluviculture" to World War II* (Lincoln: University of Nebraska Press, 1980), 117-24; Kristine Harper, *Weather by the Numbers: The Genesis of Modern Meteorology* (Cambridge, MA: MIT Press, 2008), 4-5, 91-119; National Research Council, *Assembly of Mathematical and Physical Sciences, Committee on Atmospheric Sciences, The Atmospheric Sciences: Problems and Applications* (Washington, DC: National Academy of Sciences, 1977), 86-98; Edith Brown Weiss, "International Responses to Weather Modification," *International Organization* 29, no. 3 (July 1, 1975): 805.

23　关于法国在20世纪五六十年代对撒哈拉沙漠的设想和开发的愿景，参阅George R. Trumbull, "Body of Work: Water and the Reimagining of the Sahara in the Era of Decolonization," in *Environmental Imaginaries of the Middle East and North Africa*, ed. Diana K. Davis and Edmund Burke (Athens: Ohio University Press, 2011), 87-112; Pierre Cornet,

Sahara, terre de demain (Paris: Nouvelles éditions latines, 1957); Daniel Strasser, "L'organisation économique du Sahara," *Comptes rendus mensuels des séances de l'Académie des Sciences d'Outre-Mer* 17 (July 1957): 232-44.

24　本段以及以下段落中的大部分信息均来自René Létolle and Hocine Bendjoudi, *Histoires d'une mer au Sahara: utopies et politiques* (Paris: Harmattan, 1997), 117-27; Raymond Furon, *The Problem of Water: A World Study* (London: Faber, 1967), 157; R. Bonhours, "La mer en pénétrant dans le Sahara poduira de l'énergie électrique et fertilisera une partie du désert," *Science* et Vie, September 1954. 另请参阅Jean-Robert Henry, JeanLouis Marçot, and Jean-Yves Moisseron, "Développer le désert: Anciennes et nouvelles utopies," *L'Année du Maghreb*, no. 7 (September 1, 2011): 115-47. 科夫兰关于一种元素低能转化为另一种元素的成果，或者叫"科夫兰效应"，可参阅C. Louis Kervran, *Transmutations biologiques: Métabolismes aberrants de l'azote, le potassium et le magnésium* (Paris: Librairie Maloine, 1962); F. Charles-Roux and Jean Goby, "Ferdinand de Lesseps et le projet de mer intérieure africaine," *Revue des deux Mondes* 15 (1957): 385-404; Georg Gerster, *Sahara: Desert of Destiny* (New York: Coward-McCann, 1961), 270; Kurt Hiehle, "L'Irrigation du Sahara," *Industries et travaux d'outre-mer: Afrique, Amérique Latine, Asie*, July 1955, 415-20.

25　关于法国的核计划及其在战后所起到的重要的文化和政治作用，参阅Gabrielle Hecht, *The Radiance of France: Nuclear Power and National Identity after World War II* (Cambridge, MA: MIT Press, 1998); Paul Denarié, "Une mer intérieure au Sahara," *Sahara de demain: revue d'informations mensuelle sur tous les problèmes sahariens* 5 (1958): 16-19; Létolle and Bendjoudi, *Histoires d'une mer au Sahara*, 118-19.

26　Martin Walker, "Drought: Nature and Well-Meaning Men Have Combined to Produce a Catastrophe Imperiling Many Millions," *New*

York Times Magazine, June 9, 1974.

27   Kevin Lowther and C. Payne Lucas, "A Plan to Make the Sahara Bloom," *Washington Post*, August 4, 1974; G. Ali Heshmati and Victor R. Squires, eds., *Combating Desertification in Asia, Africa and the Middle East: Proven Practices* (Dordrecht: Springer, 2013), 50-51, 187; Elius Levin, "Growing China's Great Green Wall," ECOS 2005, no. 127 (November 21, 2005): 13. 有关其历史背景，参阅Mark Elvin, *The Retreat of the Elephants: An Environmental History of China* (New Haven, CT: Yale University Press, 2004), 19-39. 美国国际开发署工作人员的话出自Burkhard Bilger, "The Great Oasis," *New Yorker*, December 19, 2011.

28   P. Rognon, *Biographie d'un désert* (Paris: Plon, 1989), 336-37; V. Badescu, Richard B. Cathcart, and A. A. Bolonkin, "Sand Dune Fixation: A Solar-Powered Sahara Seawater Pipeline Macroproject," *Land Degradation & Development* 19, no. 6 (2008): 676-91.

29   Létolle and Bendjoudi, *Histoires d'une mer au Sahara*, 120-26.

30   Richard Cathcart, *Herman Sörgel* (Monticello, IL: Vance Bibliographies, 1980); Nicola M. Pugno, Richard B. Cathcart, and Joseph J. Friedlander, "Treeing the CATS: Artificial Gulf Formation by the Chotts Algeria-Tunisia Scheme," in *Macro-Engineering Seawater in Unique Environments*, ed. Viorel Badescu et al., Environmental Science and Engineering (Berlin: Springer, 2011), 489-517.

31   Ari Daniel, "What's a Lake Doing in the Middle of the Desert?," *All Things Considered* (National Public Radio, October 26, 2012).

32   可参阅Lambert K. Smedema and Karim Shiati, "Irrigation and Salinity: A Perspective Review of the Salinity Hazards of Irrigation Development in the Arid Zone," *Irrigation and Drainage Systems* 16, no. 2 (May 1, 2002): 161-74.

33   National Academy of Sciences, Committee on Science, Engineering, and

Public Policy, *Policy Implications of Greenhouse Warming: Mitigation, Adaptation, and the Science Base* (Washington, DC: National Academy Press, 1992).

34　Michael Specter, "The Climate Fixers," New Yorker, April 14, 2012. 表示同情和批评的评论或最近的地球工程学理念，参阅David W. Keith, Gernot Wagner, and Claire L. Zabel, "Solar Geoengineering Reduces Atmospheric Carbon Burden," *Nature Climate Change* 7 (September 1, 2017): 617-19; Naomi E. Vaughan and Timothy M. Lenton, "A Review of Climate Geoengineering Proposals," *Climatic Change* 109, nos. 3-4 (December 2011): 745-90; Michael Brzoska, P. Michael Link, and Götz Neuneck, "Geoengineering—Möglichkeiten und Risiken," *S+F Sicherheit und Frieden* 30, no. 4 (2012); Elizabeth T. Burns et al., "What Do People Think When They Think about Solar Geoengineering? A Review of Empirical Social Science Literature, and Prospects for Future Research," *Earth's Future* 4, no. 11 (November 1, 2016): 536-42.

35　IPCC, "Summary for Policymakers," in *Climate Change 2013: The Physical Science Basis. Contribution of Working Group I to the Fifth Assessment Report of the Intergovernmental Panel on Climate Change*, ed. T. F. Stocker et al. (Cambridge: Cambridge University Press, 2013), 27. 休·亨特的引言出自Specter, "The Climate Fixers." SPICE项目旨在对平流层注入硫气溶胶之后产生的气候影响进行研究。

36　参阅Mike Hulme, "Reducing the Future to Climate: A Story of Climate Determinism and Reductionism," *Osiris* 26, no. 1 (February 2011): 245-66; Amy Dahan, "Putting the Earth System in a Numerical Box? The Evolution from Climate Modeling toward Global Change," *Studies in History and Philosophy of Science Part B: Studies in History and Philosophy of Modern Physics* 41, no. 3 (September 2010): 282-92; Matthias Heymann, "Understanding and Misunderstanding Computer

Simulation: The Case of Atmospheric and Climate Science—An Introduction," *Studies in History and Philosophy of Science Part B: Studies in History and Philosophy of Modern Physics* 41, no. 3 (September 2010): 193-200. 异构数据集和跨学科交流的问题也可以被描述为"科学方面的摩擦"，参阅Paul N. Edwards et al., "Science Friction: Data, Metadata, and Collaboration," *Social Studies of Science* 41, no. 5 (October 1, 2011): 667-90.

37　James Rodger Fleming, "Will Geo-Engineering Bring Security and Peace? What Does History Tell Us?," *S+F Sicherheit Und Frieden* 30, no. 4 (2012): 11; "Historical Perspectives on 'Fixing the Sky': Statement of Dr. James Fleming, Professor and Director of Science, Technology and Society, Colby College Before the Committee on Science and Technology, U.S. House of Representatives" (Washington, DC, November 5, 2009), 7.

38　Mike Hulme, "The Conquering of Climate: Discourses of Fear and Their Dissolution," *Geographical Journal* 174, no. 1 (March 1, 2008): 5-16; Naomi Oreskes, "The Scientific Consensus on Climate Change," *Science* 306, no. 5702 (December 3, 2004): 1686; Naomi Oreskes and Erik M. Conway, *Merchants of Doubt: How a Handful of Scientists Obscured the Truth on Issues from Tobacco Smoke to Global Warming* (New York: Bloomsbury, 2011).

39　可参阅的文献包括：Roger A. Pielke, "Land Use and Climate Change," *Science* 310, no. 5754 (December 9, 2005): 1625-26; Pielke and Cotton, *Human Impacts on Weather and Climate*, 102-50; Mike Hulme, "Geographical Work at the Boundaries of Climate Change," *Transactions of the Institute of British Geographers* 33, no. 1 (January 2008): 5-11; Amy Dahan-Dalmedico, "Climate Expertise: Between Scientific Credibility and Geopolitical Imperatives," *Interdisciplinary Science Reviews* 33, no. 1 (March 2008): 72.

致谢

　　无论如何，历史仍然是一门单一作者的学科，但这种说法掩盖了历史需要调研、写作和修订的事实。在撰写本书的过程中，很多人给予了我鼓励、帮助和批评，没有他们，我是不可能完成这本书的，更不可能如此享受这段愉快的时光。首先，我要感谢大卫·布莱克本（David Blackbourn）、艾莉森·弗兰克·约翰逊（Alison Frank Johnson）、哈里特·里沃（Harriet Ritvo）和艾玛·罗斯柴尔德（Emma Rothschild），感谢他们的悉心指导，也谢谢他们在我反复修改书稿的过程中坚定不移地支持我。我还要特别感谢苏尼尔·阿姆瑞斯（Sunil Amrith）、莉迪亚·巴内特（Lydia Barnett）、利诺·坎布鲁比（Lino Camprubí）、马克·凯里（Mark Carey）、罗琳·达斯顿（Lorraine Daston）、亚历杭德拉·杜布科夫斯基（Alejandra Dubcovsky）、亚历山大·加尔（Alexander Gall）、马蒂亚斯·海曼（Matthias Heymann）、弗雷德里克·阿尔布里顿·琼森（Fredrik Albritton Jonsson）、查尔斯·梅尔（Charles Maier）、伊恩·米勒（Ian Miller）、威廉·奥莱利（William O' Reilly）、莉比·罗宾（Libby Robin）、安伯勒·谢尔曼（Amberle Sherman）、维克多·萧（Victor Seow）、乔什·斯佩克特（Josh Specht）和奥德拉·J. 沃尔夫（Audra J. Wolfe），他们在我写作的不同阶段向我提供了意见、建议和灵感。我还要感谢一些讨论组成员和读者，他们在四大洲无数的研讨会和会议上讨论了我的作品。我要向部分稿件的匿名审稿人表示感谢，他们的批注和建议如他们的不同意见一样，既不可或缺，又万分重要。最后，我要感谢普林斯顿大学出版社的编辑，特别是奎恩·福斯廷（Quinn Fusting）和普里亚·纳尔逊（Priya Nelson），他们的热情使这部作品最终成书。

本书所需的大量档案研究在 CLIR 梅隆原始资料博士论文研究奖学金和德国学术交流中心的慷慨资助下方才完成。哈佛大学历史与经济中心和欧洲研究中心提供了额外的资金支持，美国学术协会理事会、梅隆基金会、赫尔曼研究员计划和汉堡高等研究所为我提供了充足的时间和空间，供我进行多次修改。

在研究过程中，我遇到了许多图书馆管理员和档案管理员，他们给予了我帮助、知识和耐心，没有他们，这部作品是无法写成的。我要特别感谢哈佛大学威德纳图书馆、马克斯·普朗克科学史研究所图书馆、加州大学洛杉矶分校托马斯·里维拉图书馆、柏林联邦档案馆、德国博物馆档案馆、柏林国家图书馆、巴伐利亚国家图书馆、柏林国家机密档案馆、下萨克森州档案馆、巴黎科学院的档案馆和位于拉库尔讷沃的外交档案馆。

我还要向我的朋友们表示感谢，他们全心全意地支持我，在我进展缓慢的时候向我提供了不可或缺的宝贵建议，也适度地转移了我的注意力。我要特别感谢斯科特·菲尔普斯（Scott Phelps），多年来他一直用一股鼓舞人心的力量，鼓励我更深入地思考我的作品是否能产生更广泛的影响。最后，我要感谢我的家人。我的父母弗兰克·莱曼（Frank Lehmann）和阿莱娜·莱曼

（Alena Lehmann），他们以极大的包容和热情支持着我的学术生涯。我的新墨西哥"父母"罗伯特·厄普顿（Robert Upton）和英格丽·厄普顿（Ingrid Upton）不仅教会了我英语，还教会了我热爱沙漠。我的妻子伊娃·比特兰（Eva Bitran）读了这本书的多版草稿，她可能比我还要了解这本书。她忍受了我的坏情绪，在我最需要的时候鼓励我，并在我取得成就时与我共同庆祝，无论这个成就有多么微不足道。在过去的三年里，我的两个儿子埃利亚斯·莱安德（Elias Leander）和利诺·安东宁（Lino Antonin）也成为我的支持者，不过，他们可能会有点失望，因为书里的图片并没有多少。

最后，我想把这部作品献给已故的玛雅·彼得森（Maya Peterson），她的智慧和热情激励着我每一步的前进，她的不幸离世让我震惊不已。她是一位杰出的同事，是我亲爱的朋友，我会永远想念她。